jQuery Mobile 移动开发
（全案例微课版）

刘春茂　编著

清华大学出版社
北　京

内 容 简 介

本书是针对零基础读者研发的移动开发入门教材，内容侧重案例实训，并提供扫码微课来讲解当前的热点案例。

全书分为20章，内容包括jQuery Mobile快速入门、网页实现技术——HTML5、设计页面和对话框、设计弹出页面、布局移动页面、使用按钮、使用表单和插件、设计工具栏、设计列表视图和主题样式、jQuery Mobile事件、数据存储和读取技术、响应式网页设计、流行的响应式开发框架Bootstrap、App的打包和测试。最后通过6个热点综合项目，进一步提高读者的项目开发能力。

本书通过精选热点案例，可以让初学者快速掌握移动开发技术。

图书在版编目(CIP)数据

jQuery Mobile 移动开发：全案例微课版 / 刘春茂编著 . —北京：清华大学出版社，2021.6
ISBN 978-7-302-58276-2

Ⅰ . ① j…　Ⅱ . ①刘…　Ⅲ . ① JAVA 语言－程序设计－教材　Ⅳ . ① TP312.8

中国版本图书馆 CIP 数据核字 (2021) 第 105761 号

责任编辑： 张彦青
封面设计： 李　坤
责任校对： 吴春华
责任印制： 宋　林

出版发行： 清华大学出版社
　网　　址： http://www.tup.com.cn，http://www.wqbook.com
　地　　址： 北京清华大学学研大厦 A 座　　**邮　　编：** 100084
　社 总 机： 010-62770175　　**邮　　购：** 010-62786544
　投稿与读者服务： 010-62776969，c-service@tup.tsinghua.edu.cn
　质 量 反 馈： 010-62772015，zhiliang@tup.tsinghua.edu.cn
印 装 者： 三河市天利华印刷装订有限公司
经　　销： 全国新华书店
开　　本： 185mm×260mm　　**印　　张：** 21.75　　**字　　数：** 529 千字
版　　次： 2021 年 7 月第 1 版　　**印　　次：** 2021 年 7 月第 1 次印刷
定　　价： 78.00 元

产品编号：087785-01

前　言

“网站开发全案例微课版”系列图书是专门为网站开发和数据库初学者量身定做的一套学习用书，整套书涵盖网站开发、数据库设计等方面。

本套书具有以下特点

前沿科技

无论是数据库设计还是网站开发，精选的案例均来自较为前沿或者用户群最多的领域，可帮助大家认识和了解最新动态。

权威的作者团队

组织国家重点实验室和资深应用专家联手编著该套图书，融合了丰富的教学经验与优秀的管理理念。

学习型案例设计

以技术的实际应用过程为主线，全程采用图解和多媒体同步结合的教学方式，生动、直观、全面地剖析使用过程中的各种应用技能，降低难度，提升学习效率。

扫码看视频

通过微信扫码看视频，可以随时在移动端学习技能对应的视频操作。

为什么要写这样一本书

由于原生应用程序 App 的开发费用比较高，同时开发周期也比较长，所以不少客户就有了把网站转换成 App 的需求，然后直接把转换的 App 安装到移动设备上。jQuery Mobile 的出现很好地解决了这一问题，通过 HTML 5 新技术和 jQuery Mobile 搭配使用，开发出的网站和普通 App 没有区别，越来越受到广大客户的欢迎。目前学习和关注移动开发的人越来越多，对于初学者来说，实用性强和易于操作是最大的需求。本书针对想学习移动开发的初学者编写，可使他们快速入门后提高实战水平。通过本书的案例实训，大学生可以很快地上手流行的移动开发方法，提高职业化能力，从而解决公司与学生的双重需求问题。

本书特色

零基础、入门级的讲解

无论您是否从事计算机相关行业，也无论您是否接触过移动开发，都能从本书中找到最佳起点。

实用、专业的范例和项目

本书在编排上紧密结合深入学习网页设计的过程，从 jQuery Mobile 快速入门和 HTML 5 基本概念开始，逐步带领读者学习网页设计和 App 开发的各种应用技巧，侧重实战技能，使用简单易懂的实际案例进行分析和操作指导，让读者学起来轻松易懂，操作起来有章可循。

超多容量王牌资源

赠送大量王牌资源，包括实例源代码、教学幻灯片、本书精品教学视频、88 个实用类网页模板、12 部网页开发必备参考手册、jQuery Mobile 事件参考手册、HTML 5 标签速查手册、精选的 JavaScript 实例、CSS3 属性速查表、JavaScript 函数速查手册、CSS+DIV 布局赏析案例、精彩网站配色方案赏析、网页样式与布局案例赏析、Web 前端工程师常见面试题等。

读者对象

本书是一本完整介绍网页设计技术的教程，内容丰富、条理清晰、实用性强，适合以下读者学习使用。

- 零基础的网页设计和 App 开发自学者。
- 希望快速、全面掌握 jQuery Mobile 移动开发的人员。
- 高等院校或培训机构的老师和学生。
- 参加毕业设计的学生。

创作团队

本书由刘春茂主编，参加编写的人员还有刘辉、李艳恩和张华。在编写过程中，我们虽竭尽所能希望将最好的讲解呈献给读者，但难免有疏漏和不妥之处，敬请读者不吝指正。

编者

本书案例源代码

王牌资源

目　录

Contents

第1章　jQuery Mobile快速入门

本章导读

jQuery Mobile 是用于创建移动 Web 应用的前端开发框架。jQuery Mobile 框架应用于智能手机与平板电脑，可以解决不同移动设备上网页显示界面不统一的问题。本章将重点学习 jQuery Mobile 的基础知识和使用方法。

知识导图

1.1 认识 jQuery Mobile

jQuery Mobile 是 jQuery 在手机和平板设备上的版本。jQuery Mobile 不仅会给主流移动平台带来 jQuery 核心库，而且会发布一个完整统一的 jQuery 移动 UI 框架。通过 jQuery Mobile 制作出来的网页，能够支持全球主流的移动平台，而且在浏览网页时，能够拥有操作应用软件一样的触碰和滑动效果。

jQuery Mobile 的优势如下。

（1）简单易用：jQuery Mobile 简单易用。页面开发主要使用标记，无须或仅需很少的 JavaScript。jQuery Mobile 通过 HTML 5 标记和 CSS3 规范来配置和美化页面，对于已经熟悉 HTML 5 和 CSS3 的读者来说，上手非常容易，架构清晰。

（2）跨平台：目前大部分的移动设备浏览器都支持 HTML 5 标准和 jQuery Mobile，所以可以实现跨不同的移动设备，例如 Android、Apple iOS、BlackBerry、Windows Phone、Symbian 和 MeeGo 等。

（3）提供丰富的函数库：对于常见的键盘、触碰功能等，开发人员不用编写代码，只需要经过简单的设置，就可以实现需要的功能，大大减少了程序员的开发时间。

（4）丰富的布局主题和 ThemeRoller 工具：jQuery Mobile 提供了布局主题，通过这些主题，可以轻轻松 3 松地快速创建绚丽多彩的网页。通过使用 jQuery UT 的 ThemeRoller 在线工具，只需要在下拉菜单中进行简单的设置，就可以制作出丰富多彩的网页风格，并且可以将代码下载下来使用。

jQuery Mobile 的操作流程如下。

（1）创建 HTML 5 文件。

（2）载入 jQuery、jQuery Mobile 和 jQuery Mobile CSS 链接库。

（3）使用 jQuery Mobile 定义的 HTML 标准，编写网页架构和内容。

1.2 跨平台移动设备网页 jQuery Mobile

学习移动设备的网页设计开发，遇到的最大难题是跨浏览器支持的问题。为了解决这个问题，jQuery 推出了新的函数库 jQuery Mobile，它主要用于统一当前移动设备的用户界面。

1.2.1 移动设备模拟器

网页制作完成后，需要在移动设备上预览最终的效果。为了方便预览效果，用户可以使用移动设备模拟器，常见的移动设备模拟器是 Opera Mobile Emulator。

Opera Mobile Emulator 是一款针对电脑桌面开发的模拟移动设备的浏览器，几乎完全重现 opera mobile 手机浏览器的使用效果，可自行设置需要模拟的不同型号的手机和平板电脑配置，然后在电脑上模拟各类手机等移动设备访问网站。

Opera Mobile Emulator 的下载网址为 http://www.opera.com/zh-cn/developer/mobile-emulator/，根据不同的系统选择不同的版本，这里选择 Windows 系统下的版本，如图 1-1 所示。

图 1-1　Opera Mobile Emulator 的下载页面

下载并安装之后，启动 Opera Mobile Emulator，打开如图 1-2 所示的对话框，在“资料”列表框中选择移动设备的类型，这里选择 LG Optimus 3D 选项，单击“启动”按钮。

打开欢迎界面，用户可以单击不同的链接，查看该软件的功能，如图 1-3 所示。

图 1-2　参数设置界面

图 1-3　欢迎界面

单击“接受”按钮，打开手机模拟器窗口，在“输入网址”文本框中输入需要查看网页效果的地址即可，如图 1-4 所示。

例如，这里直接单击“当当网”图标，即可查看当当网在该移动设备模拟器中的效果，如图 1-5 所示。如果需要查看指定移动网页的效果，可以直接将文件拖曳到 Opera Mobile Emulator 窗口中，模拟器会自动打开该文件，并显示最终的效果。

图 1-4　手机模拟器窗口

图 1-5　查看预览效果

Opera Mobile Emulator 不仅可以查看移动网页的效果，还可以任意调整窗口的大小，从而可以查看不同屏幕尺寸的效果，这也是 Opera Mobile Emulator 与其他移动设备模拟器相比最大的优势。

1.2.2　jQuery Mobile 的安装

想要开发 jQuery Mobile 网页，必须引用 JavaScript 函数库（.js）、CSS 样式表和配套的 jQuery 函数库文件。常见的引用方法有以下两种。

1. 直接引用 jQuery Mobile 库文件

从 jQuery Mobile 的官网下载该库文件（网址是 http://jquerymobile.com/download/），如图 1-6 所示。

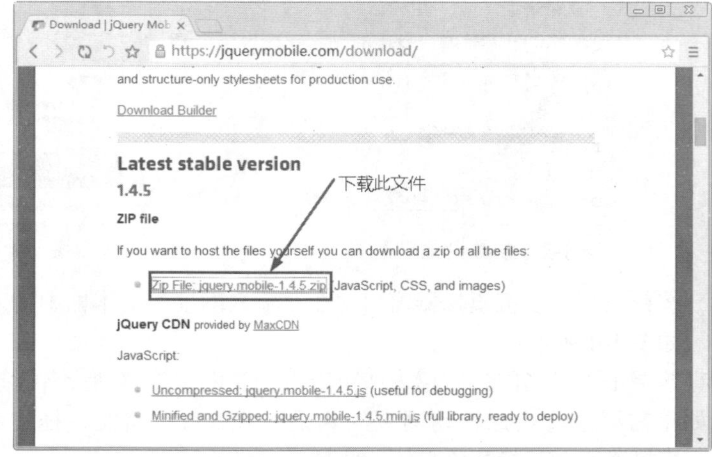

图 1-6　下载 jQuery Mobile 库文件

下载完成解压，然后直接引用文件即可，代码如下：

```
<head>
<meta name="viewport" content="width=device-width, initial-scale=1">
<link rel="stylesheet" href="jquery.mobile/jquery.mobile-1.4.5.css">
<script src="jquery.min.js"></script>
<script src="jquery.mobile/jquery.mobile-1.4.5.js"></script>
</head>
```

注意：将下载的文件解压到网页所在的目录下，并且命名文件夹为 jquery.mobile，否则会因无法引用而报错。

细心的读者会发现，在 <script> 标签中没有插入 type=“text/javascript”，这是因为所有的浏览器中 HTML 5 的默认脚本语言就是 JavaScript，所以在 HTML 5 中已经不再需要该属性。

2. 从 CDN 中加载 jQuery Mobile

CDN 的全称是 Content Delivery Network，即内容分发网络。其基本思路是尽可能避开互联网上有可能影响数据传输速度和稳定性的瓶颈和环节，使内容传输得更快、更稳定。

使用 CDN 加载 jQuery Mobile，用户不需要在电脑上安装任何东西，仅仅在网页中加载层叠样式（.css）和 JavaScript 库（.js），就能够使用 jQuery Mobile。

用户可以从 jQuery Mobile 官网中查找引用路径，网址是 http://jquerymobile.com/download/，进入该网站后，找到 jQuery Mobile 的引用链接，然后将其复制并添加到 HTML 文件 <head> 标签中，如图 1-7 所示。

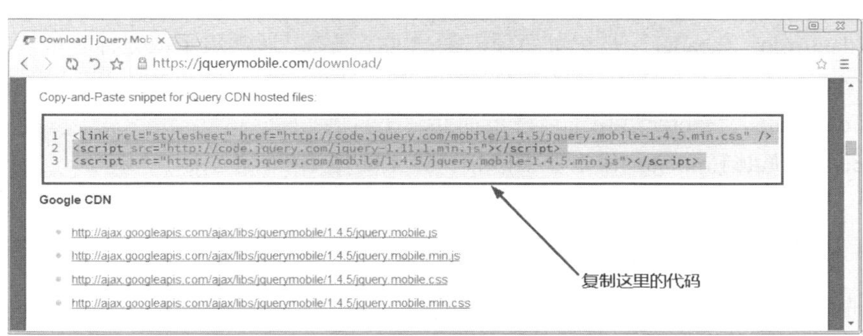

图 1-7　复制 jQuery Mobile 的引用链接

将代码复制到 <head> 标签块内，代码如下：

```
<head>
<!-- meta使用viewport以确保页面可自由缩放 -->
<meta name="viewport" content="width=device-width, initial-scale=1">
<!-- 引入 jQuery Mobile 样式 -->
 <link rel="stylesheet" href="http://code.jquery.com/mobile/1.4.5/jquery.
mobile-1.4.5.min.css">
<!-- 引入 jQuery 库 -->
 <script src="http://code.jquery.com/jquery-1.11.1.min.js"></script>
<!-- 引入 jQuery Mobile 库 -->
 <script src="http://code.jquery.com/mobile/1.4.5/jquery.mobile-1.4.5.min.
js"></script>
 </head>
```

> **注意**：由于 jQuery Mobile 函数库仍然在开发中，所以引用的链接中的版本号可能会与本书不同。请使用官方提供的最新版本，只要按照上述方法将代码复制下来引用即可。

1.2.3 jQuery Mobile 网页的架构

jQuery Mobile 网页是由 header、content 与 footer 三个区域组成的架构，利用 <div> 标签加上 HTML5 自定义属性 data-* 来定义移动设备网页组件样式，最基本的属性 data-role 可以用来定义移动设备的页面架构，语法格式如下：

```
<div data-role="page">
    <!—开始一个page-->
    <div data-role="header">
        <h1>这个是标题</h1>
    </div>
    <div data-role="content">
        <p>这里是内容</p>
    </div>
    <div data-role="footer">
        <h1>底部文本</h1>
    </div>
</div>
```

上述代码分析如下。

（1）data-role=“page” 是在浏览器中显示的页面。

（2）data-role=“header”是在页面顶部创建的工具条，通常用于放置标题或者搜索按钮。

（3）data-role=“content” 定义了页面的内容，比如文本、图片、表单、按钮等。

（4）data-role=“footer” 用于创建页面底部工具条。

在 Opera Mobile Emulator 模拟器中的预览效果如图 1-8 所示。

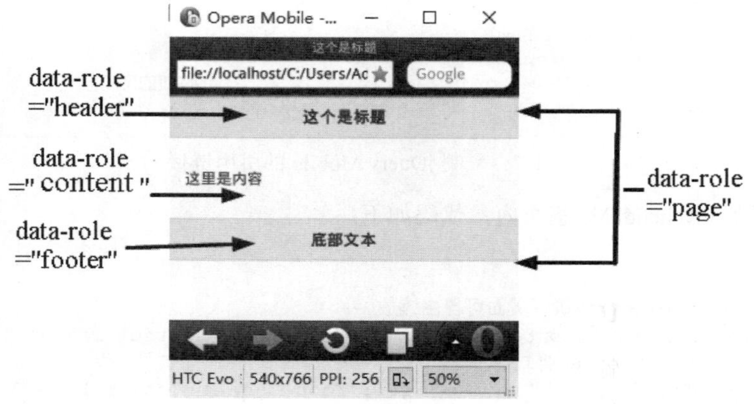

图 1-8 程序预览效果

从结果可以看出，jQuery Mobile 网页以页（page）为单位，一个 HTML 页面可以放一个页面，也可以放多个页面。只是浏览器每次只会显示一页，如果有多个页面，需要在页面中添加超链接，从而实现多个页面的切换。

1.3 网页的开发工具

有两种方式可以产生 HTML 文件：一种是自己写 HTML 文件，事实上这并不是很困难，也不需要特别的技巧；另一种是使用 HTML 编辑器 WebStorm，它可以辅助使用者进行编写工作。

1.3.1 使用记事本手工编写 HTML 文件

HTML 是一种标记语言，标记语言代码是以文本形式存在的，因此，所有的记事本工具都可以作为它的开发环境。

HTML 文件的扩展名为 .html 或 .htm，将 HTML 源代码输入记事本并保存之后，可以在浏览器中打开文档以查看其效果。

使用记事本编写 HTML 文件的具体操作步骤如下。

01 单击 Windows 桌面上的“开始”按钮，选择“所有程序”→“附件”→“记事本”命令，打开一个记事本，在记事本中输入 HTML 代码，如图 1-9 所示。

02 编辑完 HTML 文件后，选择“文件”→“保存”命令或按 Ctrl+S 快捷键，在弹出的“另存为”对话框中，选择“保存类型”为“所有文件”，然后将文件扩展名设为 .html 或 .htm，如图 1-10 所示。

03 单击“保存”按钮，即可保存文件。

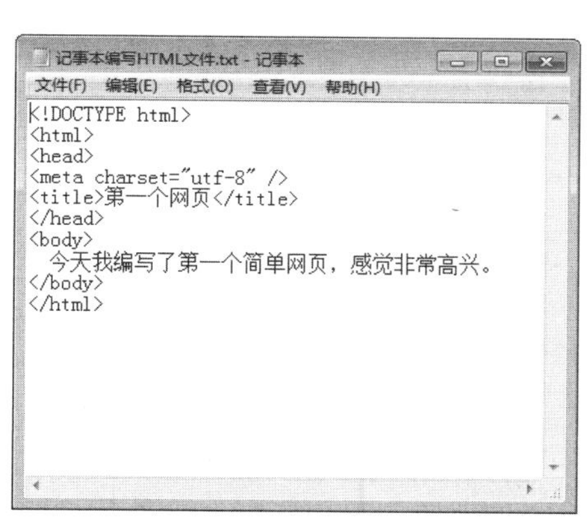

图 1-9 编辑 HTML 代码

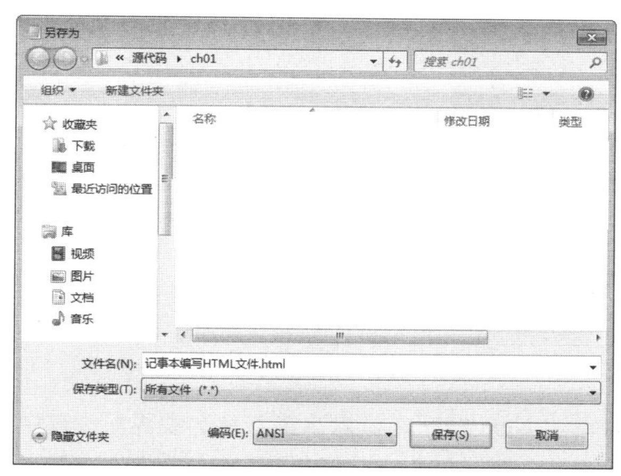

图 1-10 “另存为”对话框

1.3.2 使用 WebStorm 编写 HTML 文件

WebStorm 是一款前端页面开发工具。该工具的主要优势有智能提示、智能补齐代码、代码格式化显示、联想查询和代码调试等。对于初学者而言，WebStorm 不仅功能强大，而且非常容易上手操作，被广大前端开发者誉为 Web 前端开发神器。

下面以 WebStorm 英文版为例进行讲解。首先打开浏览器，输入网址 https://www.jetbrains.com/webstorm/download/#section=windows，进入 WebStorm 官网下载页面，如图 1-11 所示。单击 Download 按钮，即可开始下载 WebStorm 安装程序。

图 1-11　WebStorm 官网下载页面

1. 安装 WebStorm 2019

文件下载完成后，即可进行安装，具体操作步骤如下。

01 双击下载的安装文件，进入安装 WebStorm 的欢迎界面，如图 1-12 所示。

02 单击 Next按钮，进入选择安装路径界面，单击 Browse 按钮，即可选择新的安装路径，这里采用默认的安装路径，如图 1-13 所示。

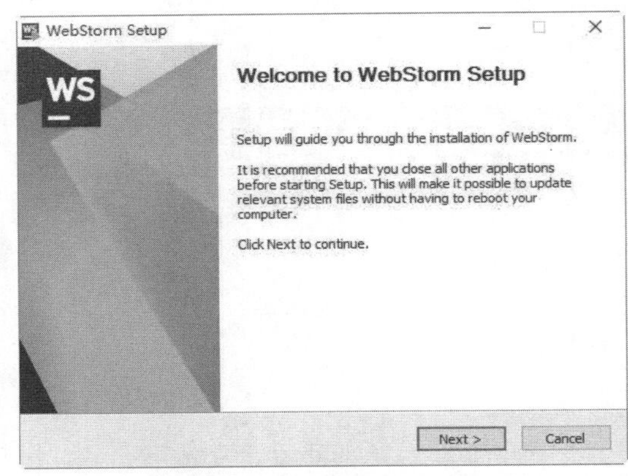

图 1-12　欢迎界面

图 1-13　选择安装路径界面

03 单击 Next 按钮，进入选择安装选项界面，选中所有的复选框，如图 1-14 所示。

04 单击 Next 按钮，进入选择开始菜单文件夹界面，默认为 JetBrains，如图 1-15 所示。

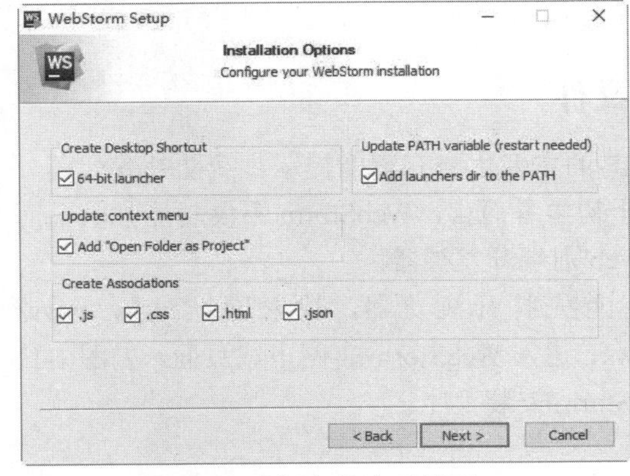

图 1-14　选择安装选项界面

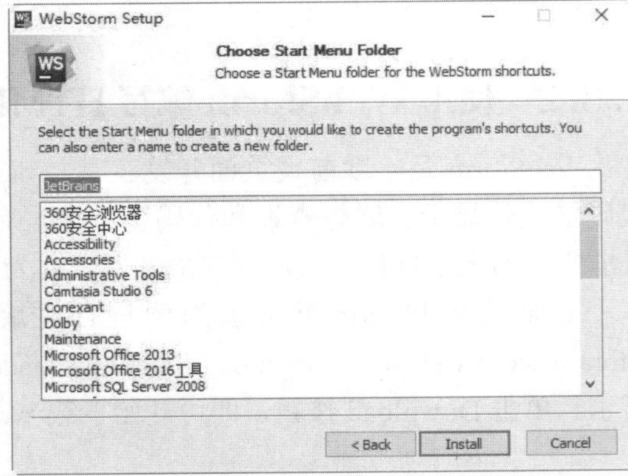

图 1-15　选择开始菜单文件夹窗口

05 单击 Install 按钮，开始安装软件并显示安装的进度，如图 1-16 所示。

06 安装完成后，单击 Finish 按钮，如图 1-17 所示。

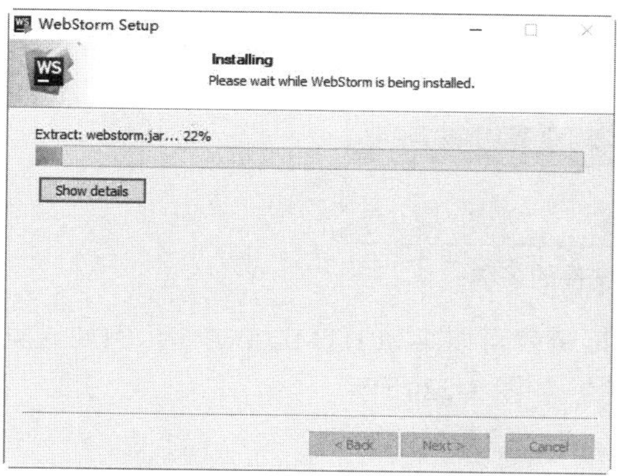

图 1-16　开始安装 WebStorm

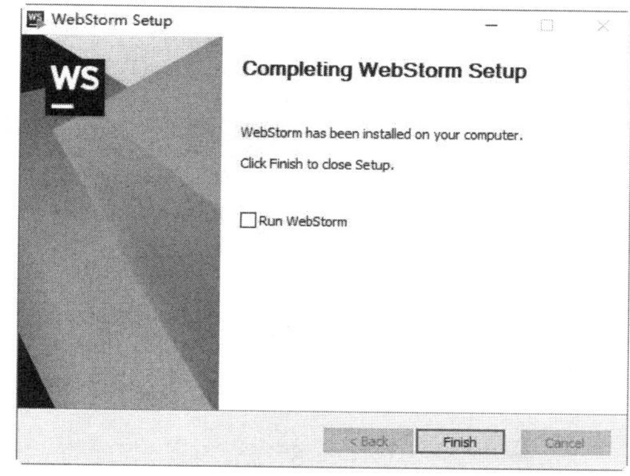

图 1-17　安装 WebStorm 完成

2. 创建和运行 HTML 文件

01 单击 Windows 桌面上的"开始"按钮，选择"所有程序"→ JetBrains WebStorm 2019 命令，打开 WebStorm 欢迎界面，如图 1-18 所示

02 单击 Create New Project 按钮，打开 New Project 对话框，在 Location 文本框中输入工程存放的路径，也可以单击📁按钮选择路径，如图 1-19 所示。

图 1-18　WebStorm 欢迎界面

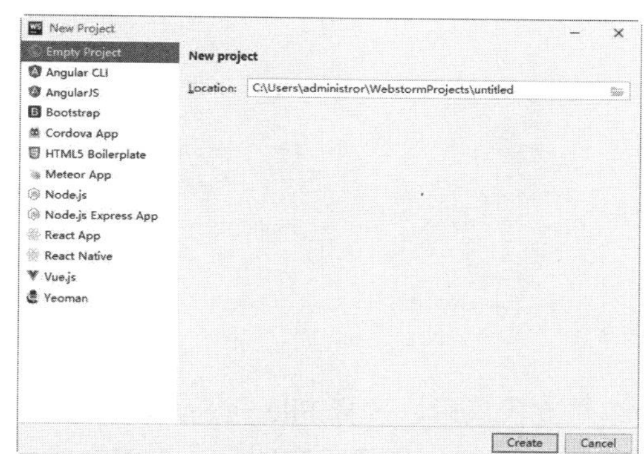

图 1-19　设置工程存放的路径

03 单击 Create 按钮，进入 WebStorm 主界面，选择 File → New → HTML File 命令，如图 1-20 所示。

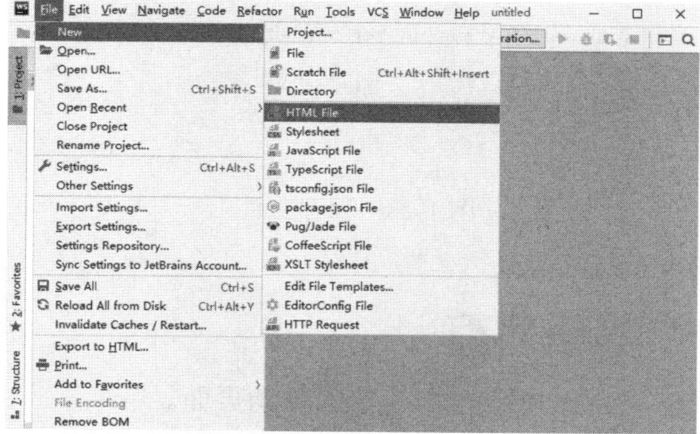

图 1-20　创建一个 HTML 文件

04 打开 New HTML File 对话框，输入文件名称为 index.html，选择文件类型为 HTML 5 file，如图 1-21 所示。

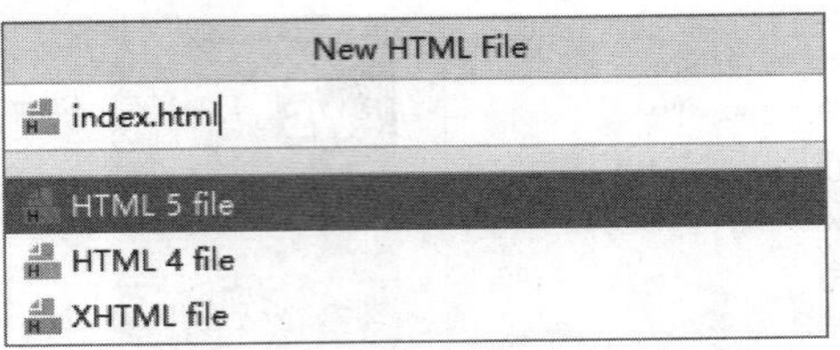

图 1-21　输入文件的名称

05 按 Enter 键即可查看新建的 HTML 5 文件，接着就可以编辑 HTML 5 文件。例如这里在 <body> 标签中输入文字“使用工具好方便啊！”，如图 1-22 所示。

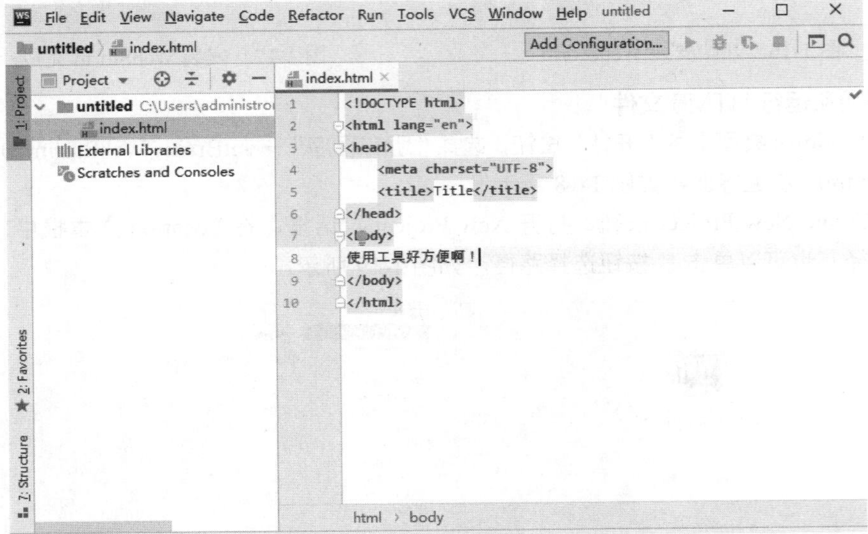

图 1-22　编辑文件

06 编辑完代码后，选择 File → Save As 命令，打开 Copy 对话框，可以保存文件或者另存为一个文件，还可以选择保存路径，设置完成后单击 OK 按钮即可，如图 1-23 所示。

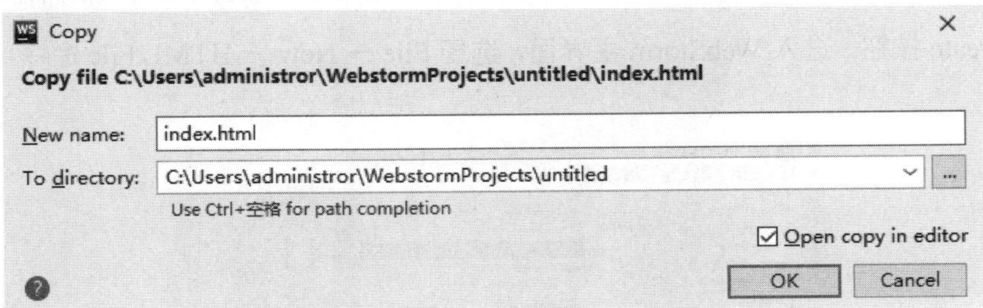

图 1-23　保存文件

1.4　设计第一个移动网页

本小节将使用 jQuery Mobile 制作一个简单的移动页面。

实例1：创建第一个移动网页

```
<!DOCTYPE html>
<html>
<head>
    <meta charset="UTF-8">
    <meta name="viewport" content="width=device-width, initial-scale=1">
    <link rel="stylesheet" href="jquery.mobile/jquery.mobile-1.4.5.min.css">
    <script src="jquery.min.js"></script>
    <script src="jquery.mobile/jquery.mobile-1.4.5.min.js"></script>
</head>
<body>
<div data-role="page" >
    <div data-role="header">
        <h1>古诗鉴赏</h1>
    </div>
    <div data-role="content">
        <h3 align="center">从军行</h3>
        <p>青海长云暗雪山，孤城遥望玉门关。</p>
        <p>黄沙百战穿金甲，不破楼兰终不还。</p>
    </div>
    <div data-role="footer">
        <h1>经典古诗</h1>
    </div>
</div>
</body>
</html>
```

在 Opera Mobile Emulator 模拟器中的预览效果如图 1-24 所示。

图 1-24　第一个移动网页的预览效果

> **注意：** 为了防止出现乱码问题，建议初学者统一将文档编码为 utf-8，代码如下：
>
> ```
> <meta charset="UTF-8">
> ```
>
> 或者：
>
> ```
> <meta http-equiv="Content-Type" content="text/html; charset=utf-8">
> ```

1.5 新手常见疑难问题

疑问 1：如何在模拟器中查看做好的网页效果？

HTML 文件制作完成后，要想在模拟器中测试，可以在地址栏中输入文件的路径，例如：

```
file://localhost/D:/本书案例源代码/ch01/1.1.html
```

为了防止输入错误，可以直接将文件拖曳到地址栏中，模拟器会自动帮助用户添加完整路径。

疑问 2：jQuery Mobile 都支持哪些移动设备？

目前市面上移动设备非常多，如果想查询 jQuery Mobile 都支持哪些移动设备，可以参照 jQuery Mobile 网站的各厂商支持表，还可以参考维基百科网站对 jQuery Mobile 说明中提供的 Mobile browser support 一览表。

1.6 实战技能训练营

实战 1：创建一个在线教育的移动网页

创建一个在线教育的移动网页。在 Opera Mobile Emulator 模拟器中的预览效果如图 1-25 所示。

实战 2：创建一个古诗鉴赏的移动网页

创建一个古诗鉴赏的移动网页。在 Opera Mobile Emulator 模拟器中的预览效果如图 1-26 所示。

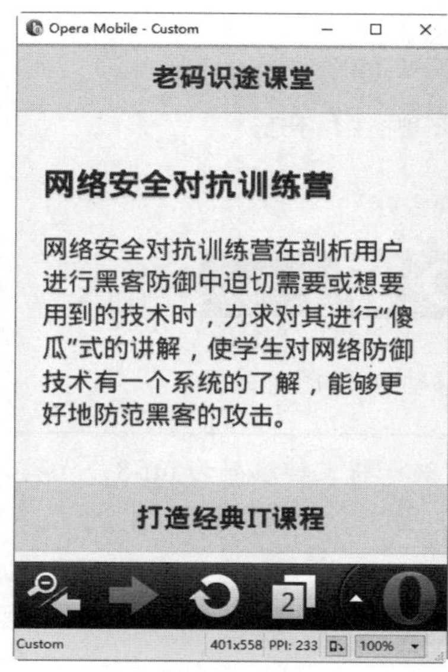

图 1-25　在线教育的移动网页

图 1-26　古诗鉴赏的移动网页

第2章　网页实现技术——HTML 5

本章导读

HTML 5 是制作网页的超文本标记语言，它由多种标签组成，标签不区分大小写，大部分标签是成对出现的。用 HTML 5 编写的超文本文档被称为 HTML 文档，它能独立在各种浏览器上运行。本章就来介绍网页实现技术——HTML 5 的应用。通过本章的学习，读者可以更加全面地了解 HTML 5 中标签的使用方法与技巧。

知识导图

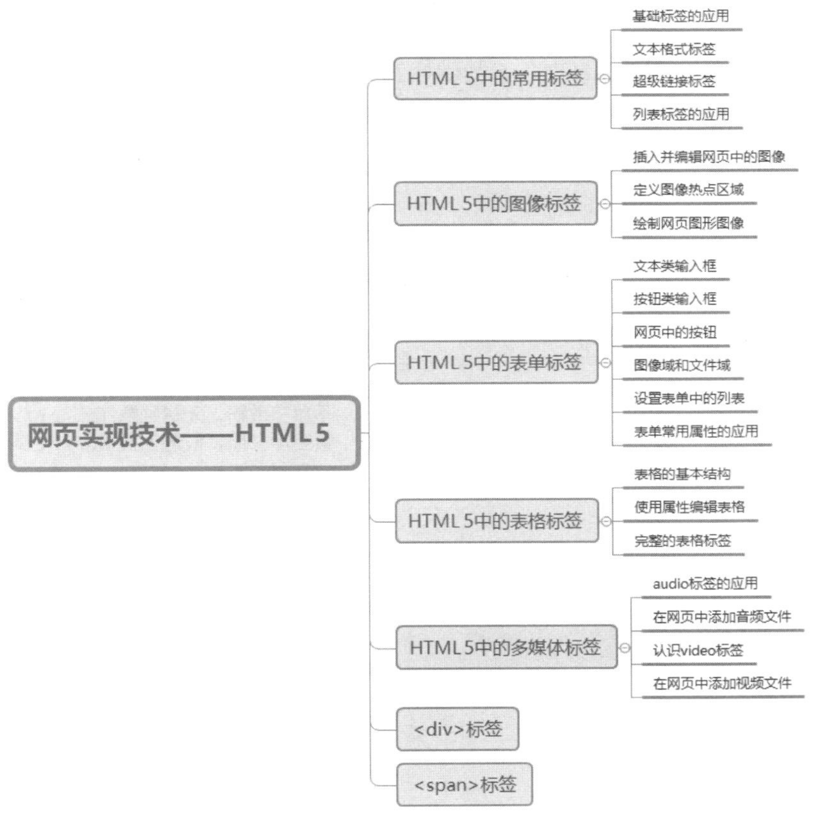

2.1 HTML 5 中的常用标签

<html>、<head>、<body> 标签是构成 HTML 文档的 3 个不可缺少的标签。但除了这 3 个基本标签之外，还有其他的一些常用标签，例如字符标签、超链接标签和列表标签等。

2.1.1 基础标签的应用

HTML 5 中包含有各种各样的标签，利用这些标签可以实现网页的简单设计，其中包括一些基础标签，如表 2-1 所示。

表 2-1 基础标签

标 签	描 述	标 签	描 述
<!DOCTYPE>	定义文档类型	<p>	定义一个段落
<html>	定义一个 HTML 文档	 	定义简单的折行
<title>	为文档定义一个标题	<hr>	定义水平线
<body>	定义文档的主体	<!--...-->	定义一个注释
<h1> ～ <h6>	定义 HTML 标题		

下面给出一个实例，利用 HTML 5 基础标签实现一首古诗的混排。这里用到了一个 align 属性，该属性可以设置标题的对齐方式。语法格式如下：

```
<h1 align="对齐方式">文本内容</h1>
```

这里的“对齐方式”包括 left（文字左对齐）、center（文字居中对齐）、right（文字右对齐）。需要注意的是，对齐方式一定要添加双引号。

实例 1：混合排版一首古诗

本实例通过 align=“center”来实现标题的居中效果，通过 align=“right”来实现标题的靠右效果，具体代码如下：

```
<!DOCTYPE html>
<html>
<head>
    <!--指定页头信息-->
    <title>古诗混排</title>
</head>
<body>
<!--显示古诗名称-->
<h2 align="center">望雪</h2>
<hr>
<!--显示作者信息-->
<h5 align="right">唐代：李世民</h5>
<!--显示古诗内容-->
<p style="font-size:18pt" align
="center">冻云宵遍岭，素雪晓凝华。<br/>
入牖千重碎，迎风一半斜。<br/>
不妆空散粉，无树独飘花。<br/>
萦空惭夕照，破彩谢晨霞。<br/>
</body>
</html>
```

在浏览器中预览的效果如图 2-1 所示，它实现了古诗的排版，符合阅读的习惯。

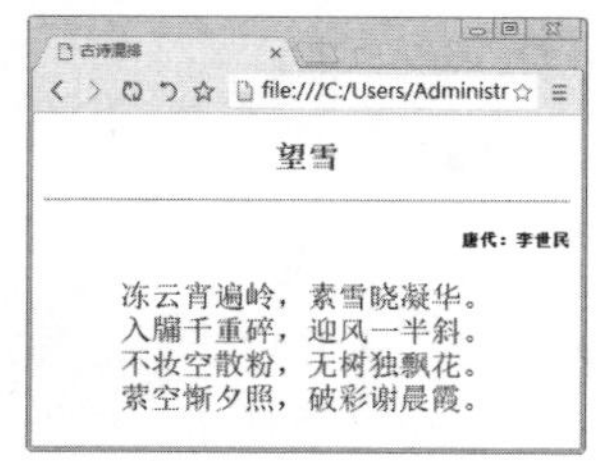

图 2-1 混合排版古诗页面效果

2.1.2　文本格式标签

在 HTML 5 文档中，不管其内容如何变化，文字始终是最小的单位。每个网页都在显示和布局这些文字，文本标签通常用来指定文字显示方式和布局方式。常用的文本格式标签如表 2-2 所示。

表 2-2　常用的文本标签

标　签	描　述	标　签	描　述
<address>	定义文档作者或拥有者的联系信息	<pre>	定义预格式文本
<b>	定义粗体文本	<progress>	定义运行中的任务进度（进程）
<bdo>	定义文本的方向	<s>	定义加删除线的文本
<blockquote>	定义块引用	<small>	定义小号文本
<del>	定义被删除文本	<strong>	定义语气更为强烈的强调文本
<em>	定义强调文本	<sub>	定义下标文本
<i>	定义斜体文本	<sup>	定义上标文本
<kbd>	定义键盘文本	<time>	定义一个日期 / 时间
<mark>	定义带有记号的文本	<u>	定义下划线文本

实例 2：文字的粗体、斜体和下划线效果

下面综合应用 <b> 标签、<em> 标签、<strong> 标签、<i> 标签和 <u> 标签来设置文字的粗体、斜体和下划线显示效果，这里还使用了 font-size 属性来设置文字的大小。

```
<!DOCTYPE html>
<html>
<head>
<title>文字的粗体、斜体和下划线</title>
</head>
<body>
<!--显示粗体文字效果-->
<p><b>吴兴自东晋为善地，号为山水清远。其民足于鱼稻蒲莲之利，寡求而不争。宾客非特有事于其地者不至焉。</b></p>
<!--显示强调文字效果-->
<p style="font-size:18pt"><em>故凡守郡者，率以风流啸咏、投壶饮酒为事。</em></p>
<!--显示强调文字效果-->
<p><strong>自莘老之至，而岁适大水，上田皆不登，湖人大饥，将相率亡去。</strong></p>
<!--显示斜体字效果-->
<p style="font-size:18pt"><i>莘老大振廪劝分，躬自抚循劳来，出于至诚。富有余者，皆争出谷以佐官，所活至不可胜计。</i></p>
<!--显示下划线效果-->
<p><u>当是时，朝廷方更化立法，使者旁午，以为莘老当日夜治文书，赴期会，不能复雍容自得如故事。</u>。</p>
</body>
</html>
```

在浏览器中预览的效果如图 2-2 所示，它实现了文字的粗体、斜体和下划线效果。

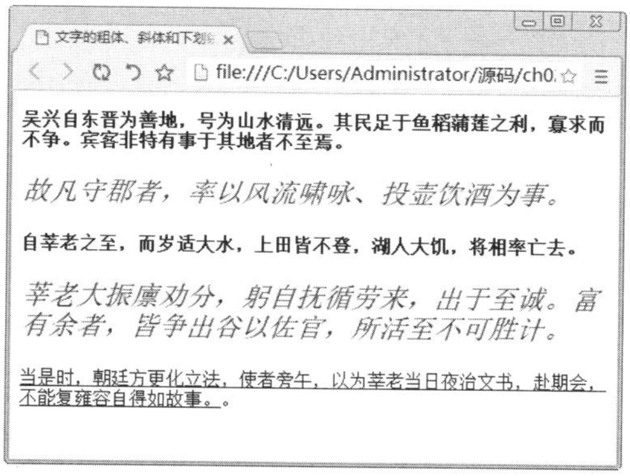

图 2-2　文字的粗体、斜体和下划线的预览效果

2.1.3 超链接标签

链接是指从一个网页指向一个目标的链接关系。这个目标可以是一个网页，也可以是本网页的不同位置，还可以是一张图片、一个电子邮件地址、一个文件，甚至是一个应用程序。而在一个网页中作为超链接的对象，可以是一段文本或者是一个图片。如表 2-3 所示为 HTML 5 中用于设置超链接的标签。

表 2-3 HTML 5 常用的超链接标签

标 签	描 述
<a>	定义一个链接
<link>	定义文档与外部资源的关系
<main>	定义文档的主体部分
<nav>	定义导航链接

一个链接的基本格式如下：

```
<a HREF="资源地址">热点（链接文字或图片）</a>
```

标签 <a> 表示一个链接的开始，</a> 表示链接的结束；描述标签（属性）href 定义了这个链接所指的地方；通过单击热点，就可以到达指定的网页，如 <a href= “http://www.sohu.com” > 搜狐 </a>。

按照链接路径的不同，网页中的超链接一般分为 3 种类型：内部链接、锚点链接和外部链接。外部链接表示不同网站网页之间的链接，内部链接表示同一个网站之间的网页链接（内部链接的地址分为绝对路径和相对路径），锚点链接通常指同一文档内链接。

如果按照使用对象的不同，网页中的链接又可以分为文本链接、图像链接、E-mail 链接、多媒体文件链接和空链接等。

实例 3：通过链接实现商城导航效果

```
<!DOCTYPE html>
<html>
<head>
<title>超链接</title>
</head>
<body>
<a href="#">首页</a>   
<a href="links.html" target="_blank">手机数码</a>   
<a href="links.html"target="_blank">家用电器</a>   
<a href="links.html"target="_blank">母婴玩具</a>
<a href="http://www.baidu.com"target="_blank">百度搜索</a><br/>
<img src="pic/shop.jpg" alt="广告图">
</body>
</html>
```

在浏览器中预览的效果如图 2-3 所示。

图 2-3 添加超链接

> **注意**：如果链接为外部链接，则链接地址前的 http:// 不可省略，否则链接会出现错误提示。

2.1.4 列表标签的应用

使用列表标签，可以在网页中以列表形式排列文本元素。列表有 3 种：有序列表、无序列表、自定义列表。HTML 5 中常用的列表标签如表 2-4 所示。

表 2-4 列表标签

标　签	描　述
<ul>	定义一个无序列表
<ol>	定义一个有序列表
<li>	定义一个列表项
<dl>	定义一个自定义列表
<dt>	定义一个自定义列表中的项目
<dd>	定义列表中项目的描述
<menu>	定义菜单列表
<command>	定义用户可能调用的命令（比如单选按钮、复选框或按钮）

网页中的列表可以有序地组织一些信息资源，使其结构化和条理化，并以列表的样式显示出来，以便浏览者能更加快捷地获得相应信息。

实例 4：创建嵌套列表

下面使用 <ol> 标签和 <ul> 标签设计出嵌套列表的样式。

```
<!doctype html>
<html>
<head>
<title>无序列表和有序列表嵌套</title>
</head>
<body>
```

```
<ul>
        <li ><a href="#">课程销售排行榜</a>
              <ol >
                    <li><a href="#">Python爬虫智能训练营</a></li>
                    <li><a href="#">网站前端开发训练营</a></li>
                    <li><a href="#">PHP网站开发训练营</a></li>
                    <li><a href="#">网络安全对抗训练营</a></li>
              </ol>
        </li>
        <li ><a href="#">学生区域分布</a>
              <ul>
                    <li><a href="#">北京</a></li>
                    <li><a href="#">上海</a></li>
                    <li><a href="#">广州</a></li>
                    <li><a href="#">郑州</a></li>
              </ul>
        </li>
 </ul>
</body>
</html>
```

在浏览器中预览的效果如图 2-4 所示。嵌套列表是网页中常用的元素，通过重复使用 <ol> 标签和 <ul> 标签，可以实现无序列表和有序列表的嵌套。

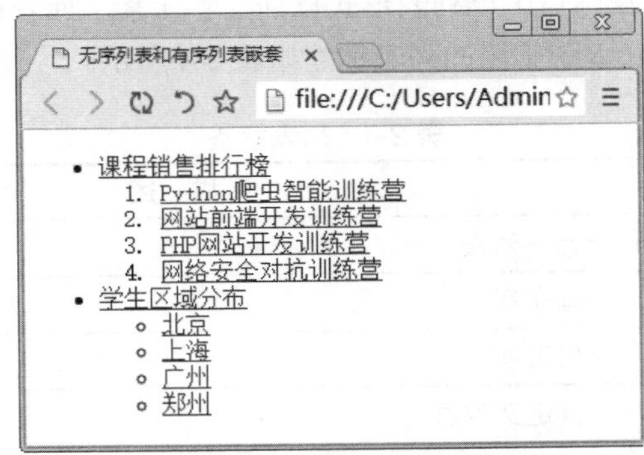

图 2-4　创建嵌套列表

2.2　HTML 5 中的图像标签

图像是网页制作的不可或缺的一个元素，在 HTML 5 语言里，专门提供了一些用来处理图像的标签，如表 2-5 所示。

表 2-5　HTML 5 中的图像标签

标　签	描　述
<img>	定义图像
<map>	定义图像映射
<area>	定义图像映射内部的区域
<canvas>	通过脚本（通常是 JavaScript）来绘制图形（如图表和其他图像）
<figcaption>	<figcaption> 标签为 <figure> 元素定义标题
<figure>	对元素进行组合

2.2.1 插入并编辑网页中的图像

图像可以美化网页，插入图像使用标签 img。img 标签的属性及描述如表 2-6 所示。

表 2-6 img 标签的属性及描述

属 性	值	描 述
alt	text	定义有关图形的简短描述
src	URL	要显示图像的 URL
height	pixels %	定义图像的高度
ismap	URL	把图像定义为服务器端的图像映射
usemap	URL	定义作为客户端图像映射的一幅图像。请参阅 <map> 和 <area> 标签，了解其工作原理
vspace	pixels	定义图像顶部和底部的空白。不支持。请使用 CSS 代替
width	pixels %	设置图像的宽度

实例 5：在网页中插入图像并设置提示文字效果

```
<!DOCTYPE html>
<html >
<head>
<title>网页中插入图像</title>
</head>
<body>
<h2 align="center">象棋的来源</h2>
<p>    中国象棋是起源于中国的一种棋戏，象棋的"象"是一个人，相传象是舜的弟弟，他喜欢打打杀杀，他发明了一种用来模拟战争的游戏，因为是他发明的，很自然也把这种游戏叫作"象棋"。到了秦朝末年，西汉开国，韩信把象棋进行一番大改，有了楚河汉界，有了王不见王，名字还叫作"象棋"，然后经过后世的不断修正，一直到宋朝，把红棋的"卒"改为"兵"：黑棋的"仕"改为"士"，"相"改为"象"，象棋的样子基本完善。棋盘里的河界，又名"楚河汉界"。</p>
<!--插入象棋的游戏图片，并且设置替换文字和提示文字-->
<img src="pic/xiangqis.gif" alt="象棋游戏" title="象棋游戏是中华民族的文化瑰宝">
</body>
</html>
```

在浏览器中预览的效果如图 2-5 所示。用户将鼠标指针放在图片上，即可看到提示文字。

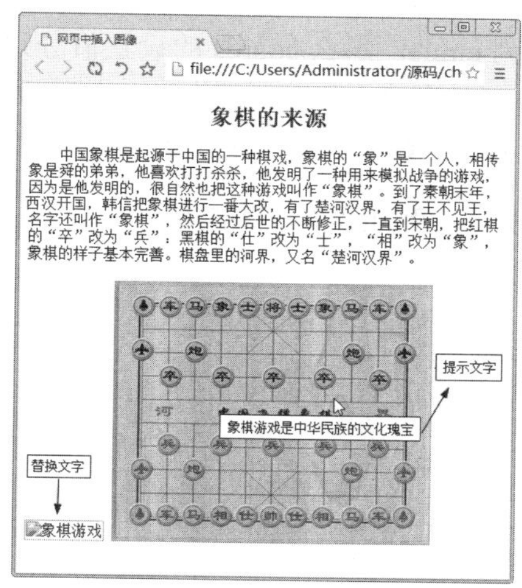

图 2-5 插入图像并设置提示文字

> **注意：** 随着互联网技术的发展，网速已经不是制约因素，因此一般都能成功下载图像。现在，在百度、Google 等大搜索引擎中，搜索图片没有文字方便，如果给图片添加适当提示，可以方便搜索引擎的检索。

2.2.2 定义图像热点区域

在 HTML 5 中，可以为图像创建 3 种类型的热点区域：矩形、圆形和多边形。创建热点区域使用标签 <map> 和 <area>。

设置图像热点链接大致可以分为两个步骤。

1. 设置映射图像

要想建立图片热点区域，必须先插入图片。注意，图片必须增加 usemap 属性，说明该图像是热区映射图像，属性值必须以“#”开头，加上名字，如 #pic。具体语法格式如下：

```
<img src="图片地址" usemap="#热点图像名称">
```

2. 定义热点区域图像和热点区域链接

接着就可以定义热点区域图像和热点区域链接，语法格式如下：

```
<map id="#热点图像名称">
   <area shape="热点形状1" coords="热点坐标1" href="链接地址1">
   <area shape="热点形状2" coords="热点坐标2" href="链接地址2">
</map>
```

<map> 标签只有一个属性 id，其作用是为区域命名，其设置值必须与 <img> 标签的 usemap 属性值相同。

<area> 标签主要是定义热点区域的形状及超链接，它有 3 个必需的属性。

（1）shape 属性：控件划分区域的形状。其取值有 3 个，分别是 rect（矩形）、circle（圆形）和 poly（多边形）。

（2）coords 属性：控制区域的划分坐标。如果 shape 属性取值为 rect，那么 coords 的设置值分别为矩形的左上角 x、y 坐标点和右下角 x、y 坐标点，单位为像素。如果 shape 属性取值为 circle，那么 coords 的设置值分别为圆心 x、y 坐标点和半径值，单位为像素。如果 shape 属性取值为 poly，那么 coords 的设置值分别为矩形的各个点 x、y 坐标，单位为像素。

（3）href 属性：为区域设置超链接的目标。设置值为“#”时，表示空链接。

实例 6：添加图像热点链接

```
<!DOCTYPE html>
<html>
<head>
<title>创建热点区域</title>
</head>
<body>
<img src="pic/daohang.jpg" usemap="#Map">
<map name="Map">
    <area shape="rect" coords="30,106,220,363" href="pic/r1.jpg"/>
    <area shape="rect" coords="234,106,416,359" href="pic/r2.jpg"/>
    <area shape="rect" coords="439,103,618,365" href="pic/r3.jpg"/>
    <area shape="rect" coords="643,107,817,366" href="pic/r4.jpg"/>
    <area shape="rect" coords="837,105,1018,363" href="pic/r5.jpg"/>
</map>
</body>
</html>
```

在浏览器中的预览效果如图 2-6 所示。

图 2-6 创建热点区域

单击不同的热点区域，将跳转到不同的页面。例如这里单击“超美女装”区域，跳转页面效果如图 2-7 所示。

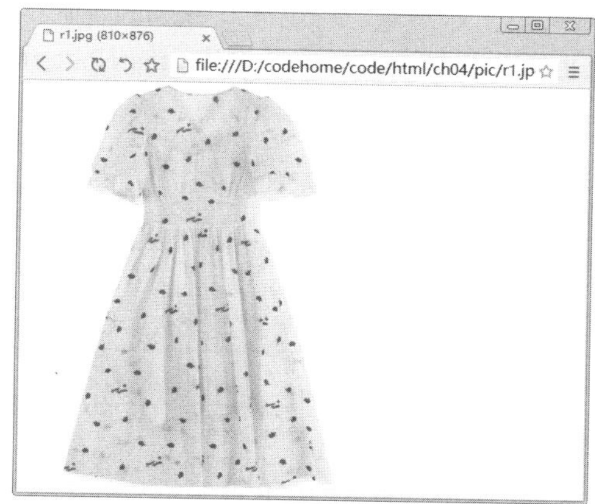

图 2-7 热点区域的链接页面

在创建图像热点区域时，比较复杂的操作是定义坐标，初学者往往难以控制。目前比较好的解决方法是使用可视化软件手动绘制热点区域，例如使用 Dreamweaver 软件绘制需要的区域，如图 2-8 所示。

图 2-8 使用 Dreamweaver 软件绘制热点区域

2.2.3 绘制网页图形图像

canvas 标签是一个矩形区域，它包含两个属性 width 和 height，分别表示矩形区域的宽度和高度。这两个属性都是可选的，并且都可以通过 CSS 来定义，其默认值是 300px 和

150px。

canvas 在网页中的常用形式如下：

```
<canvas id="myCanvas" width="300" height="200"
    style="border:1px solid #c3c3c3;">
    您的浏览器不支持 canvas!
</canvas>
```

上面的示例代码中，id 表示画布对象名称，width 和 height 分别表示宽度和高度。最初的画布是不可见的，此处为了观察这个矩形区域，这里使用 CSS 样式，即 style 标签。style 表示画布的样式。如果浏览器不支持画布标签，会显示画布中间的提示信息。

画布 canvas 本身不具有绘制图形的功能，它只是一个容器，用户可以在容器中绘制图形。既然 canvas 画布元素放好了，就可以使用脚本语言 JavaScript 在网页上绘制图形了。画布 canvas 还有一项功能就是可以引入图像，用于图片合成或者制作背景等。

HTML 5 Canvas API 支持图片平铺，此时需要调用 createPattern 函数，即 createPattern 函数来替代先前的 drawImage 函数。函数 createPattern 的语法格式如下：

```
createPattern(image,type)
```

其中 image 表示要绘制的图像，type 表示平铺的类型。type 参数具体含义如表 2-7 所示。

表 2-7　type 参数的含义

参 数 值	说　明	参 数 值	说　明
no-repeat	不平铺	repeat-y	纵方向平铺
repeat-x	横方向平铺	repeat	全方向平铺

实例 7：在 canvas 画布中引入图像并平铺

```
<!DOCTYPE html>
<html>
<head>
<title>绘制图像平铺</title>
</head>
<body onload="draw('canvas');">
<h1>图形平铺</h1>
<canvas id="canvas" width="800" height="600"></canvas>
    您的浏览器不支持 canvas!
</canvas>
<script type="text/javascript">
    function draw(id){
    var canvas = document.getElementById(id);
    if(canvas==null){
    return false;
    }
    var context = canvas.getContext('2d');
    context.fillStyle = "#eeeeff";
    context.fillRect(0,0,800,600);
    image = new Image();
    image.src = " pic/02.jpg";
    image.onload = function(){
    var ptrn = context.createPattern(image,'repeat');
```

```
        context.fillStyle = ptrn;
        context.fillRect(0,0,800,600);
        }
    }
    </script>
    </body>
    </html>
```

上面的代码中，用 fillRect 创建了一个宽度为800、高度为600，左上角坐标位置为（0,0）的矩形。然后创建了一个 Image 对象，src 表示链接一个图像源，使用 createPattern 绘制一个图像，其方式是完全平铺，并将这个图像作为一个模式填充到矩形中。最后绘制这个矩形，此矩形的大小完全覆盖原来的图形。

在浏览器中的预览效果如图 2-9 所示，在显示页面上绘制了一个图像，其图像以平铺的方式充满整个矩形。

图 2-9　图像平铺

2.3 HTML 5 中的表单标签

在网页中，表单的作用比较重要，主要负责采集浏览者的相关数据，例如常见的登录表、调查表和留言表等。在 HTML 5 中，表单拥有多个新的表单输入类型，这些新特性提供了更好的输入控制和验证。如表 2-8 所示为 HTML 5 中常用的一些表单标签。

表 2-8　HTML 5 中常用的表单标签

标　签	描　述
<form>	定义一个 HTML 表单，用于用户输入
<input>	定义一个输入控件
<textarea>	定义多行的文本输入控件
<button>	定义按钮
<select>	定义选择列表（下拉列表）
<optgroup>	定义选择列表中相关选项的组合
<option>	定义选择列表中的选项
<label>	定义 input 元素的标注
<fieldset>	定义围绕表单中元素的边框
<legend>	定义 fieldset 元素的标题
<datalist>	规定了 input 元素可能的选项列表
<keygen>	规定用于表单的密钥对生成器字段
<output>	定义一个计算的结果

2.3.1 文本类输入框

表单中的文本框有 3 种，分别是单行文本框、多行文本框和密码输入框。不同的文本框对应的属性值也不同。

1. 单行文本框与多行文本框

（1）单行文本框 text：单行文本框是一种让访问者自己输入内容的表单对象，通常被用来填写单个字或者简短的回答，例如用户姓名和地址等。代码格式如下。

```
<input type="text" name="..." size="..." maxlength="..." value="...">
```

其中，type="text" 定义单行文本输入框；name 属性定义文本框的名称，要保证数据的准确采集，必须定义一个独一无二的名称；size 属性定义文本框的宽度，单位是单个字符宽度；maxlength 属性定义最多输入的字符数；value 属性定义文本框的初始值。

（2）多行文本输入框 textarea：主要用于输入较长的文本信息。代码格式如下。

```
<textarea name="..." cols="..." rows="..." wrap="..."></textarea>
```

其中，name 属性定义多行文本框的名称，要保证数据的准确采集，必须定义一个独一无二的名称；cols 属性定义多行文本框的宽度，单位是单个字符宽度；rows 属性定义多行文本框的高度，单位是单个字符宽度；wrap 属性定义输入内容大于文本域时显示的方式。

实例 8：创建单行与多行文本框

```
<!DOCTYPE html>
<html>
<head><title>单行与多行文本框</title></head>
<body>
<form>
请输入您的姓名：
<input type="text" name="yourname" size="20" maxlength="15">
<br/>
请输入您的地址：
<input type="text" name="youradr" size="20" maxlength="15">
<br/>
请输入您学习HTML5网页设计时最大的困难是什么？<br/>
<textarea name="yourworks" cols ="50" rows = "5"></textarea>
<br/>
</form>
</body>
</html>
```

在浏览器中的预览效果如图 2-10 所示，可以看到两个单行文本输入框和一个多行文本框。

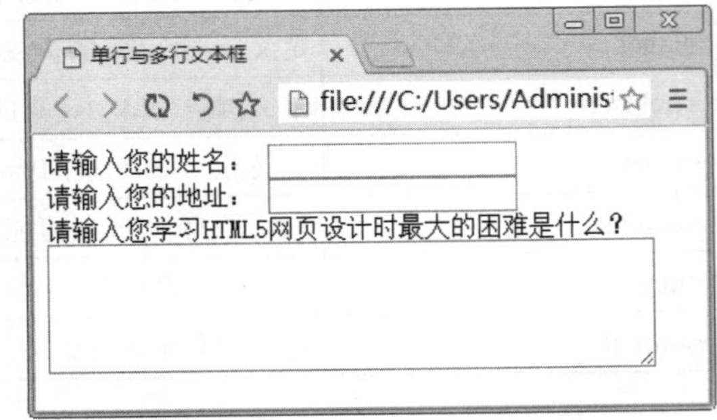

图 2-10 单行文本与多行文本输入框

2. 密码输入框 password

密码输入框是一种特殊的文本域，主要用于输入一些保密信息。当网页浏览者输入文本时，显示的是黑点或者其他符号，这样就增加了输入文本的安全性。代码格式如下：

```
<input type="password" name="..." size="..." maxlength="...">
```

其中 type= “password” 定义密码框；name 属性定义密码框的名称，要保证唯一性；size 属性定义密码框的宽度，单位是单个字符宽度；maxlength 属性定义最多输入的字符数。

实例 9：创建包含密码域的账号登录页面

```
<!DOCTYPE html>
<html>
<head><title>输入用户姓名和密码</title></head>
<body>
<form>
<h3>网站会员登录<h3>
账号:
<input type="text" name="yourname">
<br/>
密码:
<input type="password" name="yourpw"><br/>
</form>
</body>
</html>
```

在浏览器中的预览效果如图 2-11 所示。输入用户名和密码时，可以看到密码以黑点的形式显示。

图 2-11　密码输入框

2.3.2　按钮类输入框

在设计调查问卷或商城购物页面时，经常会用到单选按钮和复选框。

（1）单选按钮 radio：用于网页浏览者在一组选项里选择一个。代码格式如下。

```
<input type="radio" name="..." value="...">
```

其中，type= “radio” 定义单选按钮；name 属性定义单选按钮的名称，单选按钮都是以组为单位使用的，在同一组中的单选按钮都必须用同一个名称；value 属性定义单选按钮的值，在同一组中，它们的值必须是不同的。

（2）复选框 checkbox：用于网页浏览者在一组选项里可以同时选择多个选项。每个复选框都是一个独立的元素，都必须有一个唯一的名称。代码格式如下。

```
<input type="checkbox" name="..." value="...">
```

其中 type= “checkbox” 定义复选框；name 属性定义复选框的名称，在同一组中的复选框都必须用同一个名称；value 属性定义复选框的值。

实例 10：创建大学生技能需求问卷调查页面

```
<!DOCTYPE html>
<html>
<head>
<title>问卷调查页面</title>
</head>
<body>
```

```
<form>
<h1>大学生技能需求问卷调查</h1>
请选择您感兴趣的技能:
<br/>
<input type="radio" name="book" value="Book1">网站开发技能<br/>
<input type="radio" name="book" value="Book2">美工设计技能<br/>
<input type="radio" name="book" value="Book3">网络安全技能<br/>
<input type="radio" name="book" value="Book4">人工智能技能<br/>
<input type="radio" name="book" value="Book5">编程开发技能<br/>
请选择您需要购买的图书: <br/>
<input type="checkbox" name="book" value="Book1"> HTML5 Web开发（全案例微课版）<br/>
<input type="checkbox" name="book" value="Book2"> HTML5+CSS3+JavaScript网站开发（全案例微课版）<br/>
<input type="checkbox" name="book" value="Book3"> SQL Server数据库应用（全案例微课版）<br/>
<input type="checkbox" name="book" value="Book4"> PHP动态网站开发（全案例微课版）<br/>
<input type="checkbox" name="book" value="Book5" checked> MySQL数据库应用（全案例微课版）<br/>
</form>
</body>
</html>
```

在浏览器中的预览效果如图 2-12 所示。即可以看到 5 个单选按钮与 5 个复选框，用户只能选择其中一个单选按钮，可以选择多个复选框。

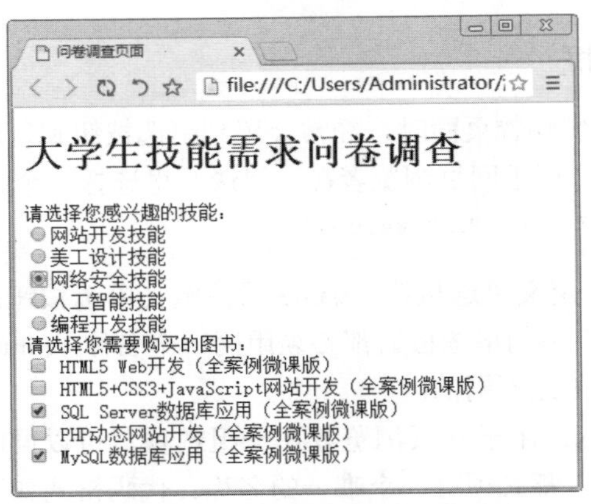

图 2-12　单选按钮与复选框

2.3.3　网页中的按钮

网页中的按钮，按功能通常可以分为普通按钮、提交按钮和重置按钮。

（1）普通按钮用来控制其他定义了处理脚本的处理工作。代码格式如下：

```
<input type="button" name="..." value="..." onClick="...">
```

其中 type= “button” 定义为普通按钮；name 属性定义普通按钮的名称；value 属性定义按钮的显示文字；onClick 属性表示单击行为，也可以是其他的事件，通过指定脚本函数来定义按钮的行为。

（2）提交按钮用来将输入的信息提交到服务器。代码格式如下：

```
<input type="submit" name="..." value="...">
```

其中 type= “submit” 定义为提交按钮；name 属性定义提交按钮的名称；value 属性定义按钮的显示文字。通过提交按钮，可以将表单里的信息提交给表单所指向的文件。

（3）重置按钮又称为复位按钮，用来重置表单中输入的信息。代码格式如下：

```
<input type="reset" name="..." value="...">
```

其中，type= “reset” 定义复位按钮；name 属性定义复位按钮的名称；value 属性定义按钮的显示文字。

实例 11：通过普通按钮实现文本的复制和粘贴效果

```
<!DOCTYPE html>
<html>
<head>
<title>网页中按钮的功能</title>
</head>
<body>
<form>
单击"复制后粘贴"按钮，实现文本的复制和粘贴:
<br/>
我喜欢的图书: <input type="text" id="field1" value="HTML5 Web开发">
<br/>
我购买的图书: <input type="text" id="field2">
<br/>
<input type="button" name="..." value="复制后粘贴" onClick="document
.getElementById('field2').value=document
.getElementById('field1').value">
<br/>
单击"提交"按钮，将表单里的信息提交给表单所指向的文件:
<input type="submit" value="提交">
<br/>
单击"重置"按钮，实现将表单中的数据清空:
<br/>
<input type="reset" value="重置">
</form>
</body>
</html>
```

在浏览器中的预览效果如图 2-13 所示。单击“复制后粘贴”按钮，即可将第一个文本框中的内容复制，然后粘贴到第二个文本框中。单击“提交”按钮，可以将表单信息发送给指定文件。单击“重置”按钮，可以清空表单中的信息，如图 2-14 所示

图 2-13　单击按钮后的粘贴效果

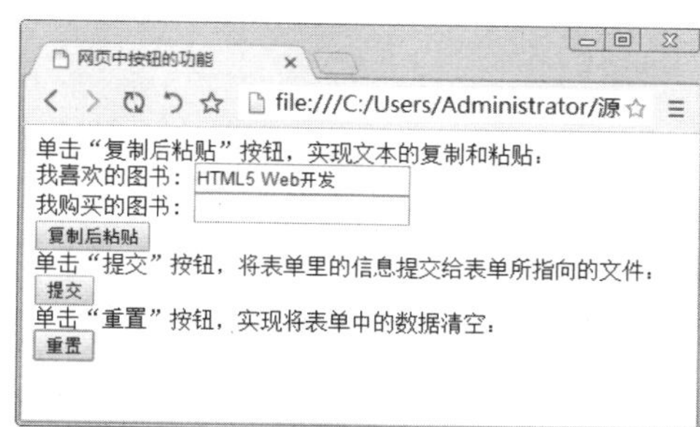

图 2-14　清空表单信息

2.3.4　图像域和文件域

为了丰富表单中的元素，可以使用图像域，从而解决表单中按钮比较单调、与页面内容不协调的问题。如果需要上传文件，往往需要通过文件域来完成。

1. 图像域 image

在设计网页表单时，为了让按钮和表单的整体效果比较一致，有时候需要在“提交”按钮上添加图片，使该图片具有按钮的功能，此时可以通过图像域来完成。语法格式如下：

```
<input type="image" src="图片的地址" name="代表的按键" >
```

其中 src 用于设置图片的地址；name 用于设置代表的按键，比如 submit 或 button 等，默认值为 button。

2. 文件域 file

使用 file 属性可显示文件上传框。语法格式如下：

```
<input type="file" accept="..."name="..."size="..."maxlength="...">
```

其中 type=“file”定义为文件上传框；accept 用于设置文件的类别，可以省略；name 属性为文件上传框的名称；size 属性定义文件上传框的宽度，单位是单个字符宽度；maxlength 属性定义最多输入的字符数。

实例 12：创建银行系统实名认证页面

```
<!doctype html>
<html>
<head>
<title>文件和图像域</title>
</head>
<body>
<div>
<h2 align="center">银行系统实名认证</h2>
<form>
        <h3>请上传您的身份证正面图片：</h3>
         <!--两个文件域-->
        <input type="file">
        <h3>请上传您的身份证背面图片：</h3>
        <input type="file"><br/><br/>
        <!--图像域-->
        <input type="image" src="pic/anniu.jpg" >
</form>
</div>
</body>
</html>
```

在浏览器中的预览效果如图 2-15 所示。单击“选择文件”按钮，即可选择需要上传的图片文件。

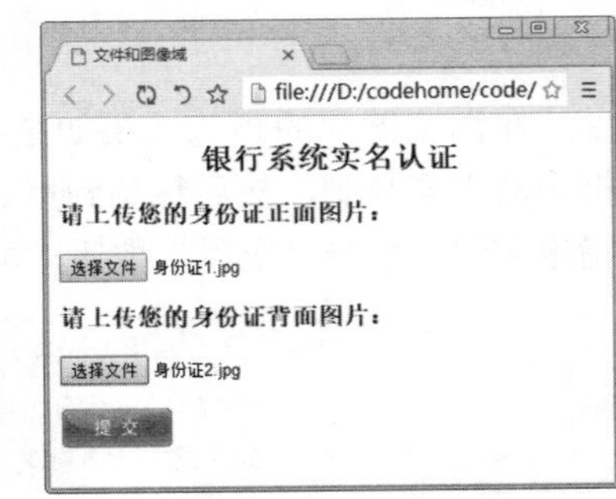

图 2-15　银行系统实名认证页面

2.3.5　设置表单中的列表

列表框主要用于在有限的空间里设置多个选项。列表框既可以用作单选，也可以用作复选。代码格式如下：

```
<select name="..." size="..." multiple>
<option value="..." selected>
...
</option>
...
</select>
```

其中 name 属性定义列表框的名称；size 属性定义列表框的行数；multiple 属性表示可以多选，如果不设置本属性，那么只能单选；value 属性定义列表项的值；selected 属性表示默认已经选中本选项。

实例 13：创建报名学生信息调查表页面

```
<!DOCTYPE html>
<html>
<head>
<title>报名学生信息调查表</title>
</head>
<body>
<form>
<h2 align=" center">报名学生信息调查表</h2>
        <p>1. 请选择您目前的学历：</p><br/>
         <!--下拉菜单实现学历选择-->
        <select>
         <option>初中</option>
         <option>高中</option>
         <option>大专</option>
         <option>本科</option>
         <option>研究生</option>
       </select><br/>
        <div align=" right">
        <p>2. 请选择您感兴趣的技术方向：</p><br/>
         <!--下拉菜单中显示5个选项-->
         <select name="book" size = "3" multiple>
         <option value="Book1">网站编程
         <option value="Book2">办公软件
         <option value="Book3">设计软件
         <option value="Book4">网络管理
         <option value="Book5">网络安全</select>
        </div>
</form>
</body>
</html>
```

在浏览器中的预览效果如图 2-16 所示。可以看到在右下角的列表框中，显示了 5 行选项，用户可以按住 Ctrl 键，选择多个选项。

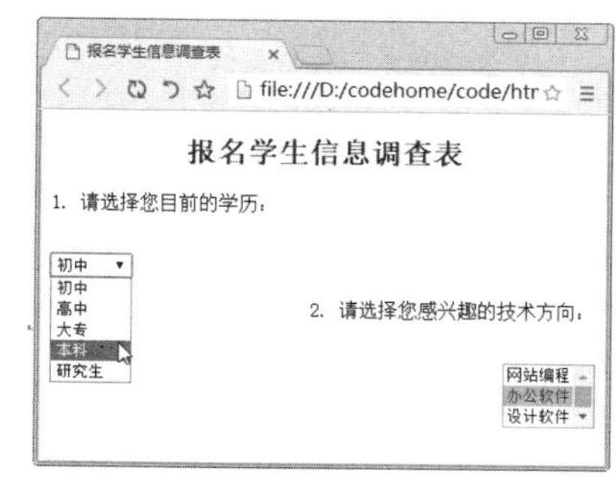

图 2-16　列表框的效果

2.3.6　表单常用属性的应用

除了上述基本表单标签外，HTML 5 表单中还有一些其他常用属性，如表 2-9 所示。下面将学习这些属性的使用方法。

表 2-9　表单常用的属性

属性名	说　明
url 属性	用于说明网站网址。显示为一个文本字段，用于输入 URL 地址
email 属性	用于让浏览者输入 E-mail 地址
date 和 time 属性	用于输入日期和时间
number 属性	提供了一个输入数字的输入类型
range 属性	显示为一个滑条控件
required 属性	规定必须在提交之前填写输入域（不能为空）

实例 14：使用属性创建一个信息统计表

```
<!DOCTYPE html>
<html>
<head>
<title> 使用表单属性</title>
</head>
<body>
<form>
<br/>
请输入购物网站的网址:
<input type="url" name="userurl"/>
<br/>
<br/>
请输入您的邮箱地址:
<input type="email" name="user_email"/>
<br/>
<br/>
请选择购买商品的日期:
<br/>
<input type="date" name="user_date"/>
<br/>
<br/>
此网站我曾经来
<input type="number" name="shuzi"/>次了哦!
<br/>
<br/>
购买次数公布了! 我的购买次数为:
<br/>
<br/>
<br/>
<input type="range" name="ran" min="1" max="16"/>
<br/>
下面是输入用户登录信息
<br/>
用户名称
<input type="text" name="user" required="required">
<br/>
用户密码
<input type="password" name="password" required="required">
<br/>
<input type="submit" value="登录">
</form>
</body>
</html>
```

在浏览器中的预览效果如图 2-17 所示。根据提示，在各个文本框中输入内容。

图 2-17　使用表单属性

2.4　HTML 5 中的表格标签

HTML 中的表格不但可以清晰地显示数据，而且可以用于页面布局。HTML 中的表格类似于 Word 软件中的表格，操作很相似。HTML 制作表格的原理是使用相关标签来完成，如表 2-10 所示。

表 2-10　表格标签

标　签	描　述
<caption>	定义表格标题
<table>	定义一个表格
<th>	定义表格中的表头单元格
<tr>	定义表格中的行
<td>	定义表格中的单元
<thead>	定义表格中的表头内容
<tbody>	定义表格中的主体内容
<tfoot>	定义表格中的表注内容（脚注）
<col>	定义表格中一个或多个列的属性值
<colgroup>	定义表格中供格式化的列组

2.4.1　表格的基本结构

使用表格显示数据，可以更直观和清晰。在 HTML 文档中，表格主要用于显示数据。表格一般由行、列和单元格组成，如图 2-18 所示。

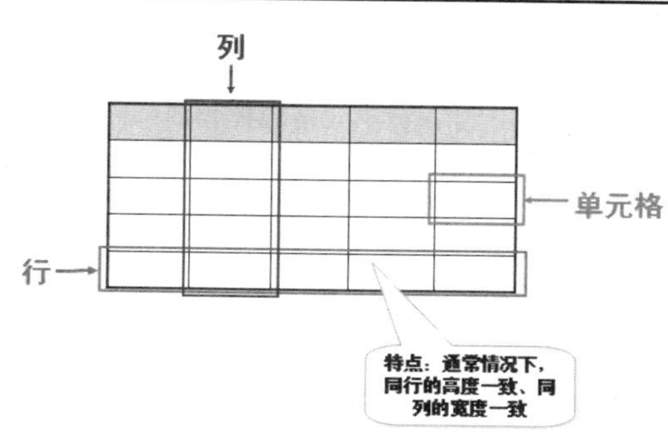

图 2-18　表格的组成

在 HTML 5 中，最基本的表格，必须包含一对 <table></table> 标签、一对或几对 <tr></tr> 标签，以及一对或几对 <td></td> 标签。

一对 <table></table> 标签定义一个表格，一对 <tr></tr> 标签定义一行，一对 <td></td> 标签定义一个单元格。有时，为了方便表述表格，还需要在表格的上面加上标题。

实例 15：通过表格标签编写公司销售表

```
<!DOCTYPE html>
<html>
<head>
<title>公司销售表</title>
</head>
<body>
<!--<table>为表格标签-->
<table border="2">
<caption>产品销售统计表</caption>
    <!--<tr>为行标签-->
    <tr>
        <!--<th>为表头标签-->
        <th>姓名</th>
        <th>月份</th>
        <th>销售额</th>
    </tr>
    <tr>
        <!--<td>为单元格-->
        <td>刘玉</td>
        <td>1月份</td>
        <td>32万</td>
    </tr>
    <tr>
        <!--<td>为单元格-->
        <td>张平</td>
        <td>1月份</td>
        <td>36万</td>
    </tr>
    <tr>
        <!--<td>为单元格-->
        <td>胡明</td>
        <td>1月份</td>
        <td>18万</td>
    </tr>
</table>
</body>
</html>
```

运行效果如图 2-19 所示。

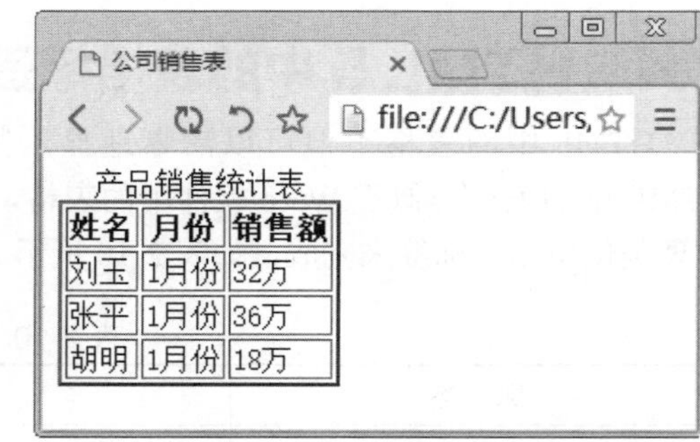

图 2-19　公司销售表

2.4.2　使用属性编辑表格

在创建好表格之后，还可以编辑表格，包括设置表格的边框类型、设置表格的表头、合并单元格等。用于编辑表格的属性如表 2-11 所示。

表 2-11　编辑表格的属性

属性名	说　明	属性名	说　明
border	边框宽度，值必须大于 1 像素才有效	width	表格宽度
bgcolor	表格背景色	height	表格高度
align	设置对齐方式，默认是左对齐	colspan	列合并标记
cellpadding	设置单元格边框和内部内容之间的间隔大小	rowspan	行合并标记
cellspacing	设置单元格之间的间隔大小		

1. 合并单元格

在实际应用中，并非所有表格都是规范的几行几列，而是需要将某些单元格进行合并，以符合某种内容上的需要。在 HTML 中，合并的方向有两种，一种是上下合并，另一种是左右合并，这两种合并方式只需要使用 td 标签的 colspan 属性和 rowspan 属性即可。

colspan 属性用于左右单元格的合并，格式如下：

```
<td colspan="数值">单元格内容</td>
```

其中，colspan 属性的取值为数值型整数数据，代表有几个单元格进行左右合并。
rowspan 属性用于上下单元格的合并，格式如下：

```
<td rowspan="数值">单元格内容</td>
```

其中，rowspan 属性的取值为数值型整数数据，代表有几个单元格进行上下合并。

实例 16：设计婚礼流程安排表

```
<!DOCTYPE html>
<html>
<head>
<title>婚礼流程安排表</title>
</head>
<body>
<h1 align="center">婚礼流程安排表</h1>
<!--<table>为表格标签-->
<table align="center" border="1px" cellpadding="12%" >
    <!--婚礼流程安排表日期-->
    <tr bgcolor="#A5AFEDD">
        <th></th>
        <th>时间</th>
        <th>日程</th>
        <th>地点</th>
    </tr>
    <!--婚礼流程安排表内容-->
    <tr align="center">
        <!--使用rowspan属性进行列合并-->
        <td bgcolor="#FCD1CC" rowspan="2">上午</td>
        <td bgcolor="#FCD1CC">7:00--8:30</td>
        <td>新郎新娘化妆定妆</td>
        <td>婚纱影楼</td>
    </tr>
    <!--婚礼流程安排表内容-->
    <tr align="center">
        <td bgcolor="#FCD1CC">8:30--10:30</td>
        <td>新郎根据指导接亲</td>
        <td>酒店1楼</td>
    </tr>
    <!--婚礼流程安排表内容-->
    <tr align="center">
        <!--使用rowspan属性进行列合并-->
        <td bgcolor="#FCD1CC" rowspan="2">下午</td>
        <td bgcolor="#FCD1CC">12:30--14:00</td>
        <td>婚礼和就餐</td>
        <td>酒店2楼</td>
    </tr>
    <!--婚礼流程安排表内容-->
    <tr align="center">
        <td bgcolor="#FCD1CC">14:00--16:00</td>
        <td>清点物品后离开酒店</td>
        <td>酒店2楼</td>
```

```
    </tr>
</table>
</body>
</html>
```

运行效果如图 2-20 所示。

图 2-20　婚礼流程安排表

2. 表格的分组

如果需要分组对表格的列样式控制，可以通过 <colgroup> 标签来完成。该标签的语法格式如下：

```
<colgroup>
    <col style="background-color: 颜色值">
    <col style="background-color: 颜色值">
    <col style="background-color: 颜色值">
</colgroup>
```

<colgroup> 标签可以对表格的列进行样式控制，其中 <col> 标签对具体的列进行样式控制。

实例 17：设计企业客户联系表

```
<!DOCTYPE html>
<html>
<head>
<title>企业客户联系表</title>
</head>
<body>
<h1 align="center">企业客户联系表</h1>
<!--<table>为表格标签-->
<table align="center" border="1px" cellpadding="12%" >
<!--<table>为表格标签-->
<table align="center" border="1px" cellpadding="12%" >
    <!--使用<colgroup>标签进行表格分组控制-->
    <colgroup>
        <col style="background-color: #FFD9EC">
        <col style="background-color: #B8B8DC">
        <col style="background-color: #BBFFBB">
        <col style="background-color: #B9B9FF">
    </colgroup>
    <tr>
        <th>区域</th>
        <th>加盟商</th>
        <th>加盟时间</th>
        <th>联系电话</th>
    </tr>

    <tr align="center">
        <td>华北区域</td>
        <td>王蒙</td>
        <td>2019年9月</td>
        <td>123XXXXXXXX</td>
    </tr>

    <tr align="center">
        <td>华中区域</td>
        <td>王小名</td>
        <td>2019年1月</td>
```

```
        <td>100XXXXXXXX</td>
    </tr>

    <tr align="center">
        <td>西北区域</td>
        <td>张小明</td>
        <td>2012年9月</td>
        <td>111XXXXXXXX</td>
    </tr>

</table>
</body>
</html>
```

运行效果如图 2-21 所示。

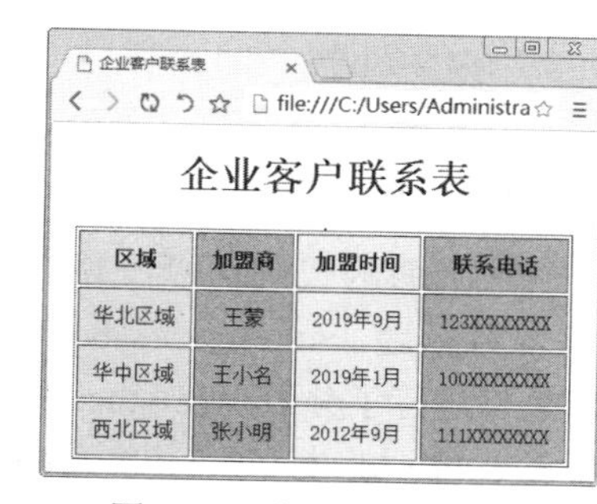

图 2-21　企业客户联系表

2.4.3　完整的表格标签

为了让表格结构更清楚，以及配合后面学习的 CSS 样式更方便地制作各种样式的表格，表格中还会出现表头、主体、脚注等。按照表格结构，可以把表格的行分组，称为“行组”。不同的行组具有不同的意义。行组分为 3 类——“表头”、“主体”和“脚注”，三者相应的 HTML 标签依次为 <thead>、<tbody> 和 <tfoot>。

此外，在表格中还有两个标签：标签 <caption> 表示表格的标题；在一行中，除了 <td> 标签表示一个单元格以外，还可以使用 <th> 表示该单元格是这一行的“行头”。

实例 18：使用完整的表格标签设计学生成绩单

```
<!DOCTYPE html>
<html>
<head>
<title>完整表格标签</title>
<style>
tfoot{
background-color:#FF3;
}
</style>
</head>
<body>
<table border="1">
  <caption>学生成绩单</caption>
  <thead>
    <tr>
      <th>姓名</th><th>性别</th><th>成绩</th>
    </tr>
  </thead>
   <tfoot>
    <tr>
      <td>平均分</td><td colspan="2">540</td>
    </tr>
  </tfoot>
  <tbody>
    <tr>
      <td>张三</td><td>男</td><td>560</td>
    </tr>
```

```
      <tr>
        <td>李四</td><td>男</td><td>520</td>
      </tr>
    </tbody>
  </table>
  </body>
  </html>
```

从上面的代码可以发现，caption 表格定义了表格标题，<thead>、<tbody> 和 <tfoot> 标签对表格进行了分组。在 <thead> 部分，使用 <th> 标签代替 <td> 标签定义单元格，<th> 标签定义的单元格内容默认加粗显示。网页的预览效果如图 2-22 所示。

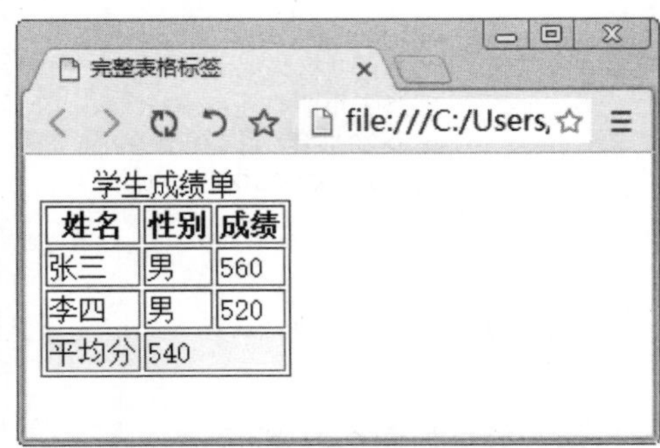

图 2-22　完整的表格结构

注意：<caption> 标签必须紧随 <table> 标签之后。

2.5　HTML 5 中的多媒体标签

在 HTML 5 版本出现之前，要想在网页中展示多媒体，大多数情况下需要用到 Flash。这就需要浏览器安装相应的插件，而且加载多媒体的速度也不快。HTML 5 新增了音频和视频的标签，从而解决了上述问题，如表 2-12 所示。

表 2-12　HTML 5 中的多媒体标签

标签名	说 明
<audio>	定义声音，比如音乐或其他音频流
<source>	定义 media 元素（<video> 和 <audio>）的媒体资源
<track>	为媒体（<video> 和 <audio>）元素定义外部文本轨道
<video>	定义一个音频或者视频

2.5.1　audio 标签的应用

audio 标签主要是定义播放声音文件或者音频流的标准。它支持 3 种音频格式，分别为 Ogg、MP3 和 WAV。

如果需要在 HTML 5 网页中播放音频，基本语法格式如下：

```
<audio src="song.mp3" controls="controls"></audio>
```

提示：其中，src 属性规定要播放的音频地址，controls 属性是供添加播放、暂停和音量控件的属性。

另外，在 <audio> 和 </audio> 之间插入的内容是供不支持 audio 元素的浏览器显示的。

实例 19：认识 audio 标签

```
<!DOCTYPE html>
```

```
<html>
<head>
<title>audio</title>
<head>
<body>
<audio src="song.mp3" controls="controls">
      您的浏览器不支持audio标签!
</audio>
</body>
</html>
```

如果用户浏览器的版本不支持 audio 标签，浏览效果如图 2-23 所示，可见 IE 11.0 以前的浏览器版本不支持 audio 标签。

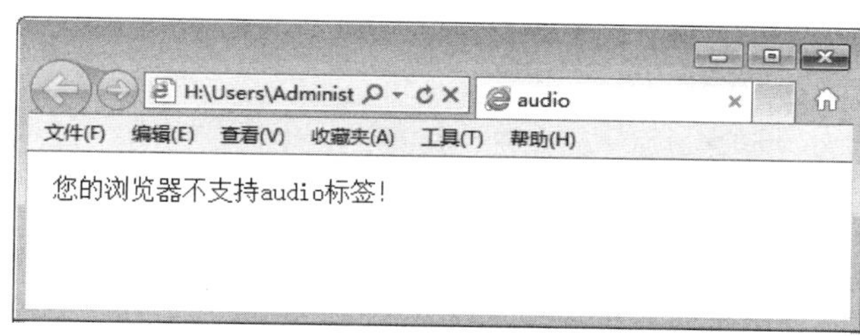

图 2-23　不支持 audio 标签的效果

对于支持 audio 标签的浏览器，运行效果如图 2-24 所示，可以看到加载的音频控制条并听到声音，此时用户还可以调整音量的大小。

图 2-24　支持 audio 标签的效果

audio 标签的常见属性和含义如表 2-13 所示。

表 2-13　audio 标签的常见属性

属 性	值	描 述
autoplay	autoplay（自动播放）	如果出现该属性，则音频在就绪后马上播放
controls	controls（控制）	如果出现该属性，则向用户显示控件，比如播放按钮
loop	loop（循环）	如果出现该属性，则每当音频结束时重新开始播放
preload	preload（加载）	如果出现该属性，则音频在页面加载时进行加载，并预备播放。如果使用 autoplay，则忽略该属性
src	url（地址）	要播放的音频的 URL 地址

另外，audio 标签可以通过 source 属性添加多个音频文件，具体格式如下：

```
<audio controls="controls">
     <source src="123.ogg" type="audio/ogg">
```

```
    <source src="123.mp3" type="audio/mpeg">
</audio>
```

2.5.2 在网页中添加音频文件

当在网页中添加音频文件时，用户可以根据自己的需要，添加不同类型的音频文件，如添加自动播放的音频文件、添加带有控件的音频文件、添加循环播放的音频文件、添加预播放的音频文件等。

1. 添加自动播放的音频文件

autoplay 属性规定一旦音频准备就绪，马上就开始播放。如果设置了该属性，音频将自动播放。下面就是在网页中添加自动播放音频文件的相关代码：

```
<audio controls="controls" autoplay="autoplay">
<source src="song.mp3">
```

2. 添加带有控件的音频文件

controls 属性规定浏览器应该为音频提供播放控件。如果设置了该属性，则规定不存在作者设置的脚本控件。其中浏览器控件应该包括播放、暂停、定位、音量、全屏切换等。

添加带有控件的音频文件的代码如下：

```
<audio controls="controls">
<source src="song.mp3">
```

3. 添加循环播放的音频文件

loop 属性规定当音频结束后将重新开始播放。如果设置该属性，则音频将循环播放。添加循环播放的音频文件的代码如下：

```
<audio controls="controls" loop="loop">
<source src="song.mp3">
```

4. 添加预播放的音频文件

preload 属性规定是否在页面加载后载入音频。如果设置了 autoplay 属性，则忽略该属性。preload 属性的值有三种，分别说明如下。

- auto：当页面加载后载入整个音频。
- meta：当页面加载后只载入元数据。
- none：当页面加载后不载入音频。

添加预播放的音频文件的代码如下：

```
<audio controls="controls" preload="auto">
<source src="song.mp3">
```

实例 20：创建一个带有控件、自动播放并循环播放音频的文件

```
<!DOCTYPE html>
<html>
<head>
<title>audio</title>
```

```
<head>
<body>
  <audio src="song.mp3" controls="controls" autoplay="autoplay" loop="loop">
    您的浏览器不支持audio标签!
</audio>
</body>
</html>
```

运行效果如图 2-25 所示。音频文件会自动播放，播放完成后会自动循环播放。

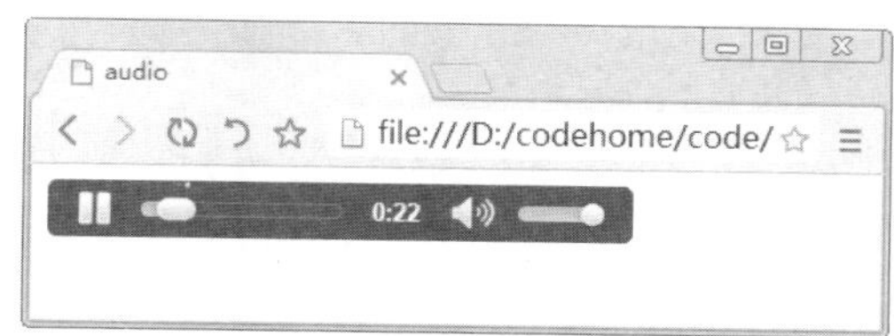

图 2-25　带有控件、自动播放并循环播放的效果

2.5.3　认识 video 标签

video 标签主要定义播放视频文件或者视频流的标准。它支持 3 种视频格式，分别为 Ogg、WebM 和 MPEG 4。

如果需要在 HTML 5 网页中播放视频，基本语法格式如下：

```
<video src="123.mp4" controls="controls">...</video>
```

其中，在 <video> 与 </video> 之间插入的内容是供不支持 video 元素的浏览器显示的。

实例 21：认识 video 标签

```
<!DOCTYPE html>
<html>
<head>
<title>video</title>
<head>
<body>
  <video src="fengjing.mp4" controls="controls">
    您的浏览器不支持video标签!
</video>
</body>
</html>
```

如果用户的浏览器是 IE 11.0 以前的版本，运行效果如图 2-26 所示，可见 IE 11.0 以前版本的浏览器不支持 video 标签。

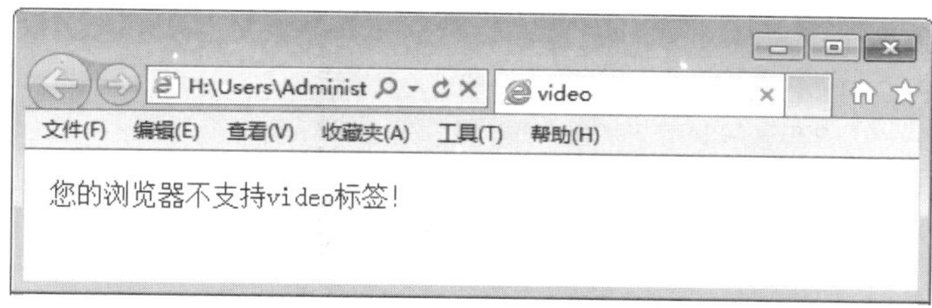

图 2-26　不支持 video 标签的效果

如果浏览器支持 video 标签，运行效果如图 2-27 所示，可以看到加载的视频控制条界面。单击“播放”按钮，即可查看视频的内容，同时用户还可以调整音量的大小。

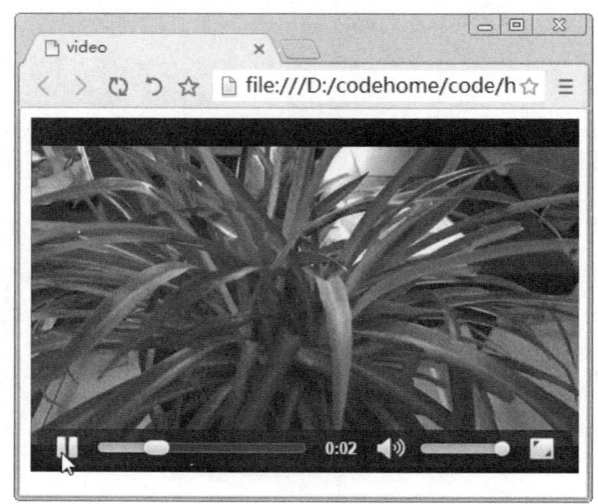

图 2-27　支持 video 标签的效果

video 标签的常见属性和含义如表 2-14 所示。

表 2-14　video 标签的常见属性和含义

属 性	值	描 述
autoplay	autoplay	视频就绪后马上播放
controls	controls	向用户显示控件，比如播放按钮
loop	loop	每当视频结束时重新开始播放
preload	preload	视频在页面加载时进行加载，并预备播放。如果使用 autoplay，则忽略该属性
src	url	要播放的视频的 URL
width	宽度值	设置视频播放器的宽度
height	高度值	设置视频播放器的高度
poster	url	当视频未响应或缓冲不足时，该属性值链接到一个图像。该图像将以一定比例被显示出来

由表 2-14 可知，用户可以自定义视频文件显示的大小。例如，如果想让视频以 320 像素 ×240 像素大小显示，可以加入 width 和 height 属性。具体格式如下：

```
<video width="320" height="240" controls src="movie.mp4"></video>
```

另外，video 标签可以通过 source 属性添加多个视频文件，具体格式如下：

```
<video controls="controls">
<source src="123.ogg" type="video/ogg">
<source src="123.mp4" type="video/mp4">
</video>
```

2.5.4 在网页中添加视频文件

在网页中，用户可以根据自己的需要添加不同类型的视频文件，如添加自动播放的视频文件、添加带有控件的视频文件、添加循环播放的视频文件、添加预播放的视频文件等，另外，还可以设置视频文件的高度和宽度。

1. 添加自动播放的视频文件

autoplay 属性规定一旦视频准备就绪马上开始播放。如果设置了该属性，视频将自动播放。添加自动播放的视频文件的代码如下：

```
<video controls="controls" autoplay="autoplay">
    <source src="movie.mp4">
</video>
```

2. 添加带有控件的视频文件

controls 属性规定浏览器应该为视频提供播放控件。如果设置了该属性，则规定不存在设置的脚本控件。其中浏览器控件应该包括播放、暂停、定位、音量、全屏切换等。

添加带有控件的视频文件的代码如下：

```
<video controls="controls" controls="controls">
    <source src="movie.mp4">
</video>
```

3. 添加循环播放的视频文件

loop 属性规定当视频结束后将重新开始播放。如果设置该属性，则视频将循环播放。

添加循环播放的视频文件的代码如下：

```
<video controls="controls" loop="loop">
    <source src="movie.mp4">
</video>
```

4. 添加预播放的视频文件

preload 属性规定是否在页面加载后载入视频。如果设置了 autoplay 属性，则忽略该属性。preload 属性的可能值有三种，分别说明如下。

- auto：当页面加载后载入整个视频。
- meta：当页面加载后只载入元数据。
- none：当页面加载后不载入视频。

添加预播放的视频文件的代码如下：

```
<video controls="controls" preload="auto">
<source src="movie.mp4">
```

5. 设置视频文件的高度与宽度

使用 width 和 height 属性可以设置视频文件的显示宽度与高度，单位是像素。

> **提示**：规定视频的高度和宽度是一个好习惯。如果设置这些属性，在页面加载时会为视频预留出空间。如果没有设置这些属性，那么浏览器就无法预先确定视频的尺寸，这样就无法为视频保留合适的空间，结果是在页面加载的过程中，其布局也会产生变化。

实例 22：创建一个自动播放并循环播放视频的文件

```
<!DOCTYPE html>
<html>
<head>
<title>video</title>
<head>
<body>
   <video width="430" height="260"
src="fengjing.mp4" controls="controls"
autoplay="autoplay" loop="loop">
        您的浏览器不支持video标签!
</video>
</body>
</html>
```

运行效果如图 2-28 所示。网页中加载了视频播放控件，视频的显示大小为 430 像素 ×260 像素。视频文件会自动播放，播放完成后会自动循环播放。

图 2-28　指定循环播放的视频

> **注意**：切勿通过 height 和 width 属性来缩放视频。通过 height 和 width 属性来缩小视频，用户仍会下载原始的视频（即使在页面上它看起来较小）。正确的方法是在网页上使用该视频前，用软件对视频进行压缩。

2.6　<div> 标签

<div> 标签是一个区块容器标签，在 <div></div> 标签中可以放置其他的 HTML 元素，例如段落 <p>、标题 <h1>、表格 <table>、图片 <img> 和表单等。然后使用 CSS3 相关属性对 div 容器标签中的元素作为一个独立对象进行修饰，这样就不会影响其他 HTML 元素。

在使用 <div> 标签之前，需要了解一下 <div> 标签的属性。语法格式如下：

```
<div id="value" align="value" class="value" style="value">
  这是div标签包含的内容。
</div>
```

其中 id 为 <div> 标签的名称，常与 CSS 样式相结合，实现对网页中元素样式的控制；align 用于控制 <div> 标签中元素的对齐方式，主要包括 left（左对齐）、right（右对齐）和 center（居中对齐）；class 用于控制 <div> 标签中元素的样式，其值为 CSS 样式中的 class 选择符; style 用于控制 <div> 标签中元素的样式，其值为 CSS 属性值，各个属性之间用分号分隔。

实例 23：使用 <div> 标签发布产品

```
<!DOCTYPE html>
<html>
<head>
<title>发布高科技产品</title>
</head>
<!--插入背景图片-->
```

```
<body style="background-image:url(pic/chanpin.jpg) ">
<br/><br/><br/><br/>
<!--使用div标签进行分组-->
<div>
<h1>   产品发布</h1>
<hr/>
    <h5>产品名称：安科丽智能化扫地机器人</h5>
    <h5>发布日期：2020年12月12日</h5>
</div>
<br/>
<!--使用div标签进行分组-->
<div>
    <h1>产品介绍</h1>
    <hr/>
     <h5>  安科丽智能化扫地机器人的机身为自动化技术的可移动装置，与有集尘盒的真空吸尘装置，配合机身设定控制路径，在室内反复行走，如:沿边清扫、集中清扫、随机清扫、直线清扫等路径打扫，并辅以边刷、中央主刷旋转、抹布等方式，加强打扫效果，以完成拟人化居家清洁效果。</h5>
 </div>
</body>
</html>
```

运行效果如图 2-29 所示。

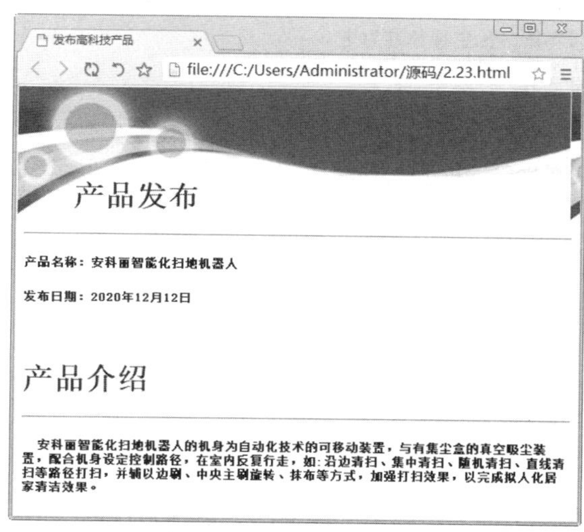

图 2-29　产品发布页面

2.7　<span> 标签

对于初学者而言，常常混淆 <div> 和 <span> 这两个标签，因为大部分的 <div> 标签都可以使用 <span> 标签代替，并且其运行效果完全一样。

<span> 标签是行内标签，标签的前后内容不会换行。而 <div> 标签包含的元素会自动换行。<div> 标签可以包含 <span> 标签元素，但 <span> 标签一般不包含 <div> 标签。

实例 24：分析 <div> 标签和 <span> 标签的区别

```
<!DOCTYPE html>
<html>
<head>
```

```
<title>div与span的区别</title>
</head>
<body>
  <p>使用div标签会自动换行：</p>
  <div><b>金谷年年，乱生春色谁为主。</b></div>
  <div><b>馀花落处。满地和烟雨。</b></div>
  <div><b>又是离歌，一阕长亭暮。</b></div>
  <p>使用span标签不会自动换行：</p>
  <span style="color:red"><b>怀君属秋夜，</b></span>
  <span style="color:blue"><b>散步咏凉天。</b></span>
  <span style="color:red"><b>空山松子落，幽人应未眠。</b></span>
</body>
</html>
```

运行效果如图 2-30 所示。可以看到 <div> 所包含的元素，进行自动换行，而对于 <span> 标签，3 个 HTML 元素在同一行显示。

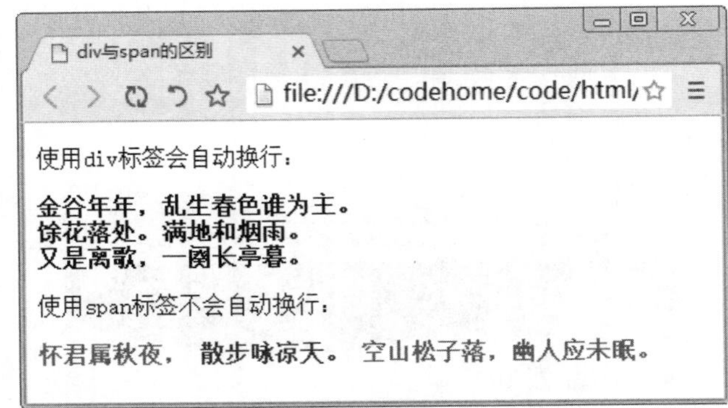

图 2-30　<div> 标签和 <span>标签的区别

在网页设计中，对于较大的块，可以使用 <div> 完成；而对于具有独特样式的单独 HTML 元素，可以使用 <span> 标签完成。

2.8　新手常见疑难问题

疑问 1：HTML 文档页面上边总是留出一段空白，这是为什么？

body 标签默认有个上边距，设置属性 topmargin=0 就可以了。有时还需要设置 leftmargin、rightmargin 和 bottommargin 属性值。

疑问 2：使用 <thead>、<tbody> 和 <tfoot> 标签对行进行分组的意义何在？

在 HTML 文档中增加 <thead>、<tbody> 和 <tfoot> 标签，虽然从外观上不能看出任何变化，但是它们却使文档的结构更加清晰。使用 <thead>、<tbody> 和 <tfoot> 标签，除了使文档更加清晰外，还有一个更重要的意义，就是方便使用 CSS 样式对表格的各个部分进行修饰，从而制作出更炫的表格。

疑问 3：在 HTML 5 网页中添加 MP4 格式的视频文件，为什么在不同的浏览器中视频控件显示的外观不同？

HTML 5 规定用 controls 属性来控制视频文件的播放、暂停、停止和调节音量的操作。

controls 是一个布尔属性，一旦添加了此属性，等于告诉浏览器需要显示播放控件并允许用户进行操作。

因为每一个浏览器都负责解释内置视频控件的外观，所以在不同的浏览器中，将会显示不同的视频控件外观。

2.9 实战技能训练营

实战 1：编写一个计算机报价单的页面

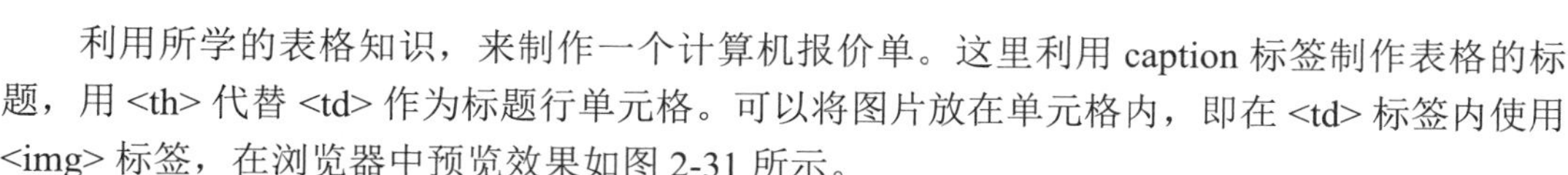

利用所学的表格知识，来制作一个计算机报价单。这里利用 caption 标签制作表格的标题，用 <th> 代替 <td> 作为标题行单元格。可以将图片放在单元格内，即在 <td> 标签内使用 <img> 标签，在浏览器中预览效果如图 2-31 所示。

实战 2：编写一个多功能的视频播放效果的页面

综合使用视频播放时所用的方法和多媒体的属性，在播放视频文件时，可以控制播放、暂停、停止、加速播放、减速播放和正常速度，并显示播放的时间。运行结果如图 2-32 所示。

图 2-31　计算机报价单的页面

图 2-32　多功能的视频播放效果

第3章　设计页面和对话框

本章导读

移动网页中的基本单位就是页面，页面就像是一个容器，开发人员将网页元素都要放到这个容器中。另外，对话框也是网页设计中一个非常重要的容器。本章将重点学习移动页面和对话框的创建方法和技巧。

知识导图

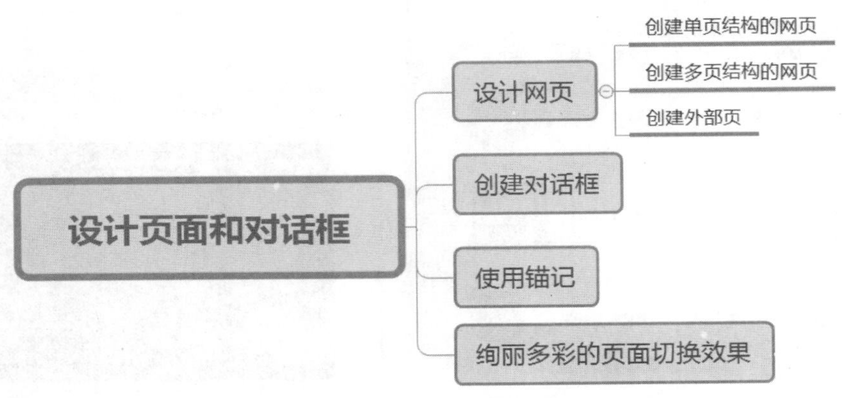

3.1 设计网页

jQuery Mobile 网页以页面（page）为单位。根据包含页面的多少，网页可以分为单页结构和多页结构。单页结构表示一个网页只包含一个页面；而多页结构表示一个网页可以存放两个或两个以上的页面，只是浏览器每次只会显示一页，如果有多个页面，需要在页面中添加超链接，从而实现多个页面的切换。

3.1.1 创建单页结构的网页

一个网页就是一个 HTML 文档，而页面表示移动设备中一个可视区域，也就是一个视图。单页结构的网页也就是只包含一个视图。

在网页中创建页面结构的方法是在 <body> 标签中插入一个 <div> 标签，为该标签定义一个 data-role 属性，设置为 page，即可创建一个视图。

实例 1：创建第一个移动网页

先新建 3.1.html 文件，代码如下：

```
<!DOCTYPE html>
<html>
<head>
    <meta charset="UTF-8">
</head>
<body>

</body>
</html>
```

在 <head></head> 标签之间引入 jQuery Mobile 框架，代码如下：

```
<head>
    <meta charset="UTF-8">
    <meta name="viewport" content="width=device-width, initial-scale=1">
    <link rel="stylesheet" href="jquery.mobile/jquery.mobile-1.4.5.min.css">
    <script src="jquery.min.js"></script>
    <script src="jquery.mobile/jquery.mobile-1.4.5.min.js"></script>
</head>
```

在 <body></body> 标签中插入一个 <div> 标签，然后定义属性 data-role= “page” ，接着即可加入页面中的内容，这里包括 header、content 和 footer，代码如下：

```
<body>
<div data-role="page" >
    <div data-role="header">
        <h1>古诗鉴赏</h1>
    </div>
    <div data-role="content" >
        <h3 align="center">望月怀远</h3>
            <p>海上生明月，天涯共此时。</p>
            <p>情人怨遥夜，竟夕起相思。</p>
            <p>灭烛怜光满，披衣觉露滋。</p>
            <p>不堪盈手赠，还寝梦佳期。</p>
        </div>
        <div data-role="footer">
```

```
        <h1>经典古诗</h1>
    </div>
</div>
</body>
```

这里的 data-role= “page” 表示当前 div 是一个页面，在屏幕中只会显示一个页面；header 定义标题，content 表示页面的内容块，footer 表示页脚。

在 Opera Mobile Emulator 模拟器中预览的效果如图 3-1 所示。

古诗鉴赏

望月怀远

海上生明月，天涯共此时。

情人怨遥夜，竟夕起相思。

灭烛怜光满，披衣觉露滋。

不堪盈手赠，还寝梦佳期。

经典古诗

图 3-1　单页结构的网页

3.1.2　创建多页结构的网页

多页结构就是一个网页文档中包含多个 data-role 标签属性为 page 的页面，各个页面之间是独立的，并拥有唯一的 ID 值。当网页文档加载时，所有的页面都会同时被加载。各个页面通过“#”号加对应的 ID 值互相切换页面。

实例 2：创建多页面的 jQuery Mobile 网页

本实例将使用 jQuery Mobile 制作一个多页面的 jQuery Mobile 网页，并创建多个页面，同时使用不同的 ID 属性来区分不同的页面。

```
<!DOCTYPE html>
<html>
<head>
    <meta charset="UTF-8">
    <meta name="viewport" content="width=device-width, initial-scale=1">
    <link rel="stylesheet" href="jquery.mobile/jquery.mobile-1.4.5.min.css">
    <script src="jquery.min.js"></script>
    <script src="jquery.mobile/jquery.mobile-1.4.5.min.js"></script>
</head>
<body>
<div data-role="page" id="first">
    <div data-role="header">
        <h1>老码识途课堂</h1>
    </div>
    <div data-role="content">
        <h3>网络安全对抗训练营</h3>
          <p>网络安全对抗训练营在剖析用户进行黑客防御中迫切需要或想要用到的技术时，力求对其
进行"傻瓜"式的讲解，使学生对网络防御技术有一个系统的了解，能够更好地防范黑客的攻击。</p>
        <a href="#second">下一页</a>
    </div>
    <div data-role="footer">
        <h1>打造经典IT课程</h1>
    </div>
</div>
<div data-role="page" id="second">
    <div data-role="header">
        <h1>老码识途课堂</h1>
    </div>
    <div data-role="content">
        <h3>网站前端开发训练营</h3>
```

```
            <p>网站前端开发的职业规划包括网页制作、网页制作工程师、前端制作工程师、网站重构工程师、前端开发工程师、资深前端工程师、前端架构师。</p>
            <a href="#first">上一页</a>
        </div>
        <div data-role="footer">
            <h1>打造经典IT课程</h1>
        </div>
    </div>
</body>
</html>
```

在 Opera Mobile Emulator 模拟器中预览的效果如图 3-2 所示。单击“下一页”超链接，即可进入第二页，如图 3-3 所示。单击“上一页”超链接，即可返回到第一页中。

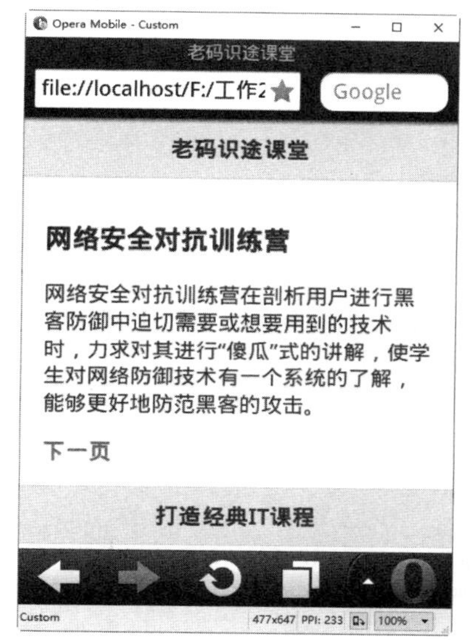

图 3-2　程序预览效果

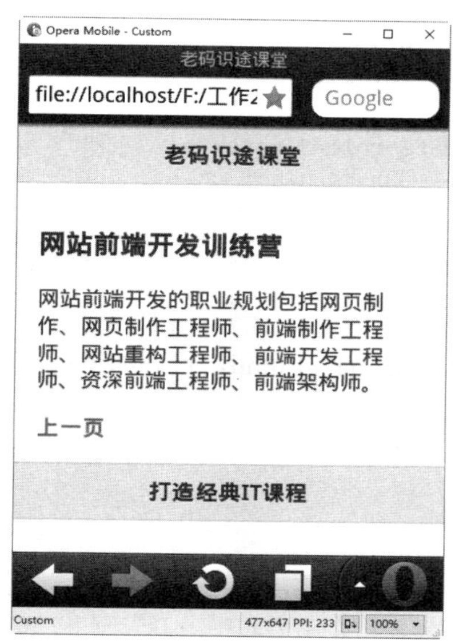

图 3-3　第二页预览效果

3.1.3　创建外部页

多页结构的网页虽然可以实现多页视图效果，但是所有的代码都在一个网页文件中，会增加页面的加载时间，也不利于后期的维护。所以在 jQuery Mobile 网页中，可以创建多个网页文件，然后通过外部链接的方式，实现页面互相切换的效果。

在 jQuery Mobile 页面中，如果指向一个外部超链接页面，jQuery Mobile 将自动分析该 URL 地址，自动产生一个 Ajax 请求，此时要确保外部加载页面 URL 地址的唯一性。

如果不想采用 Ajax 请求的方式打开一个外部页面，只需要在链接标签中定义 rel 属性，设置属性值为 external，该页面将脱离整个 jQuery Mobile 的主页面环境，以独自打开的页面效果在浏览器中显示。

实例 3：创建外部页

首先创建 3.3.html，代码如下：

```
<!DOCTYPE html>
<html>
```

```
<head>
  <meta charset="UTF-8">
  <meta name="viewport" content="width=device-width, initial-scale=1">
  <link rel="stylesheet" href="jquery.mobile/jquery.mobile-1.4.5.min.css">
  <script src="jquery.min.js"></script>
  <script src="jquery.mobile/jquery.mobile-1.4.5.min.js"></script>
</head>
<body>
<div data-role="page" >
  <div data-role="header">
    <h1>古诗欣赏</h1>
  </div>
  <div data-role="content">
    <h3><a href="page1.html" rel="external">1.南歌子</a></h3>
    <h3>2.夏日绝句</h3>
    <h3>3.蝶恋花</h3>
    <h3>4.淮阳感秋</h3>
  </div>
  <div data-role="footer">
    <h1>经典古诗</h1>
  </div>
</div>
</body>
</html>
```

创建外部页面 page1.html，代码如下：

```
<!DOCTYPE html>
<html>
<head>
  <meta charset="UTF-8">
  <meta name="viewport" content="width=device-width, initial-scale=1">
  <link rel="stylesheet" href="jquery.mobile/jquery.mobile-1.4.5.min.css">
  <script src="jquery.min.js"></script>
  <script src="jquery.mobile/jquery.mobile-1.4.5.min.js"></script>
</head>
<body>
<div data-role="page" >
  <div data-role="header">
    <h1>古诗欣赏</h1>
  </div>
  <div data-role="content">
    <h2 align="center">南歌子</h2>
    <p>天上星河转，人间帘幕垂。</p>
    <p> 凉生枕簟泪痕滋。</p>
    <p>起解罗衣聊问、夜何其。</p>
    <p> 翠贴莲蓬小，金销藕叶稀。</p>
    <p> 旧时天气旧时衣。</p>
    <p> 只有情怀不似、旧家时。</p>
  </div>
  <div data-role="footer">
    <h1>经典古诗</h1>
  </div>
</div>
</body>
</html>
```

在 Opera Mobile Emulator 模拟器中预览的效果如图 3-4 所示。单击“1. 南歌子”超链接，即可进入外部页面，如图 3-5 所示。

古诗欣赏

1.南歌子

2.夏日绝句

3.蝶恋花

4.淮阳感秋

图 3-4 程序预览效果

古诗欣赏

南歌子

天上星河转，人间帘幕垂。

凉生枕簟泪痕滋。

起解罗衣聊问、夜何其。

翠贴莲蓬小，金销藕叶稀。

旧时天气旧时衣。

只有情怀不似、旧家时。

图 3-5 外部页面的预览效果

3.2 创建对话框

对话框是 jQuery Mobile 模态页面，也称为模态对话框，它是一个带有圆角标题栏和关闭按钮的浮动层，以独占方式打开，背景被遮罩层覆盖，只有关闭模态页后才能执行其他操作。

jQuery Mobile 通过 data-dialog 属性来创建模态页：

```
data-dialog="true"
```

实例 4：创建模态页

```
<!DOCTYPE html>
<html>
<head>
  <meta charset="UTF-8">
  <meta name="viewport" content="width=device-width, initial-scale=1">
  <link rel="stylesheet" href="jquery.mobile/jquery.mobile-1.4.5.min.css">
  <script src="jquery.min.js"></script>
  <script src="jquery.mobile/jquery.mobile-1.4.5.min.js"></script>
</head>
<body>
<div data-role="page" id="first">
  <div data-role="header">
    <h1>老码识途课堂</h1>
  </div>
  <div data-role="content">
    <h3>1.网络安全对抗训练营 <a href="#second">课程详情</a></h3>
    <h3>2.网站前端开发训练营<a href="#third">课程详情</a></h3>
    <h3>3.Python爬虫智能训练营<a href="#Fourth">课程详情</a></h3>
  </div>
  <div data-role="footer">
    <h1>打造经典IT课程</h1>
  </div>
</div>
<div data-role="page" data-dialog="true" id="second">
  <div data-role="header">
    <h1>网络安全课程 </h1>
  </div>
```

```
    <div data-role="content">
      <p>网络安全对抗训练营在剖析用户进行黑客防御中迫切需要或想要用到的技术时，力求对其进行"傻瓜"式的讲解，使学生对网络防御技术有一个系统的了解，能够更好地防范黑客的攻击。</p>
      <a href="#first">上一页</a>
    </div>
    <div data-role="footer">
      <h1>打造经典IT课程</h1>
    </div>
  </div>
  <div data-role="page" data-dialog="true" id="third">
    <div data-role="header">
      <h1>网站前端课程 </h1>
    </div>
    <div data-role="content">
      <p>网站前端开发的职业规划包括网页制作、网页制作工程师、前端制作工程师、网站重构工程师、前端开发工程师、资深前端工程师、前端架构师。</p>
      <a href="#first">上一页</a>
    </div>
    <div data-role="footer">
      <h1>打造经典IT课程</h1>
    </div>
  </div>
  <div data-role="page" data-dialog="true" id="Fourth">
    <div data-role="header">
      <h1>Python课程 </h1>
    </div>
    <div data-role="content">
      <p>人工智能时代的来临，随着互联网数据越来越开放，越来越丰富。基于大数据来做的事也越来越多。数据分析服务、互联网金融、数据建模、医疗病例分析、自然语言处理、信息聚类，这些都是大数据的应用场景，而大数据的来源都是利用网络爬虫来实现。</p>
      <a href="#first">上一页</a>
    </div>
    <div data-role="footer">
      <h1>打造经典IT课程</h1>
    </div>
  </div>
</body>
</html>
```

在 Opera Mobile Emulator 模拟器中预览的效果如图 3-6 所示。单击任意一个课程右侧的“课程详情”链接，即可打开一个课程详情的对话框，如图 3-7 所示。

图 3-6　程序预览效果

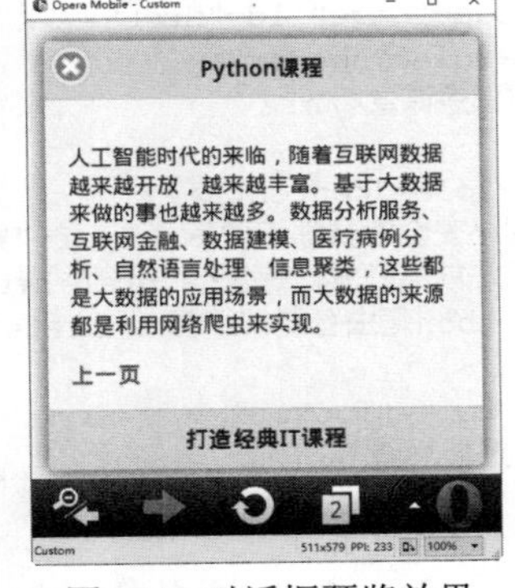

图 3-7　对话框预览效果

从结果可以看出，模态页与普通页面不同，它显示在当前页面上，但又不会填充完整页面。顶部图标用于关闭模态页，单击“上一页”链接，也可以关闭模态页。

在打开的对话框中，可以使用自带的关闭按钮关闭打开的对话框，另外，在对话框内添加其他链接按钮，将该链接的 data-rel 属性值设置为 back，单击该链接也可以实现关闭对话框的功能。

例如，将上述例子的代码：

```
<a href="#first">上一页</a>
```

修改如下：

```
<a href="#"  data-role = "button"
        data-rel="back"
        data-theme="a">关闭
</a>
```

再次打开对话框时，自定义关闭对话框的效果如图 3-8 所示。单击这里的“关闭”按钮，即可关闭对话框。

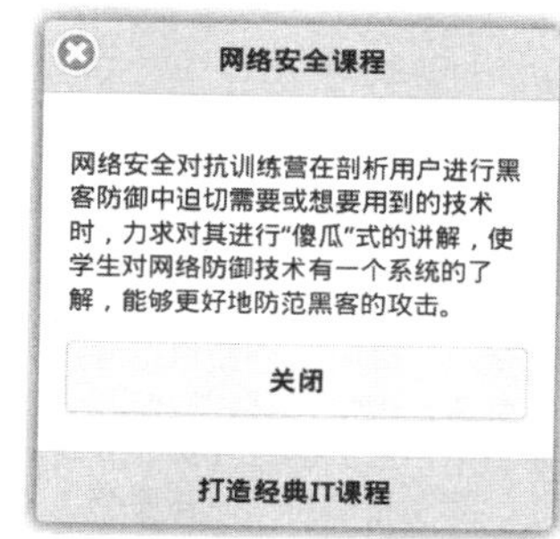

图 3-8　自定义关闭对话框的按钮

3.3　使用锚记

通过锚记可以用来标记页面中的位置。当单击指向命名锚记的超链接时，页面将跳转到命名锚记的位置。

默认情况下，jQuery Mobile 自动通过 Ajax 方式处理链接单击请求，而 HTML 语法定义的命名锚记在 jQuery Mobile 中不可以直接使用。

定义锚记的方法如下：

```
<a name="gushi">命名锚记</a>
```

定位到锚记的方法如下：

```
<a href="#gushi">定位到命名锚记</a>
```

实例 5：在单页视图中定义锚记

```
<!DOCTYPE html>
<html>
<head>
  <meta charset="UTF-8">
  <meta name="viewport" content="width=device-width, initial-scale=1">
  <link rel="stylesheet" href="jquery.mobile/jquery.mobile-1.4.5.min.css">
  <script src="jquery.min.js"></script>
  <script src="jquery.mobile/jquery.mobile-1.4.5.min.js"></script>
  <script>
    $(function(){
      $('a.scroll').bind('click vclick', function(ev){
                                                //为a标签绑定click和vclick的事件
        var target = $($(this).attr('href')).get(0).offsetTop;
                                                //获取目标标签的纵坐标偏移值
        $.mobile.silentScroll(target);          //滚动页面到目标标签的位置
        return false;
      });
```

```
        })
    </script>
    <style type="text/css"></style>
</head>
<body>
<div data-role="page" >
    <div data-role="header">
        <h1>古诗欣赏</h1>
    </div>
    <div data-role="content">
        <a class="scroll" href="#gushi" data-role="button">长歌行</a>
        <div >
            <p>《长歌行》是一首中国古典诗歌，属于汉乐府诗，是劝诫世人惜时奋进的名篇。此诗从整体构思看，主要意思是说时节变换得很快，光阴一去不返，因而劝人要珍惜青年时代，发奋努力，使自己有所作为。全诗以景寄情，由情入理，将"少壮不努力，老大徒伤悲"的人生哲理，寄寓于朝露易干、秋来叶落、百川东去等鲜明形象中，借助朝露易晞、花叶秋落、流水东去不归来，发出了时光易逝、生命短暂的浩叹，鼓励人们紧紧抓住随时间飞逝的生命，奋发努力，趁少壮年华有所作为。其情感基调是积极向上的。其主旨体现在结尾两句，但诗人的思想又不是简单地表述出来，而是从现实世界中撷取出富有美感的具体形象，寓教于审美之中。</p>
        </div>
        <a id="gushi">青青园中葵，朝露待日晞。 阳春布德泽，万物生光辉。常恐秋节至，焜黄华叶衰。百川东到海，何时复西归？少壮不努力，老大徒伤悲。</a>
    </div>
</div>
</body>
</html>
```

上述代码分析如下。

（1）定义锚记的标签中加入了 class=“scroll”的属性，用于区分锚记和非锚记的超链接 <a> 标签；加入了 href=“#gushi”属性，用来定义锚记要跳转的位置。

（2）在 JavaScript 代码中，获取定义 class=“scroll”的 a 元素，然后为其绑定了 click 和 vclick 的事件。

（3）在处理事件函数中，通过 href=“#gushi”获取定位的目标标签。

（4）使用 jQuery 的 offsetTop 属性获取目标标签的纵坐标偏移值。

（5）调用 $.mobile.silentScroll() 函数，滚动页面到目标标签的位置。

在 Opera Mobile Emulator 模拟器中预览的效果如图 3-9 所示。单击“长歌行”按钮，即可调转到锚记的位置，如图 3-10 所示。

图 3-9　程序预览效果

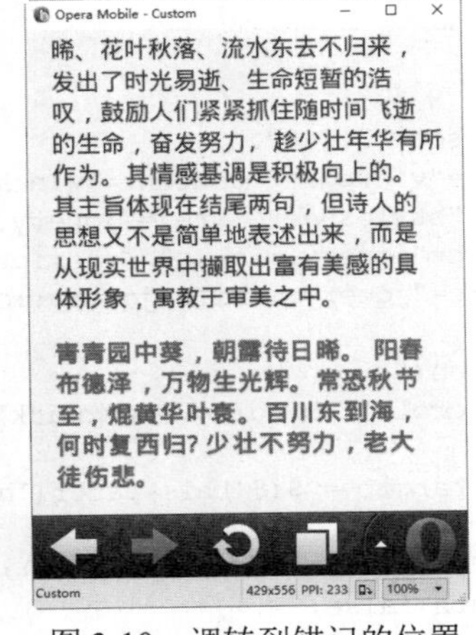

图 3-10　调转到锚记的位置

3.4 绚丽多彩的页面切换效果

jQuery Mobile 提供了页面切换到下一个页面的各种效果。通过设置 data-transition 属性可完成各种页面切换效果，语法规则如下：

```
<a href="#link" data-transition="切换效果">切换下一页</a>
```

其中切换效果有很多，如表 3-1 所示。

表 3-1 页面切换效果

页面效果参数	含 义	页面效果参数	含 义
fade	默认的切换效果。淡入到下一页	slide	从右向左滑动到下一页
none	无过渡效果	slidefade	从右向左滑动并淡入到下一页
flip	从后向前翻转到下一页	slideup	从下到上滑动到下一页
flow	抛出当前页，进入下一页	slidedown	从上到下滑动到下一页
pop	像弹出窗口那样转到下一页	turn	转向下一页

注意： 在 jQuery Mobile 的所有链接上，默认使用淡入淡出的效果。

例如，设置页面从右向左滑动到下一页，代码如下：

```
<a href="#second" data-transition="slide">切换下一页</a>
```

上面的所有效果支持后退行为。例如，用户想让页面从左向右滑动，可以设置 data-direction 属性值为 reverse 即可，代码如下：

```
<a href="#second" data-transition="slide" data-direction="reverse">切换下一页</a>
```

实例 6：设计绚丽多彩的页面切换效果

```
<!DOCTYPE html>
<html>
<head>
    <meta charset="UTF-8">
    <meta name="viewport" content="width=device-width, initial-scale=1">
    <link rel="stylesheet" href="jquery.mobile/jquery.mobile-1.4.5.min.css">
    <script src="jquery.min.js"></script>
    <script src="jquery.mobile/jquery.mobile-1.4.5.min.js"></script>
</head>
<body>
<div data-role="page" id="first">
    <div data-role="header">
        <h1>商品秒杀</h1>
    </div>
    <div data-role="content">
        <p>1. 杜康酒 99元一瓶</p>
        <p>2. 鸡尾酒 88元一瓶</p>
        <p>3. 五粮液 7199元一瓶</p>
        <p>4. 太白酒 78元一瓶</p>
        <!—实现从右到左切换到下一页 -->
```

```
            <a href="#second" data-transition="slide" >下一页</a>
        </div>
        <div data-role="footer">
            <h1>中外名酒</h1>
        </div>
    </div>
    <div data-role="page" id="second">
        <div data-role="header">
            <h1>商品秒杀</h1>
        </div>
        <div data-role="content">
            <p>1. 干脆面 16元一箱</p>
            <p>2. 黑锅巴 2元一袋</p>
            <p>3. 烤香肠 1元一根</p>
            <p>4. 甜玉米 5元一根</p>
            <!—实现从左到右切换到下一页 -->
            <a href="#first" data-transition="slide" data-direction="reverse">上一页</a>
        </div>
        <div data-role="footer">
            <h1>美味零食</h1>
        </div>
    </div>
    </body>
    </html>
```

在 Opera Mobile Emulator 模拟器中预览的效果如图 3-11 所示。单击“下一页”超链接，即可从右到左滑动进入第二页，如图 3-12 所示。单击“上一页”超链接，即可从左到右滑动返回到第一页中。

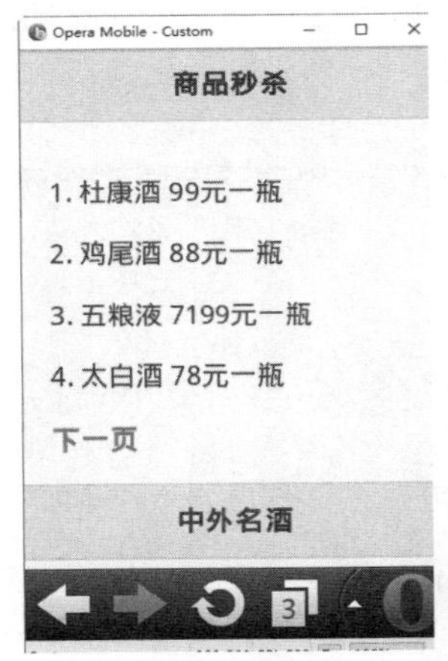

图 3-11　程序预览效果

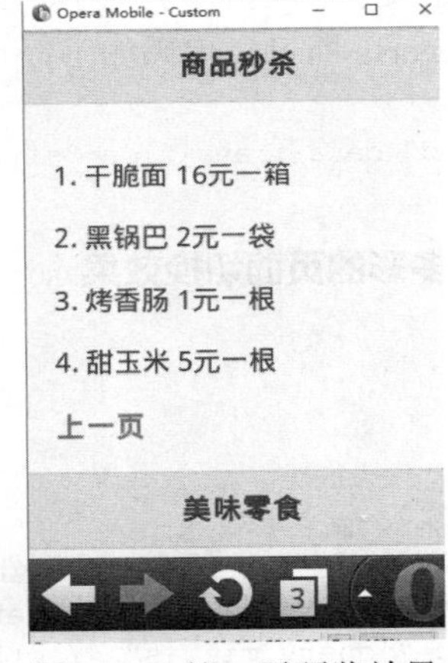

图 3-12　第二页预览效果

3.5　新手常见疑难问题

疑问 1：如何将外部链接页面以对话框的方式打开？

在 jQuery Mobile 中，创建对话框的方式很简单，只需要在指向页面的链接标签中设置 data-rel 的属性值为 dialog 即可。例如，以模态框的方式打开外部链接文件 page1.html，代码如下：

```
<a href="page1.html"  data-rel="dialog">打开外部链接页面</a>
```

疑问 2：如何在多页视图中定义锚记？

在多页视图中命名锚记的实现方法和单页视图类似，不同之处在于单页模板的命名锚记跳转为当前页面中，而多页模板需要跳转到指定页面的命名锚记位置。所以在多页模板中，超链接指向的命名锚记地址需要增加页面 id。

例如，跳转到 id 为 page1 的页面中的锚记 gushi，则代码如下：

```
<a class="page-scroll" href="#page1-gushi" data-role="button">长歌行</a>
```

3.6 实战技能训练营

实战 1：创建一个古诗欣赏的网页

创建两个页面，通过按钮进行切换。在 Opera Mobile Emulator 模拟器中预览的效果如图 3-13 所示。单击“下一页”超链接，即可进入第二页，如图 3-14 所示。单击“上一页”超链接，即可返回到第一页中。

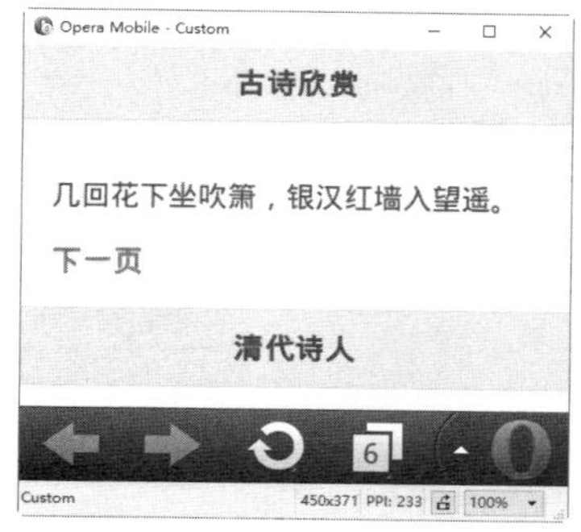

图 3-13　程序预览效果

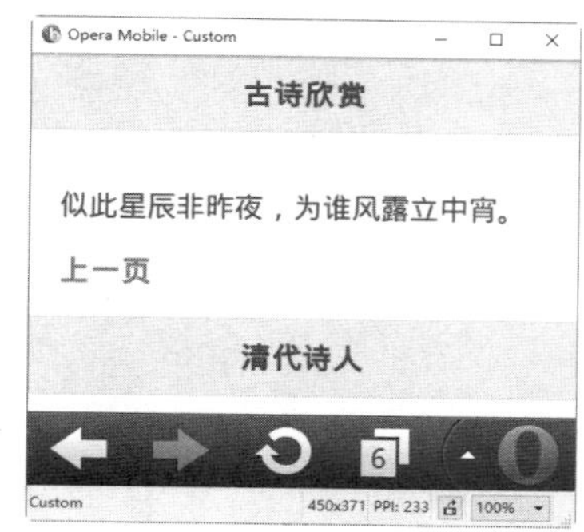

图 3-14　第二页预览效果

实战 2：创建一个古诗详情的对话框

结合所学知识，创建一个用于显示诗歌详情的对话框。在 Opera Mobile Emulator 模拟器中预览的效果如图 3-15 所示。单击任意一首古诗下方的“查看详情”链接，即可打开一个古诗详情的对话框，如图 3-16 所示。

图 3-15　程序预览效果

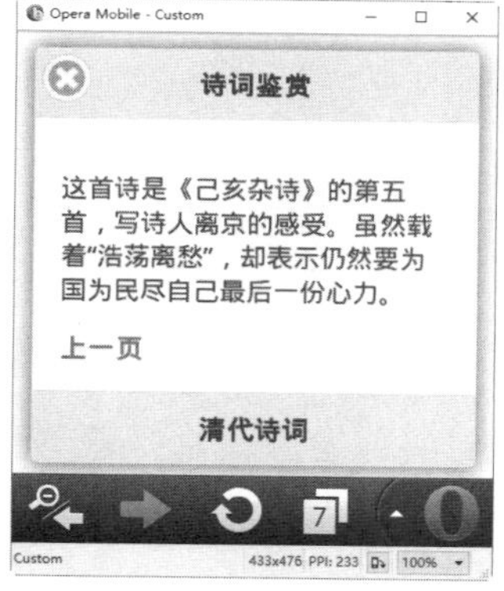

图 3-16　对话框预览效果

第4章　设计弹出页面

本章导读

弹出页面是一个非常流行的设计方式，使用弹出页面，可以快速开发出用户欢迎的移动应用。通过弹出页面，开发者还可以开发出弹出菜单、弹出表单、弹出图片和弹出视频等。本章将深入学习弹出页面的事件、方法和技巧。

知识导图

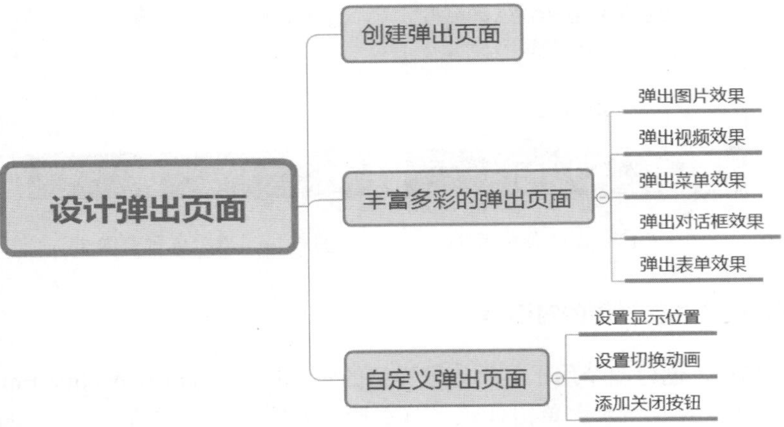

4.1 创建弹出页面

弹出页面是一个非常流行的对话框，它可以覆盖在页面上展示。弹出页面可用于显示一段文本、图片、视频、地图或其他内容。

创建一个弹出页面，需要使用<a>和<div>标签。在<a>标签上添加data-rel="popup"属性，为<div>标签添加data-role="popup"属性。然后为<div>设置id，设置<a>的href值为<div>指定的id，其中<div>中的内容为弹出页面显示的内容。

实例 1：创建古诗欣赏的弹出页面

```
<!DOCTYPE html>
<html>
<head>
  <meta charset="UTF-8">
  <meta name="viewport" content="width=device-width, initial-scale=1">
  <link rel="stylesheet" href="jquery.mobile/jquery.mobile-1.4.5.min.css">
  <script src="jquery.min.js"></script>
  <script src="jquery.mobile/jquery.mobile-1.4.5.min.js"></script>
</head>
<body>
<div data-role="page" id="first">
  <div data-role="header">
    <h1>古诗欣赏</h1>
  </div>
  <div data-role="content">
    <a href="#firstpp" data-rel="popup">酒泉子·雨渍花零</a><br />
    <a href="#" data-rel="popup">武陵春</a><br />
    <a href="#" data-rel="popup">项脊轩志</a><br />
    <a href="#" data-rel="popup">兰亭集序</a>
    <div data-role="popup"id="firstpp">
      <p>雨渍花零，红散香凋池两岸。</p>
      <p>别情遥，春歌断，掩银屏。</p>
      <p>孤帆早晚离三楚，闲理钿筝愁几许。</p>
      <p>曲中情，弦上语，不堪听！</p>
    </div>
  <div data-role="footer">
    <h1>经典古诗</h1>
  </div>
</div>
</div>
</body>
</html>
```

在 Opera Mobile Emulator 模拟器中预览的效果如图 4-1 所示。单击“酒泉子·雨渍花零”超链接，即可显示弹出页面的内容，结果如图 4-2 所示。

图 4-1　古诗的列表内容

图 4-2　弹出页面的内容

> **注意：**<div> 弹出页面与单击的 <a> 链接必须在同一个页面上。

默认情况下，单击弹出页面之外的区域或按 Esc 键，即可关闭弹出页面。用户也可以在弹出页面上添加关闭按钮，只需要设置属性 data-rel=“back”即可。

例如，将上面例子中添加代码：

```
<a href="#"  data-role = "button"
       data-rel="back"
       data-theme="a">关闭
</a>
```

修改后的效果如图 4-3 所示。

图 4-3　带关闭按钮的弹出页面

4.2　丰富多彩的弹出页面

基于弹出页面，开发者可以定制浮在移动浏览器之上的图片、视频、菜单、对话框和表单。下面就来讲述如何设计这些丰富多彩的弹出页面效果。

4.2.1　弹出图片效果

弹出的图片会占据整个弹出页面的大部分内容。要实现弹出图片效果，将图片添加到弹出页面的 div 容器中即可。

> **提示：**如果图片比较大，导致用户返回之前的页面操作不方便，可以添加一个关闭按钮，方法和 4.1 节一样。

实例 2：创建显示图片的弹出页面

```
<!DOCTYPE html>
<html>
<head>
  <meta charset="UTF-8">
  <meta name="viewport" content="width=device-width, initial-scale=1">
  <link rel="stylesheet" href="jquery.mobile/jquery.mobile-1.4.5.min.css">
```

```
    <script src="jquery.min.js"></script>
    <script src="jquery.mobile/jquery.mobile-1.4.5.min.js"></script>
  </head>
  <body>
  <div data-role="page" id="first">
    <div data-role="header">
      <h1>古诗欣赏</h1>
    </div>
    <div data-role="content"  >
      <div id="pageone" data-role="content" class="content" >
        <h3 align="center">采莲曲</h3>
        <p>菱叶萦波荷飐风，荷花深处小船通。</p>
        <p>逢郎欲语低头笑，碧玉搔头落水中。</p>
        <a href="#firstpp" data-rel="popup" >
          <img src="1.jpg" style="width:200px;"></a>
        <div data-role="popup" id="firstpp">
          <p>采莲曲</p>
          </a><img src="1.jpg" style="width:500px;height:500px;" >
          <a href="#"  data-role = "button"
                      data-rel="back"
                     data-theme="a">关闭
          </a>
        </div>
      </div>
      <div data-role="footer">
        <h1>经典古诗</h1>
      </div>
    </div>
  </div>
  </body>
  </html>
```

在 Opera Mobile Emulator 模拟器中预览的效果如图 4-4 所示。单击图片，即可弹出如图 4-5 所示的图片弹出页面。

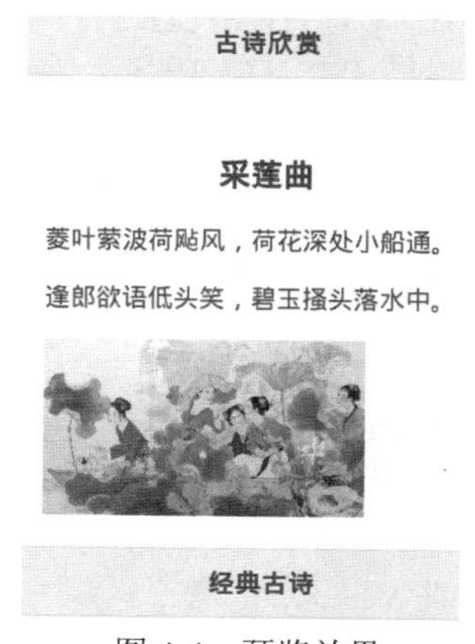

图 4-4　预览效果

图 4-5　图片弹出页面效果

4.2.2　弹出视频效果

页面不仅仅可以弹出文字和图片，还可以弹出视频内容。设计弹出视频效果的方法和弹出图片类似，只需要将播放视频的 iframe、video 等标签添加到弹出页面的 div 容器中。

实例 3：创建显示视频的弹出页面

为了呈现更好的视频播放效果，可以在 JavaScript 脚本中自定义 scale() 函数，从而设置一定的页边距。

```
<!DOCTYPE html>
<html>
<head>
    <meta charset="UTF-8">
    <meta name="viewport" content="width=device-width, initial-scale=1">
    <link rel="stylesheet" href="jquery.mobile/jquery.mobile-1.4.5.min.css">
    <script src="jquery.min.js"></script>
    <script src="jquery.mobile/jquery.mobile-1.4.5.min.js"></script>
    <script>
        $( document ).on( "pagecreate", function() {
            function scale( width, height, padding, border ) {
                var scrWidth = $( window ).width() - 30,
                    scrHeight = $( window ).height() - 30,
                    ifrPadding = 2 * padding,
                    ifrBorder = 2 * border,
                    ifrWidth = width + ifrPadding + ifrBorder,
                    ifrHeight = height + ifrPadding + ifrBorder,
                    h, w;
                if ( ifrWidth < scrWidth && ifrHeight < scrHeight ) {
                    w = ifrWidth;
                    h = ifrHeight;
                } else if ( ( ifrWidth / scrWidth ) > ( ifrHeight/scrHeight) ) {
                    w = scrWidth;
                    h = ( scrWidth / ifrWidth ) * ifrHeight;
                } else {
                    h = scrHeight;
                    w = ( scrHeight / ifrHeight ) * ifrWidth;
                }
                return {
                    'width': w - ( ifrPadding + ifrBorder ),
                    'height': h - ( ifrPadding + ifrBorder )
                };
            };
            $( "video" )
                .attr( "width", 0 )
                .attr( "height", "auto" );
            $( "video" )
                .css( { "width" : 0, "height" : 0 } );
            $( "#popupVideo" ).on({
                popupbeforeposition: function() {
                    var size = scale( 480, 320, 0, 1 ),
                        w = size.width,
                        h = size.height;
                    $( "#popupVideo video" )
                        .attr( "width", w )
                        .attr( "height", h );
                    $( "#popupVideo video" )
                        .css( { "width": w, "height" : h } );
                },
                popupafterclose: function() {
                    $( "#popupVideo video" )
                        .attr( "width", 0 )
                        .attr( "height", 0 );
```

```
                    $( "#popupVideo video" )
                        .css( { "width": 0, "height" : 0 } );
                }
            });
        });
    </script>
    <style type="text/css"></style>
</head>
<body>
<div data-role="page">
    <div data-role="header">
        <h1>视频弹出页面</h1>
    </div>
    <div data-role="content">
            <a href="#popupVideo" data-rel="popup" data-position-to="window"
               class="ui-btn ui-corner-all ui-shadow ui-btn-inline">播放视频</a>
          <div data-role="popup" id="popupVideo" data-overlay-theme="b" data-
                       theme="a"  class="ui-content">
            <video controls autoplay loop >
                <source src="fengjing.mp4" type="video/mp4">
            </video>
        </div>
    </div>
</div>
</body>
</html>
```

由于 Opera Mobile Emulator 模拟器对视频的播放支持不是太好，这里使用 IE 浏览器运行上述 4.3.html 文件。单击“播放视频”按钮，即可弹出如图 4-6 所示的视频弹出页面。

图 4-6　弹出视频页面效果

4.2.3　弹出菜单效果

在移动页面设计中，如果需要选择功能或者切换页面，可以通过弹出菜单来实现。设计弹出菜单的方法是将菜单的列表视图加入弹出页面的 div 容器中。

实例 4：创建弹出菜单效果

```
<!DOCTYPE html>
<html>
```

```
<head>
  <meta charset="UTF-8">
  <meta name="viewport" content="width=device-width, initial-scale=1">
  <link rel="stylesheet" href="jquery.mobile/jquery.mobile-1.4.5.min.css">
  <script src="jquery.min.js"></script>
  <script src="jquery.mobile/jquery.mobile-1.4.5.min.js"></script>
</head>
<body>
<div data-role="page">
  <div data-role="header">
    <h1>弹出菜单效果</h1>
  </div>
  <div data-role="content">
    <a href="#menu" data-transition="slideup" data-rel="popup">老码识途课堂</a>
    <div id="menu" data-role="popup">
      <ul style="min-width: 210px;" data-role="listview" data-inset="true">
        <li data-role="list-divider">首页</li>
        <li><a href="#">经典课程</a></li>
        <li><a href="#">最新图书</a></li>
        <li><a href="#">技术咨询</a></li>
        <li><a href="#">关于我们</a></li>
      </ul>
    </div>
  </div>
</div>
</body>
</html>
```

在 Opera Mobile Emulator 模拟器中预览的效果如图 4-7 所示。单击“老码识途课堂”链接，即可弹出如图 4-8 所示的弹出菜单页面。

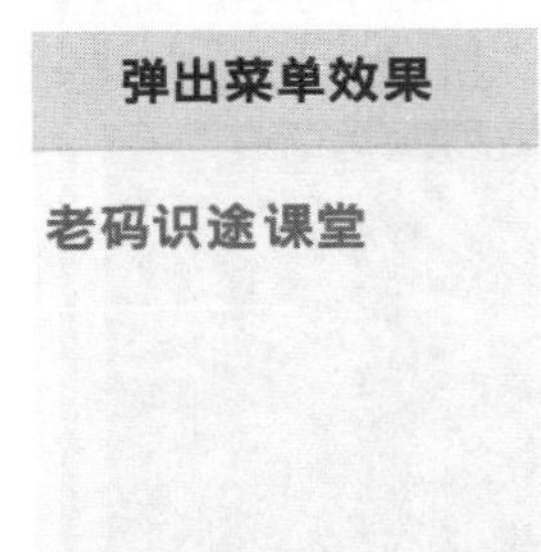

图 4-7　预览效果

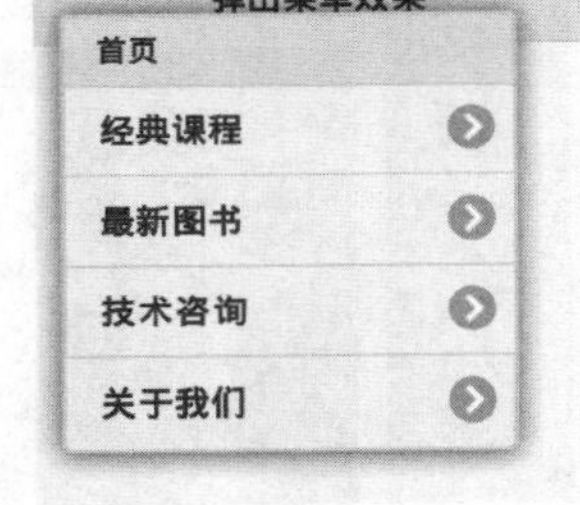

图 4-8　弹出菜单页面效果

4.2.4　弹出对话框效果

一般情况下，对话框往往需要从一个页面切换到另一个页面。而基于页面弹出的对话框，不需要进行页面切换，就可以直接显示对话框的内容。

设计弹出对话框的方法比较简单，先声明一个 div 容器，然后设置 data-role 属性为 popup，最后将弹出对话框的内容放入弹出页面的 div 容器中即可。

实例 5：创建显示对话框的弹出页面

```
<!DOCTYPE html>
<html>
```

```
<head>
  <meta charset="UTF-8">
  <meta name="viewport" content="width=device-width, initial-scale=1">
  <link rel="stylesheet" href="jquery.mobile/jquery.mobile-1.4.5.min.css">
  <script src="jquery.min.js"></script>
  <script src="jquery.mobile/jquery.mobile-1.4.5.min.js"></script>
</head>
<body>
<div data-role="page">
  <div data-role="header">
    <h1>对话框弹出页面</h1>
  </div>
  <div data-role="content">
      <a  href="#gushi" data-transition="pop" data-rel="popup" data-position-
to="window">咏华山</a>
      <div id="gushi" style="width: 250px;" data-role="popup"  data-
dismissible="false">
      <div data-role="header" >
        <h1>咏华山</h1>
      </div>
      <div class="ui-content" role="main">
        <p>只有天在上，更无山与齐。</p>
        <p>举头红日近，回首白云低。</p>
        <a  href="#" data-rel="back">取消</a>
        <a  href="#" data-transition="flow" data-rel="back">返回</a>
      </div>
    </div>
  </div>
</div>
</body>
</html>
```

在 Opera Mobile Emulator 模拟器中预览的效果如图 4-9 所示。单击“咏华山”链接，即可弹出对话框。

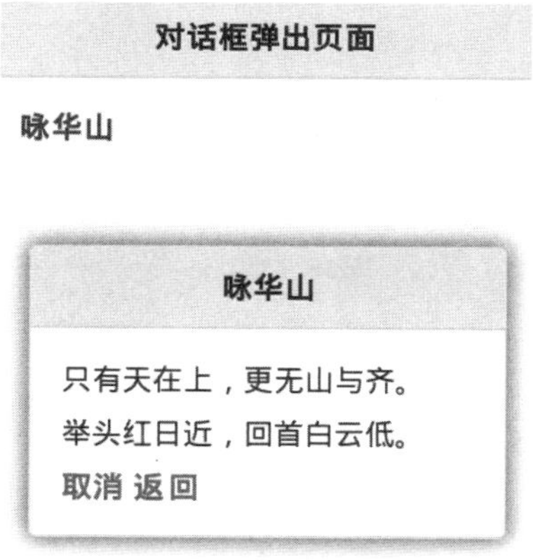

图 4-9　弹出对话框效果

4.2.5　弹出表单效果

弹出表单可以让页面内容更加突出，下面讲述如何设计弹出表单效果。要实现弹出表单效果，只需将表单放入弹出的 div 容器。

实例 6：创建显示表单的弹出页面

```
<!DOCTYPE html>
<html>
<head>
  <meta charset="UTF-8">
  <meta name="viewport" content="width=device-width, initial-scale=1">
  <link rel="stylesheet" href="jquery.mobile/jquery.mobile-1.4.5.min.css">
  <script src="jquery.min.js"></script>
  <script src="jquery.mobile/jquery.mobile-1.4.5.min.js"></script>
</head>
<body>
<div data-role="page">
  <div data-role="header">
    <h1>弹出表单效果</h1>
  </div>
  <div data-role="content">
     <a  href="#shangpin" data-transition="pop" data-rel="popup" data-position-
to="window">请您留言</a>
    <div style="width: 250px;" id="shangpin" data-role="popup" >
      <form>
        <div class="ui-field-contain">
          <label for="fullname">请输入的您的姓名：</label>
          <input type="text" name="fullname" id="fullname">
          <label for="email">请输入您的联系邮箱:</label>
  <input type="email" name="email" id="email" placeholder="输入您的电子邮箱">
          <label for="info">请您输入具体的建议：</label>
          <textarea name="addinfo" id="info"></textarea>
        </div>
        <input type="submit" data-inline="true" value="提交">
      </form>
    </div>
   </div>
</div>
</body>
</html>
```

在 Opera Mobile Emulator 模拟器中预览的效果如图 4-10 所示。单击“请您留言”链接，即可弹出表单。

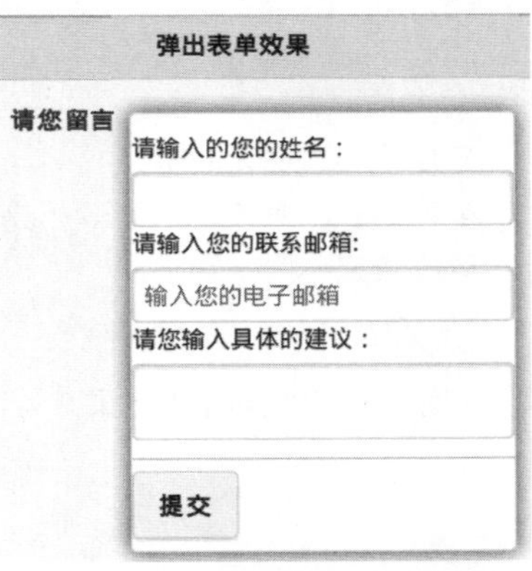

图 4-10　弹出表单效果

4.3 自定义弹出页面

实际上，不仅仅可以直接使用各种各样的弹出页面，还可以根据需求自定义弹出页面的位置、弹出动画、关闭按钮和主题样式。下面将介绍如何自定义弹出页面。

4.3.1 设置显示位置

在 jQuery Mobile 页面中，如果想设置弹出页面的位置，可以在激活弹出页面的超链接按钮中设置 data-postion-to 的属性。该属性可以的取值如下。

（1）#id：页面在 DOM 对象所在位置被弹出。此处需要将 DOM 对象的 id 赋值给 data-position-to 属性。

（2）original：页面在当前触发位置弹出。

（3）window：页面在浏览器窗口中间弹出。

实例 7：自定义弹出页面的位置

```
<!DOCTYPE html>
<html>
<head>
  <meta charset="UTF-8">
  <meta name="viewport" content="width=device-width, initial-scale=1">
  <link rel="stylesheet" href="jquery.mobile/jquery.mobile-1.4.5.min.css">
  <script src="jquery.min.js"></script>
  <script src="jquery.mobile/jquery.mobile-1.4.5.min.js"></script>
</head>
<body>
<div data-role="page">
  <div data-role="header">
    <h1>弹出页面的位置</h1>
  </div>
  <div data-role="content">
      <a href="#selpic" data-rel="popup" data-position-to="#pic" data-role="button">定位到指定的图片上</a>
      <a href="#window" data-rel="popup" data-position-to="window" data-role="button">定位到屏幕的中央</a>
      <a href="#origin" data-rel="popup" data-position-to="origin" data-role="button">定位到当前按钮上</a>
    <div class="ui-content" id="selpic" data-role="popup" >
      <p>显示此图片的上面</p>
    </div>
    <div class="ui-content" id="window" data-role="popup" >
      <p>显示在屏幕的中央</p>
    </div>
    <div class="ui-content" id="origin" data-role="popup" >
      <p>显示当前按钮的上面</p>
    </div>
    <img src="1.jpg" width="70%" id="pic" />
  </div>
</div>
</body>
</html>
```

在 Opera Mobile Emulator 模拟器中运行程序，单击“定位到指定的图片上”按钮，弹出效果如图 4-11 所示。单击“定位到屏幕的中央”按钮，弹出效果如图 4-12 所示。单击“定位到当前按钮上”按钮，弹出效果如图 4-13 所示。

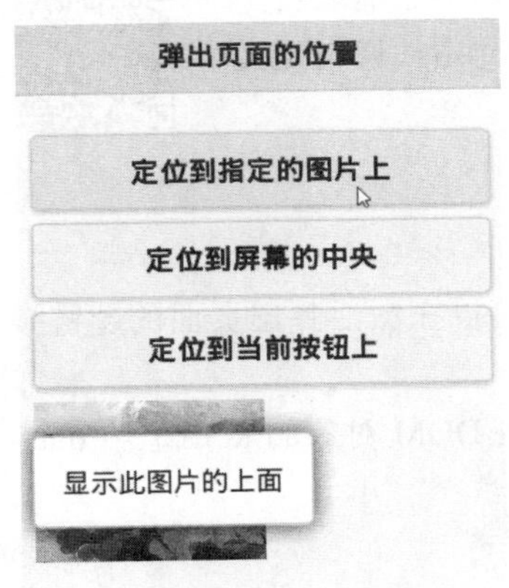

图 4-11　定位到指定的图片上

图 4-12　定位到屏幕的中央

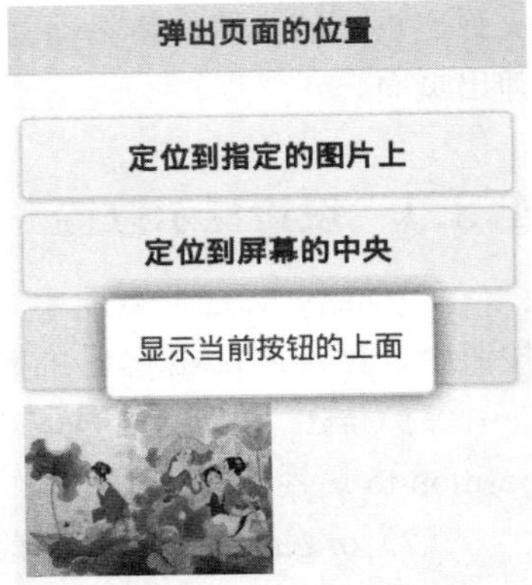

图 4-13　定位到当前按钮上

4.3.2　设置切换动画

如果想在弹出页面的过程中添加动画效果，在打开页面的超级链接按钮中设置 transition 属性即可。transition 属性取值和动画效果说明如下。

（1）pop：从中央弹出。

（2）slide：横向弹出。

（3）slideup：从下向上弹出。

（4）slidedown：从上向下弹出。

（5）turn：横向翻转弹出。

（6）fade：淡入淡出弹出。

（7）flip：旋转弹出。

（8）flow：缩小并以幻灯方式切换。

（9）slidefade：淡出方式显示，横向幻灯方式推出。

实例 8：创建自上而下的弹出页面

```
<!DOCTYPE html>
<html>
<head>
  <meta charset="UTF-8">
  <meta name="viewport" content="width=device-width, initial-scale=1">
  <link rel="stylesheet" href="jquery.mobile/jquery.mobile-1.4.5.min.css">
  <script src="jquery.min.js"></script>
  <script src="jquery.mobile/jquery.mobile-1.4.5.min.js"></script>
</head>
<body>
<div data-role="page">
  <div data-role="header">
    <h1>设置切换动画</h1>
  </div>
  <div data-role="content">
```

```
        <a  href="#window"  data-rel="popup"  data-role="button"  data-
                                   transition="slidedown">
        自上而下弹出页面</a>
      <div class="ui-content" id="window" data-role="popup" >
        <img src="3.jpg" id="pic" style="max-height:400px;" />
      </div>
    </div>
  </div>
  </body>
  </html>
```

由于 Opera Mobile Emulator 模拟器对切换动画的支持不是太好，这里使用 IE 浏览器运行上述 4.8.html 文件。预览效果如图 4-14 所示。单击“自上而下弹出页面”按钮，即可重新从上而下地切换动画效果，结果如图 4-15 所示。

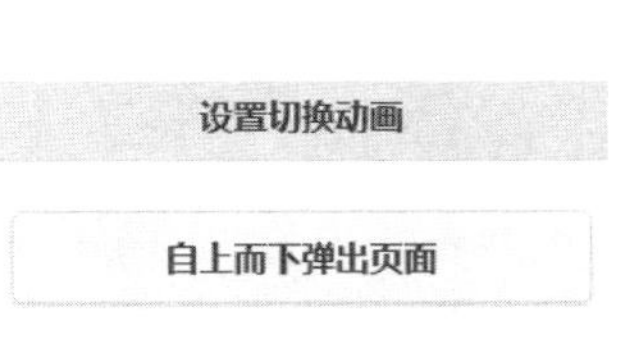

图 4-14　预览效果

图 4-15　自上而下弹出页面

4.3.3　添加关闭按钮

前面案例中的弹出页面中没有关闭按钮，导致关闭页面时操作不方便，这时可以在弹出页面中添加关闭按钮。添加关闭按钮时，设置 data-rel 属性为 back 即可。如果想设置关闭按钮的位置为弹出页面的左上角，可以设置 calss 属性为 ui-btn-left；如果想设置关闭按钮的位置为弹出页面的右上角，可以设置 calss 属性为 ui-btn-right。

实例 9：为弹出页面添加关闭按钮

```
<!DOCTYPE html>
<html>
<head>
  <meta charset="UTF-8">
  <meta name="viewport" content="width=device-width, initial-scale=1">
  <link rel="stylesheet" href="jquery.mobile/jquery.mobile-1.4.5.min.css">
  <script src="jquery.min.js"></script>
  <script src="jquery.mobile/jquery.mobile-1.4.5.min.js"></script>
</head>
<body>
<div data-role="page">
  <div data-role="header">
    <h1>添加关闭按钮</h1>
  </div>
  <div data-role="content">
      <a  href="#window"  data-rel="popup"  data-role="button"  data-position-
to="window">
```

```
        关闭</a>
      <div id="window" data-role="popup">
        <a class="ui-btn-right" href="#" data-rel="back" data-role="button" data-
icon="delete" data-iconpos="notext">Close</a>
        <p><img src="4.jpg" style="max-height:300px;"/></p>
      </div>
    </div>
  </div>
  </body>
  </html>
```

在 Opera Mobile Emulator 模拟器中预览的效果如图 4-16 所示。单击“关闭”按钮，即可弹出如图 4-17 所示的图片弹出页面，在右上角有一个关闭按钮。

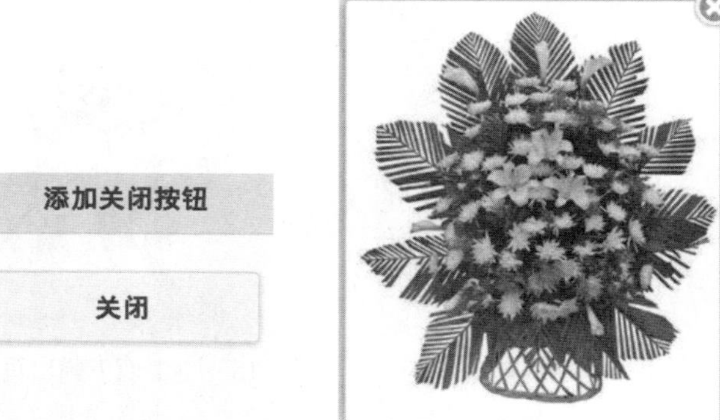

图 4-16　预览效果　　图 4-17　右上角的关闭按钮

4.4　新手常见疑难问题

疑问 1：如何禁止单击弹出页以外区域关闭弹出页面？

默认情况下，单击弹出页以外区域可以关闭弹出页面。如果想禁止该操作，把 data-dismissible 的属性设置为 false 即可。例如：

```
<div id="window" data-role="popup" data-dismissible="false">
```

疑问 2：如何设置弹出视频的页边距效果最好？

通常情况下，会保留 30 像素的页边距。当移动设备发生水平或者垂直方向的切换时，移动应用程序最好先读取切换后的屏幕尺寸。如果视频播放器超过旋转后的浏览器的边界，此时可以通过程序来等比例调节视频播放器界面的尺寸。

4.5　实战技能训练营

实战 1：创建一个显示图片的弹出页面

结合所学知识，创建一个显示图片的弹出页面。在 Opera Mobile Emulator 模拟器中预览的效果如图 4-18 所示。单击图片，即可弹出如图 4-19 所示的图片弹出页面。

单击下面的图片

图 4-18　预览效果

图 4-19　图片弹出页面效果

实战 2：创建一个嵌套菜单的弹出页面

结合所学知识，创建一个显示菜单的弹出页面。在 Opera Mobile Emulator 模拟器中预览的效果如图 4-20 所示。单击“精品课程”链接，即可弹出嵌套菜单页面，展开菜单后的效果如图 4-21 所示。

弹出菜单效果

精品课程

图 4-20　预览效果

弹出菜单效果

编程类课程

Python课程

Java课程

设计类课程

CAD设计课程

PS设计课程

图 4-21　展开菜单后的效果

第5章　移动页面布局

本章导读

在移动页面布局中，通常有两种方法可以采用：一个是网格布局页面，一个折叠内容块布局页面。通过合理的页面布局，可以提升网页的整体视觉效果。本章将重点学习网格化布局和可折叠内容块布局的方法和技巧。

知识导图

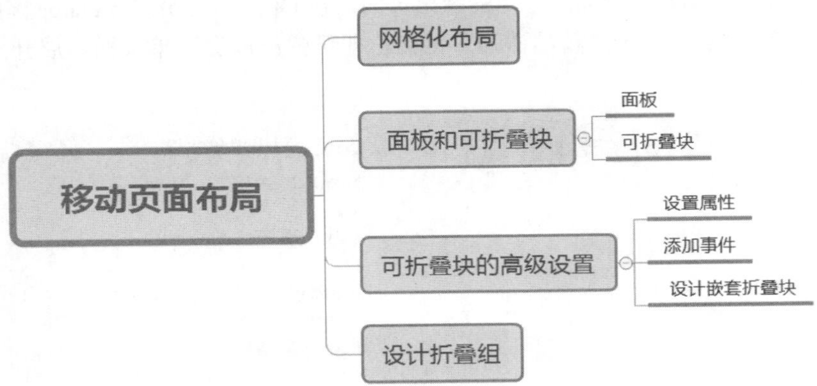

5.1 网格化布局

在设计传统的PC端页面时，往往采用表格或者CSS+DIV的方式，而这两种方式都不太适合移动设备的屏幕。在移动应用的使用场景中，通过网格化布局页面，可以让一个有限的屏幕空间分类有序地显示更多的内容，从而提升用户的体验。

jQuery Mobile采用的网格化布局，主要是通过CSS定义来实现，设置分为两部分，包括分栏的数目和内容块所在栏目的次序。

栏目的数量是从二栏开始的，最大栏为五栏。定义栏目数量的基本语法格式如下：

```
ui-guid-a、ui-guid-b、ui-guid-c、ui-guid-d
```

上述代码分别对应二栏、三栏、四栏和五栏的布局页面。例如，下面定义三栏布局页面，代码如下：

```
<div class = "ui-guid-b">
        页面内容
</div>
```

定义栏目的数量后，就可以设置内容块在栏目的位置。其语法格式如下：

```
ui-block-a、ui-block-b、ui-block-c、ui-block-d、ui-block-e
```

上述代码分别对应内容块的第一栏、第二栏、第三栏、第四栏和第五栏。例如，下面代码表示内容块填充到第三栏：

```
<div class = "ui-guid-b">
     <div class = "ui-block-c">内容块</div>
</div>
```

在分栏布局中，各个内容的宽度是平均分配的。所以针对不同的栏数，各个分栏的宽度比例如下。

（1）二栏布局：每栏内容所占的宽度为屏幕的50%。二栏布局效果如图5-1所示。

（2）三栏布局：每栏内容所占的宽度大约为屏幕的33%。三栏布局效果如图5-2所示。

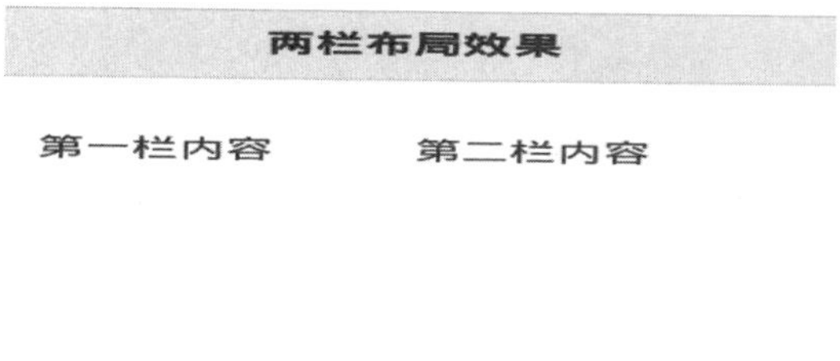

两栏布局效果

第一栏内容 第二栏内容

图5-1 二栏布局效果

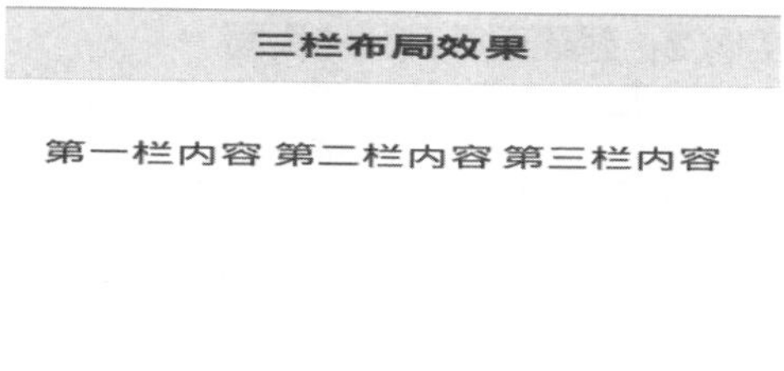

三栏布局效果

第一栏内容 第二栏内容 第三栏内容

图5-2 三栏布局效果

（3）四栏布局：每栏内容所占的宽度为屏幕的25%。四栏布局效果如图5-3所示。

（4）五栏布局：每栏内容所占的宽度为屏幕的20%。五栏布局效果如图5-4所示。

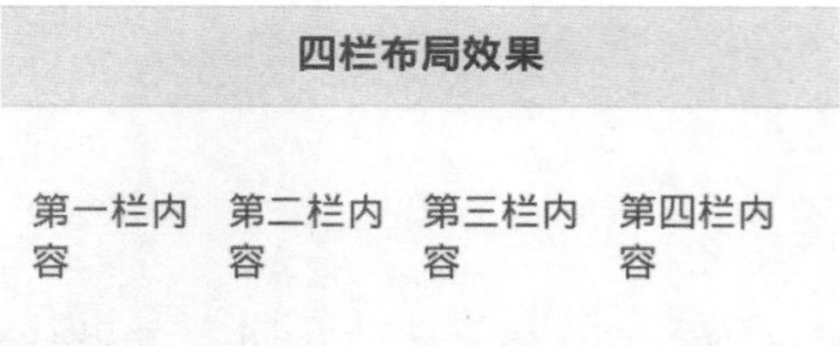

四栏布局效果

第一栏内容 第二栏内容 第三栏内容 第四栏内容

图 5-3　四栏布局效果

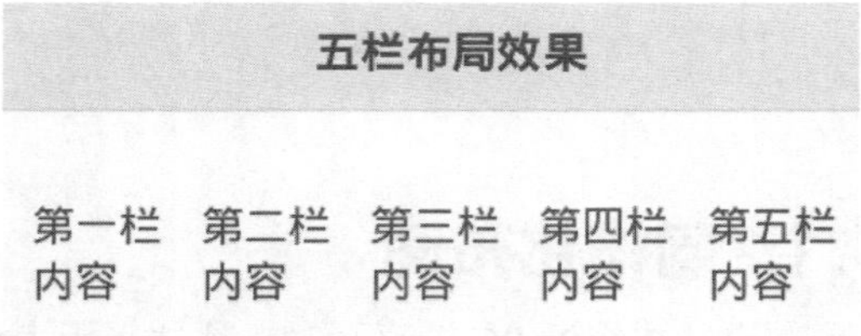

五栏布局效果

第一栏内容 第二栏内容 第三栏内容 第四栏内容 第五栏内容

图 5-4　五栏布局效果

实例 1：创建四栏布局页面

```
<!DOCTYPE html>
<html>
<head>
    <meta charset="UTF-8">
    <meta name="viewport" content="width=device-width, initial-scale=1">
    <link rel="stylesheet" href="jquery.mobile/jquery.mobile-1.4.5.min.css">
    <script src="jquery.min.js"></script>
    <script src="jquery.mobile/jquery.mobile-1.4.5.min.js"></script>
</head>
<body>
<div data-role="page">
  <div data-role="header">
    <h1>老码识途课堂</h1>
  </div>
  <div data-role="content">
    <div class="ui-grid-c">
      <div class="ui-block-a"><p>首页</p></div>
      <div class="ui-block-b"><p>经典课程</p></div>
      <div class="ui-block-c"><p>热销图书</p></div>
      <div class="ui-block-d"><p>技术支持</p></div>
     </div>
    <img src="1.jpg">
  </div>
</div>
</body>
</html>
```

老码识途课堂

首页 经典课程 热销图书 技术支持

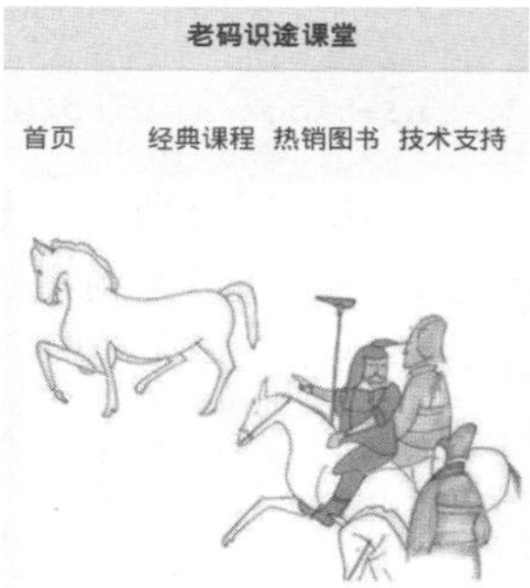

图 5-5　四栏布局页面

在 Opera Mobile Emulator 模拟器中预览的效果如图 5-5 所示。

如果想设计多行多列的布局效果，通常不需要重复设置多个 <div class= “ui-grid-c” > 标签，只需要顺序排列包含有 ui-block-a/b/c/d/e 定义的 div 即可。

实例 2：创建四行四列的页面

```
<!DOCTYPE html>
<html>
<head>
    <meta charset="UTF-8">
    <meta name="viewport" content="width=device-width, initial-scale=1">
    <link rel="stylesheet" href="jquery.mobile/jquery.mobile-1.4.5.min.css">
    <script src="jquery.min.js"></script>
    <script src="jquery.mobile/jquery.mobile-1.4.5.min.js"></script>
</head>
```

```
<body>
<div data-role="page">
  <div data-role="header">
    <h1>风云商城</h1>
  </div>
  <div data-role="content">
    <div class="ui-grid-c">
      <div class="ui-block-a"><p>家用电器</p></div>
      <div class="ui-block-b"><p>电脑办公</p></div>
      <div class="ui-block-c"><p>男装女装</p></div>
      <div class="ui-block-d"><p>箱包珠宝</p></div>

      <div class="ui-block-a"><p>电视机</p></div>
      <div class="ui-block-b"><p>笔记本</p></div>
      <div class="ui-block-c"><p>精品上衣</p></div>
      <div class="ui-block-d"><p>行李箱</p></div>

      <div class="ui-block-a"><p>洗衣机</p></div>
      <div class="ui-block-b"><p>平板</p></div>
      <div class="ui-block-c"><p>高档裙子</p></div>
      <div class="ui-block-d"><p>手镯</p></div>

      <div class="ui-block-a"><p>冰箱</p></div>
      <div class="ui-block-b"><p>打印机</p></div>
      <div class="ui-block-c"><p>纯棉女裤</p></div>
      <div class="ui-block-d"><p>项链</p></div>
    </div>
  </div>
</div>
</body>
</html>
```

风云商城

家用电器 电脑办公 男装女装 箱包珠宝

电视机 笔记本 精品上衣 行李箱

洗衣机 平板 高档裙子 手镯

冰箱 打印机 纯棉女裤 项链

图 5-6　四行四列的页面

在 Opera Mobile Emulator 模拟器中预览的效果如图 5-6 所示。

5.2　面板和可折叠块

在 jQuery Mobile 中，可以通过面板或可折叠块来隐藏或显示指定的内容。本节将重点学习面板和可折叠块的使用方法。

5.2.1　面板

在 jQuery Mobile 中可以添加面板，面板会在屏幕上从左到右滑出。通过为 <div> 标签添加 data-role= “panel” 属性可创建面板，具体思路如下。

（1）通过 <div> 标签来定义面板的内容，并定义 id 属性，例如以下代码：

```
<div data-role="panel" id="myPanel">
    <h2>长恨歌</h2>
    <p>天生丽质难自弃，一朝选在君王侧。回眸一笑百媚生，六宫粉黛无颜色。</p>
</div>
```

（2） 要访问面板，需要创建一个指向面板 <div> 的链接，单击该链接即可打开面板。例如以下代码：

```
<a href="#myPanel" class="ui-btn ui-btn-inline">最喜欢的诗句</a>
```

实例 3：创建从左到右滑出的面板

```
<!DOCTYPE html>
<html>
<head>
    <meta charset="UTF-8">
    <meta name="viewport" content="width=device-width, initial-scale=1">
    <link rel="stylesheet" href="jquery.mobile/jquery.mobile-1.4.5.min.css">
    <script src="jquery.min.js"></script>
    <script src="jquery.mobile/jquery.mobile-1.4.5.min.js"></script>
</head>
<body>
<div data-role="first">
    <div data-role="panel" id="myPanel">
        <h2>网站前端开发训练营</h2>
         <p>网站前端开发的职业规划包括网页制作、网页制作工程师、前端制作工程师、网站重构工程师、前端开发工程师、资深前端工程师、前端架构师。</p>
    </div>
    <div data-role="header">
        <h1>创建面板</h1>
    </div>
    <div data-role="content" class="content">
        <a href="#myPanel" class="ui-btn ui-btn-inline">老码识途课堂</a>
    </div>
</div>
</body>
</html>
```

在 Opera Mobile Emulator 模拟器中预览的效果如图 5-7 所示。单击“老码识途课堂”链接，即可打开面板，结果如图 5-8 所示。

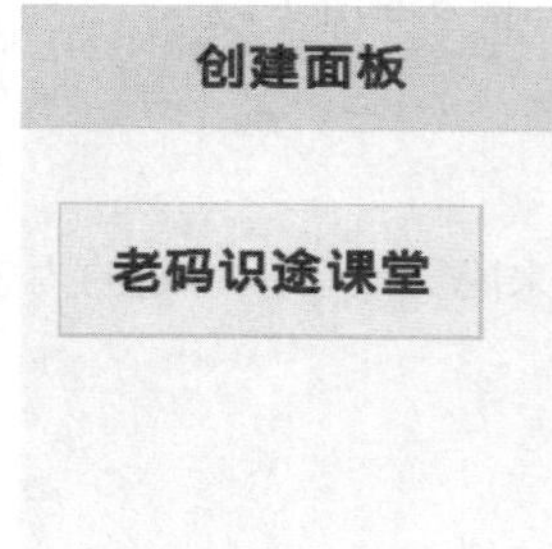

图 5-7　程序预览效果

图 5-8　打开面板

面板的展示方式由属性 data-display 来控制，分为以下三种。

（1）data-display=“reveal”：面板的展示方式为从左到右滑出，这是面板展示方式的默认值。

（2）data-display=“overlay”：在内容上显示面板。

（3）data-display=“push”：同时“推动”面板和页面。

这三种面板展示方式的代码如下：

```
<div data-role="panel" id="overlayPanel" data-display="overlay">
<div data-role="panel" id="revealPanel" data-display="reveal">
<div data-role="panel" id="pushPanel" data-display="push">
```

默认情况下，面板会显示在屏幕的左侧。如果想让面板出现在屏幕的右侧，可以指定 data-position= “right” 属性：

```
<div data-role="panel" id="myPanel" data-position="right">
```

默认情况下，面板是随着页面一起滚动的。如果要实现面板内容固定，不随页面滚动而滚动，可以在面板中添加 the data-position-fixed= “true” 属性。代码如下：

```
<div data-role="panel" id="myPanel" data-position-fixed="true">
```

5.2.2 可折叠块

通过可折叠块，用户可以隐藏或显示指定的内容，这对于存储部分信息很有用。

创建可折叠块的方法比较简单，只需要在 <div> 标签中添加 data-role=“collapsible” 属性，添加标题标签 h1 ～ h6，后面即可添加隐藏的信息。例如：

```
<div data-role="collapsible">
 <h1>折叠块的标题</h1>
 <p>可折叠的具体内容。</p>
 </div>
```

实例 4：创建可折叠块

```
<!DOCTYPE html>
<html>
<head>
    <meta charset="UTF-8">
    <meta name="viewport" content="width=device-width, initial-scale=1">
    <link rel="stylesheet" href="jquery.mobile/jquery.mobile-1.4.5.min.css">
    <script src="jquery.min.js"></script>
    <script src="jquery.mobile/jquery.mobile-1.4.5.min.js"></script>
</head>
<body>
<div data-role="first">
    <div data-role="header">
        <h1>老码识途课堂</h1>
    </div>
    <div data-role="content" class="content">
        <div data-role="collapsible">
            <h2>网站前端开发训练营</h2>
             <p>网站前端开发的职业规划包括网页制作、网页制作工程师、前端制作工程师、网站重构工程师、前端开发工程师、资深前端工程师、前端架构师。</p>
        </div>
    </div>
</div>
</body>
</html>
```

在 Opera Mobile Emulator 模拟器中预览的效果如图 5-9 所示。单击加号按钮，即可打开可折叠块，结果如图 5-10 所示。再次单击减号按钮，即可恢复到展开前的效果。

图 5-9　折叠块效果　　　　图 5-10　打开可折叠块

5.3 可折叠块的高级设置

通过设置可折叠块的属性、选项和事件，可以设计出多种多样的可折叠块。另外还可以将折叠块进行嵌套设计，这样可以更加细致地分类划分页面内容。

5.3.1 设置属性

通过设置可折叠块的属性，可以修改界面样式、内容块样式和标题文字等。下面讲解各个属性的设置方法。

1. data-collapsed

默认情况下，可折叠块的内容是被折叠起来的。如需在页面加载时展开内容，添加 data-collapsed=“false”属性即可，代码如下：

```
<div data-role="collapsible" data-collapsed="false">
 <h1>折叠块的标题</h1>
 <p>这里显示的内容是展开的</p>
 </div>
```

2. data-mini

默认情况下，data-mini 的属性值为 false，表示可折叠区域中的表单以标准尺寸显示。如果将 data-mini 的属性值设置为 true，则可折叠区域中的表单将以压缩尺寸显示。例如：

```
<div data-role="collapsible" data-mini ="true">
```

3. data-iconpos

该属性用于设置折叠块标题的图标位置。默认情况下，data-iconpos 属性值为 left，表示图标位于左侧。如果设置 data-iconpos 属性值为 right，则表示图标位于右侧。如果设置 data-iconpos 属性值为 top，则表示图标位于上方。如果设置 data-iconpos 属性值为 bottom，则表示图标位于下方。如果设置 data-iconpos 属性值为 notext，则表示只显示图标，文字会被隐藏。

4. data-theme

设置可折叠内容块的主题风格，常见取值为 a 和 b。

5. data-content-theme

设置可折叠内容块内部区域的主题风格，常见取值为 a 和 b。

实例 5：设置可折叠块的属性

```
<!DOCTYPE html>
<html>
<head>
  <meta charset="UTF-8">
  <meta name="viewport" content="width=device-width, initial-scale=1">
  <link rel="stylesheet" href="jquery.mobile/jquery.mobile-1.4.5.min.css">
  <script src="jquery.min.js"></script>
  <script src="jquery.mobile/jquery.mobile-1.4.5.min.js"></script>
</head>
<body>
<div data-role="first">
  <div data-role="header">
    <h1>老码识途课堂</h1>
  </div>
  <div data-role="content" class="content">
    <div data-role="collapsible" data-collapsed="false">
      <h2>安全课程训练营</h2>
      <p>网络安全入门训练营</p>
      <p>顶级网络安全训练营</p>
    </div>
    <div data-role="collapsible" data-iconpos="right" data-theme="b">
      <h2>网站开发训练营</h2>
      <p>网站前端开发训练营</p>
      <p>网站后端开发训练营</p>
    </div>
  </div>
</div>
</body>
</html>
```

在 Opera Mobile Emulator 模拟器中预览的效果如图 5-11 所示。

老码识途课堂
安全课程训练营
网络安全入门训练营
顶级网络安全训练营
网站开发训练营
网站前端开发训练营
网站后端开发训练营

图 5-11 设置可折叠块的属性

5.3.2 添加事件

通过添加事件，可以为可折叠块添加相应操作。常见的事件和含义如下。

（1）expand：可折叠块被展开时触发。

（2）create：可折叠块被创建时出发。

（3）collapse：可折叠块被折叠时出发。

实例 6：为可折叠块添加事件

```
<!doctype html>
<html>
<head>
<meta charset="utf-8">
<title></title>
<meta name="viewport" content="width=device-width,initial-scale=1" />
<link href="jquery-mobile/jquery.mobile.theme-1.4.5.min.css" rel="stylesheet"
type="text/css">
<link href="jquery-mobile/jquery.mobile.structure-1.4.5.min.css"
```

```
rel="stylesheet" type="text/css">
    <script src="jquery-mobile/jquery.min.js" type="text/javascript"></script>
    <script src="jquery-mobile/jquery.mobile-1.4.5.min.js" type="text/
javascript"></script>
    <script>
    $(document).ready(function(e){
        $(document).delegate(".mycollapsible", "expand", function(){
            alert('商品列表被展开了！');
        });
        $(document).delegate(".mycollapsible", "collapse", function(){
            alert('商品列表被折叠了');
        });
    });
    </script>
    <style type="text/css"></style>
    </head>
    <body>
    <div data-role="page" id="page">
        <div data-role="header">
            <h1>风云商城</h1>
        </div>
        <div data-role="collapsible" class="mycollapsible">
            <h1>秒杀商品</h1>
            <p>洗衣机</p>
            <p>冰箱</p>
            <p>空调</p>
        </div>
    </div>
    </body>
    </html>
```

在 Opera Mobile Emulator 模拟器中预览的效果如图 5-12 所示。展开"秒杀商品"可折叠块，将触发 expand 事件。收缩可折叠块后，触发事件 collapse，效果如图 5-13 所示。

图 5-12　展开可折叠块

图 5-13　收缩可折叠块

5.3.3　设计嵌套折叠块

可折叠块是可以嵌套的，例如以下代码：

```
<div data-role="collapsible">
 <h1>全部智能商品</h1>
<p>手机及配件</p>
<p>智能穿戴</p>
<div data-role="collapsible">
 <h1>智能家居</h1>
 <p>智能办公、智能厨电和智能网络</p>
 </div>
</div>
```

在 Opera Mobile Emulator 模拟器中预览的效果如图 5-14 所示。

在嵌套折叠块时需要特别注意，最多不要超过 3 层，否则，用户体验和页面性能会变得比较差。

另外，为了获得更清晰的层次效果，可以使用以下两种方法。

（1）可以将外层嵌套可折叠块和内部可折叠块采取不同的主题风格。

（2）各层各折叠块通过设置 data-content-theme 属性定义内容区域的显示风格，这样的设置可以在可折叠块的内容边界处出现一个边框线。

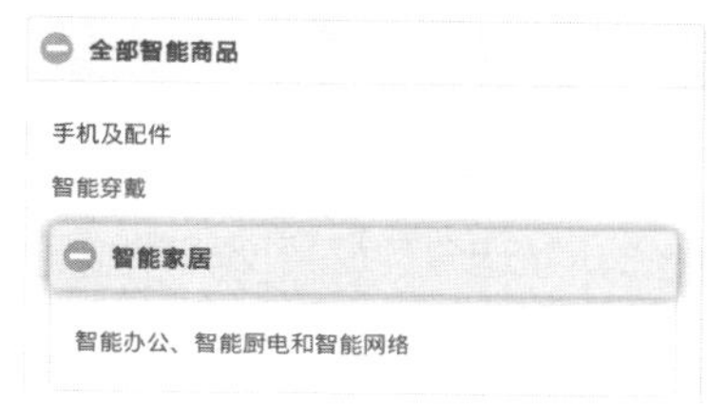

图 5-14　嵌套的可折叠块

实例 7：设置 3 层嵌套可折叠块

```
<!DOCTYPE html>
<html>
<head>
  <meta charset="UTF-8">
  <meta name="viewport" content="width=device-width, initial-scale=1">
  <link rel="stylesheet" href="jquery.mobile/jquery.mobile-1.4.5.min.css">
  <script src="jquery.min.js"></script>
  <script src="jquery.mobile/jquery.mobile-1.4.5.min.js"></script>
</head>
<body>
<div data-role="collapsible" data-theme="b">
  <h1>全部智能商品</h1>
  <p>手机及配件</p>
  <p>智能穿戴</p>
  <div data-role="collapsible" data-content-theme="c">
    <h2>智能家居</h2>
    <p>智能办公</p>
    <p>智能厨电</p>
    <div data-role="collapsible" data-content-theme="e">
      <h1>智能网络</h1>
      <p>目前智能网络设备的报价为38万</p>
  </div>
</div>
</body>
</html>
```

在 Opera Mobile Emulator 模拟器中预览的效果如图 5-15 所示。

图 5-15　设置 3 层嵌套可折叠块

5.4　设计折叠组

如果想把折叠块进行分组显示，可以在一个 data-role 属性值为 collapsible-set 的容器中添加多个折叠块，从而形成一个组。和嵌套折叠块不同的是，折叠组中只有一个折叠块是打开的，当打开一个新的折叠块时，其他折叠块会自动收缩。

实例 8：设计折叠组

```
<!DOCTYPE html>
```

```
<html>
<head>
  <meta charset="UTF-8">
  <meta name="viewport" content="width=device-width, initial-scale=1">
  <link rel="stylesheet" href="jquery.mobile/jquery.mobile-1.4.5.min.css">
  <script src="jquery.min.js"></script>
  <script src="jquery.mobile/jquery.mobile-1.4.5.min.js"></script>
</head>
<body>
<div data-role="page" id="page">
  <div data-role="header">
    <h1>风云商城</h1>
  </div>
  <div data-role="collapsible-set">
    <div data-role="collapsible" data-collapsed="false">
      <h1>家用电器</h1>
      <p><a href="#">冰箱</a></p>
      <p><a href="#">洗衣机</a></p>
      <p><a href="#">空调</a></p>
    </div>
    <div data-role="collapsible">
      <h1>手机数码</h1>
      <p><a href="#">手机</a></p>
      <p><a href="#">平板</a></p>
      <p><a href="#">数码相机</a></p>
    </div>
    <div data-role="collapsible">
      <h1>家具厨具</h1>
      <p><a href="#">沙发</a></p>
      <p><a href="#">茶几</a></p>
      <p><a href="#">饭桌</a></p>
    </div>
    <div data-role="collapsible">
      <h1>箱包珠宝</h1>
      <p><a href="#">行李箱</a></p>
      <p><a href="#">项链</a></p>
      <p><a href="#">手镯</a></p>
    </div>
  </div>
</div>
</body>
</html>
```

在 Opera Mobile Emulator 模拟器中预览的效果如图 5-16 所示。展开“手机数码”可折叠块时，“家用电器”可折叠块会被自动收缩，如图 5-17 所示。

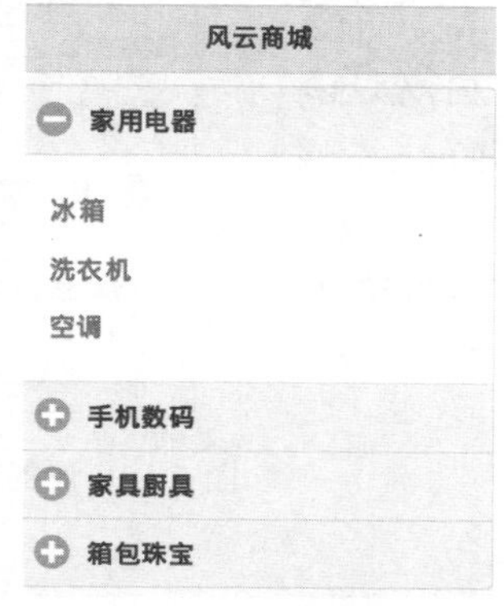

图 5-16　设计折叠组

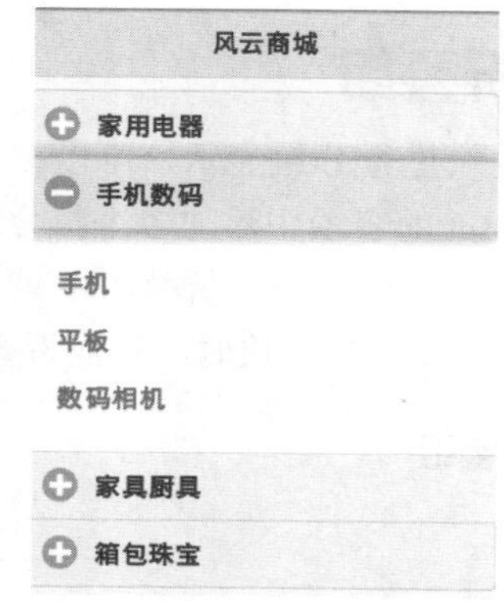

图 5-17　展开“手机数码”可折叠块

5.5 新手常见疑难问题

疑问 1：如何在面板上添加主题样式 b？

在主题上添加主题样式的方法比较简单，代码如下：

```
<div data-role="panel" id="myPanel" data-theme="b">
```

面板添加主题样式 b 后的效果如图 5-18 所示。

图 5-18 面板上添加主题 b 后的效果

疑问 2：设计布局时选多少栏最好？

在设计栏目的数量时，需要特别注意：分栏越多，每栏在屏幕中的尺寸就越小。如果栏数比较多，而设备的屏幕比较小，而且每个分栏中都是字数较多的文字或图片内容时，则可能会因为界面呈现混乱而降低用户体验。所以在设计移动页面布局时，分栏的多少要由屏幕的尺寸和显示效果来决定，一般不超过三栏。

5.6 实战技能训练营

实战 1：设计一个九宫格图库页面

综合所学的网格化布局方法，设计一个九宫格图库页面，在 Opera Mobile Emulator 模拟器中预览的效果如图 5-19 所示。

实战 2：创建微信通讯录页面

综合所学的设计可折叠块的方法，设计一个微信通讯录页面，在 Opera Mobile Emulator 模拟器中预览的效果如图 5-20 所示。

图 5-19 九宫格图库页面

图 5-20 微信通讯录页面

第6章　使用按钮

本章导读

按钮是页面中非常重要的元素。通过点击按钮，可以跳转到其他页面或者执行指定的操作等。另外在移动设备中，手指触摸按钮也比较方便。本章重点学习各类按钮的制作方法。

知识导图

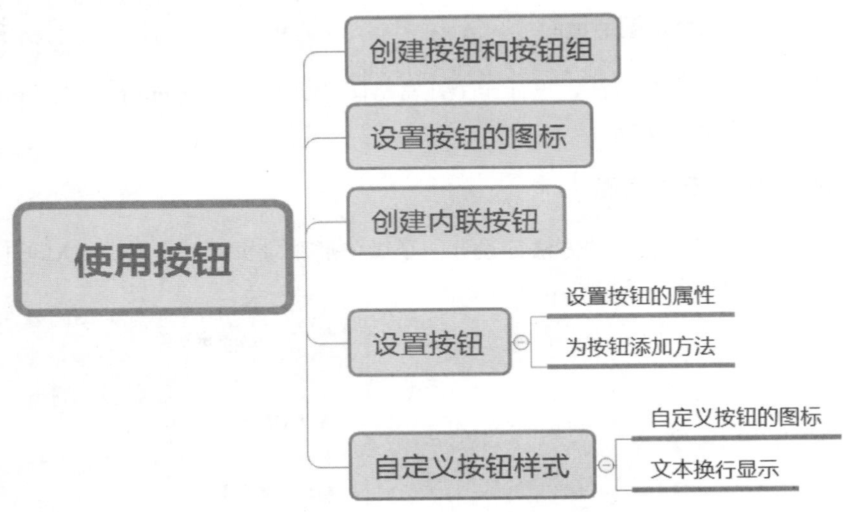

6.1 创建按钮和按钮组

由于按钮和按钮组功能变化比较大，本节将详细讲述它们的使用方法和技巧。

在 jQuery Mobile 中，创建按钮的方法包括以下 3 种。

（1）使用 <button> 标签创建普通按钮。代码如下：

```
<button>按钮</button>
```

（2）使用 <input> 标签创建表单按钮。代码如下：

```
<input type="button" value="按钮">
```

（3）使用 data-role= “button” 属性创建链接按钮。代码如下：

```
<a href="#" data-role="button">按钮</a>
```

在 jQuery Mobile 中，按钮的样式会被自动添加。为了让按钮在移动设备上更具吸引力和可用性，推荐在页面间进行链接时，使用第三种方法；在表单提交时，用第一种或第二种方法。

默认情况下，按钮占满整个屏幕宽度。如果想要一个与内容同宽的按钮，或者要并排显示两个或多个按钮，可以通过设置 data-inline= “true” 来完成。代码如下：

```
<a href="#pagetwo" data-role="button" data-inline="true">下一页</a>
```

下面通过一个案例来区别默认按钮和设置后按钮的区别。

实例 1：创建两种不同的按钮

```
<!DOCTYPE html>
<html>
<head>    <meta charset="UTF-8">
    <meta name="viewport" content="width=device-width, initial-scale=1">
    <link rel="stylesheet" href="jquery.mobile/jquery.mobile-1.4.5.min.css">
    <script src="jquery.min.js"></script>
    <script src="jquery.mobile/jquery.mobile-1.4.5.min.js"></script>
</head>
<body>
<div data-role="page" id="first">
    <div data-role="header">
        <h1>创建按钮</h1>
    </div>
    <div data-role="content" class="content">
        <label for="fullname">姓名: </label>
        <input type="text" name="fullname" id="fullname">
        <label for="password">密码: </label>
        <input type="text" name="fullname" id="password">
        <p>默认的按钮效果:</p>
```

```
            <a href="#second" data-role="button">注册</a>
            <a href="#first" data-role="button">登录</a>
        <p>设置后的按钮效果:</p>
            <a href="#second" data-inline="true">注册</a>
            <a href="#first" data-inline="true">登录</a>
        </div>
    </div>
    </body>
    </html>
```

在 Opera Mobile Emulator 模拟器中预览的效果如图 6-1 所示。

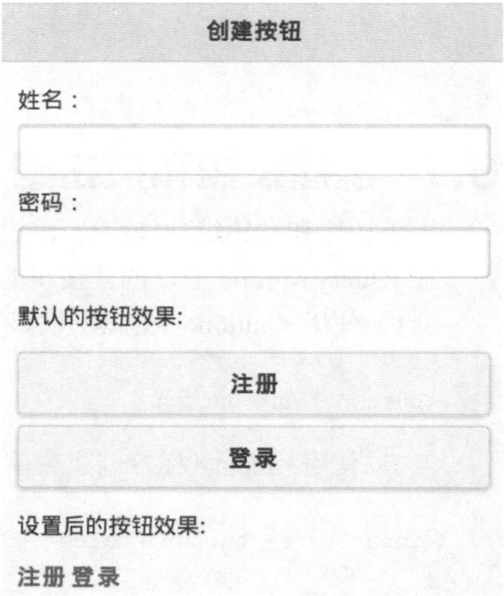

图 6-1　不同的按钮效果

jQuery Mobile 提供了一个简单的方法来将按钮组合在一起：使用 data-role=“controlgroup”属性即可通过按钮组来组合按钮。同时使用 data-type=“horizontal | vertical”属性来设置按钮的排列方式是水平还是垂直。

实例 2：创建水平排列和垂直排列的按钮组

```
<!DOCTYPE html>
<html>
<head>
    <meta charset="UTF-8">
    <meta name="viewport" content="width=device-width, initial-scale=1">
    <link rel="stylesheet" href="jquery.mobile/jquery.mobile-1.4.5.min.css">
    <script src="jquery.min.js"></script>
    <script src="jquery.mobile/jquery.mobile-1.4.5.min.js"></script>
</head>
<body>
<div data-role="page" id="first">
    <div data-role="header">
        <h1>组按钮的排列</h1>
    </div>
    <div data-role="content" class="content">
        <div data-role="controlgroup" data-type="horizontal">
            <p>水平排列的按钮组：</p>
            <a href="#" data-role="button">首页</a>
            <a href="#" data-role="button">课程</a>
            <a href="#" data-role="button">联系我们</a>
        </div>
        <div data-role="controlgroup" data-type="vertical">
            <p>垂直排列的按钮组:</p>
            <a href="#" data-role="button">首页</a>
            <a href="#" data-role="button">课程</a>
            <a href="#" data-role="button">联系我们</a>
        </div>
    </div>
    <div data-role="footer">
        <h1>2种排列方式</h1>
    </div>
```

```
        </div>
    </body>
</html>
```

在 Opera Mobile Emulator 模拟器中预览的效果如图 6-2 所示。

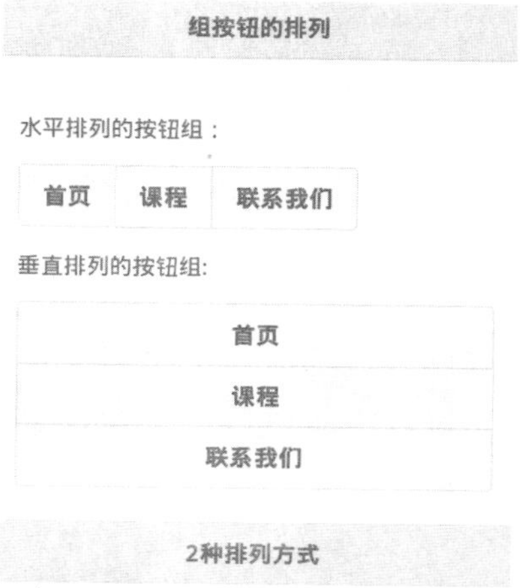

组按钮的排列

水平排列的按钮组：

首页 | 课程 | 联系我们

垂直排列的按钮组:

首页

课程

联系我们

2种排列方式

图 6-2　不同排列方式的按钮组

6.2　设置按钮的图标

jQuery Mobile 提供了一套丰富多彩的按钮图标，用户只需要使用 data-icon 属性即可添加按钮图标。常用的图标样式如表 6-1 所示。

表 6-1　常用的按钮图标样式

图标参数	外观样式	说　明
data-icon= “arrow-l”	左箭头	左箭头
data-icon= “arrow-r”	右箭头	右箭头
data-icon= “arrow-u”	上箭头	上箭头
data-icon= “arrow-d”	下箭头	下箭头
data-icon= “info”	信息	信息
data-icon= “plus”	加号	加号
data-icon= “minus”	减号	减号
data-icon= “check”	复选	复选
data-icon= “refresh”	重新整理	重新整理
data-icon= “delete”	删除	删除
data-icon= “forward”	前进	前进
data-icon= “back”	后退	后退
data-icon= “star”	星形	星形
data-icon= “audio”	扬声器	扬声器
data-icon= “lock”	挂锁	挂锁
data-icon= “search”	搜索	搜索
data-icon= “alert”	警告	警告
data-icon= “grid”	网格	网格
data-icon= “home”	首页	主页

例如，以下代码：

```
<a href="#" data-role="button" data-icon="lock">挂锁</a>
<a href="#" data-role="button" data-icon="check">复选</a>
<a href="#" data-role="button" data-icon="refresh">重新整理</a>
<a href="#" data-role="button" data-icon="delete">删除</a>
```

在 Opera Mobile Emulator 模拟器中预览的效果如图 6-3 所示。

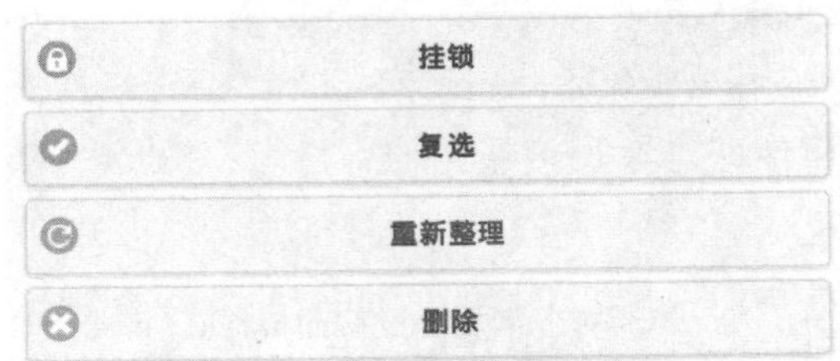

图 6-3　不同的按钮图标效果

细心的读者会发现，按钮上的图标默认情况下会出现在按钮的左边。如果需要改变图标的位置，可以用 data-iconpos 属性来指定位置，包括 top（顶部）、right（右侧）、bottom（底部）。例如以下代码：

```
    <a href="#" data-role="button" data-icon="refresh">重新整理</a>
    <a href="#" data-role="button" data-icon="refresh" data-iconpos="top">重新整理</
a>
    <a href="#" data-role="button" data-icon="refresh" data-iconpos="right">重新整理
</a>
    <a href="#" data-role="button" data-icon="refresh" data-iconpos="bottom">重新整
理/a>
```

在 Opera Mobile Emulator 模拟器中预览的效果如图 6-4 所示。

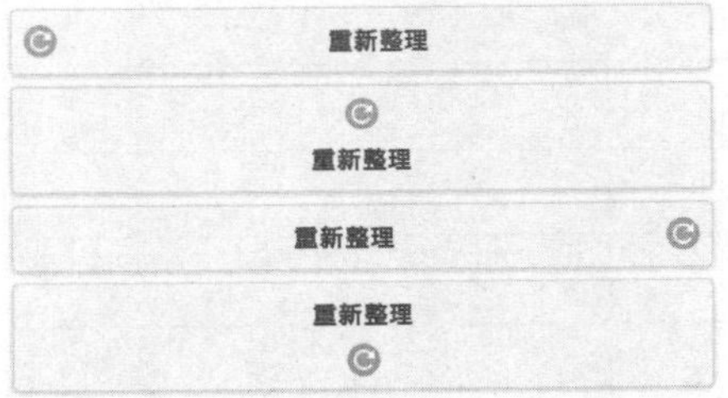

图 6-4　设置图标的位置

> **提示：**如果不想让按钮上出现文字，可以将 data-iconpos 属性设置为 notext，这样只会显示按钮，而没有文字。

6.3　创建内联按钮

前面设计的按钮几乎占满屏幕的整个一行的空间，一行只能放置一个按钮。对于屏幕比较大的设备，这种按钮的尺寸显得比较大，会影响用户的体验。

为了解决上述问题，可以使用内联按钮。通过创建内联按钮，使按键的宽度和按钮上的文字产生关系，即若文字比较少，则按钮的宽度就会变窄。多个内联按钮会整体地排在一起，形成按钮组。

创建内联按钮的方法是：将 data-inline 属性设置为 true，则按钮宽度将根据文字的宽度而自由伸缩。按钮将按从左到右的顺序依次排列，如果一行容纳不了所有的按钮，则会自动换行。

实例 3：创建内联按钮

```
<!DOCTYPE html>
<html>
<head>
  <meta charset="UTF-8">
  <meta name="viewport" content="width=device-width, initial-scale=1">
  <link rel="stylesheet" href="jquery.mobile/jquery.mobile-1.4.5.min.css">
  <script src="jquery.min.js"></script>
  <script src="jquery.mobile/jquery.mobile-1.4.5.min.js"></script>
</head>
<body>
<div data-role="page">
  <div data-role="header">
    <h1>在线教育平台</h1>
  </div>
  <div data-role="content">
    <a href="#" data-role="button" data-inline="ture">首页</a>
    <a href="#" data-role="button" data-inline="ture">秒杀课程</a>
    <a href="#" data-role="button" data-inline="ture">课程分类</a>
    <a href="#" data-role="button" data-inline="ture">关于我们</a>
    <a href="#" data-role="button" data-inline="ture">报名线上课程</a>
  </div>
  </div>
</div>
</body>
</html>
```

在 Opera Mobile Emulator 模拟器中预览的效果如图 6-5 所示。

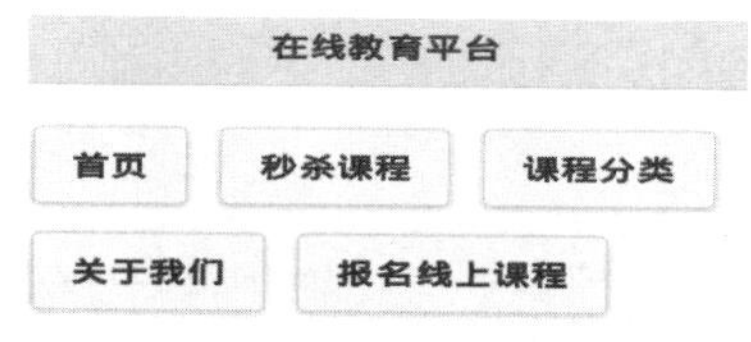

图 6-5　创建内联按钮

6.4 设置按钮

通过设置按钮的属性和方法，可以控制按钮的样式和事件响应。下面进行详细讲述。

6.4.1 设置按钮的属性

通过设置按钮的属性，可以控制按钮的外观样式，包括按钮的大小、按钮图标样式、按钮图标的位置和按钮的配色风格等。下面进行详细介绍。

（1）data-icon：设置按钮的图标样式。该参数的默认值为 null，表示不显示图标。

（2）data-corners：设置按钮外形为直角或圆角。该参数的默认值为 true，表示圆角外形。

（3）data-iconpos：设置按钮的图标位置。该属性的默认值为 left，表示图标位于按钮左侧。

（4）data-iconshadow：设置按钮是否显示阴影效果。该属性的默认值为 true，表示显示阴影效果。

（5）data-inline：设置按钮为内联按钮。该属性的默认值为 null，表示不启用内联按钮样式。

（6）data-mini：设置按钮是否为迷你尺寸。该属性的默认值为 false，表示显示正常尺寸。

（7）data-shadow：设置按钮为阴影方式显示。该属性的默认值为 true，表示显示按钮外侧阴影。

（8）data-theme：设置按钮显示的主题风格。该属性的默认值为 null，表示继承上层主题风格。

6.4.2 为按钮添加方法

可以为表单类型的按钮添加方法，包括启用、刷新和禁用操作。

（1）enable：启用一个被禁用的按钮。

（2）refresh：刷新按钮，用于更新按钮显示样式。

（3）disable：禁用一个表单类型的按钮。

下面案例设计两个按钮，其中第一个按钮绑定 click 事件，且样式为主题风格 b；当单击该按钮时，第二个按钮将转化为禁用状态。

实例 4：为按钮添加方法

```
<!DOCTYPE html>
<html>
<head>
  <meta charset="UTF-8">
  <meta name="viewport" content="width=device-width, initial-scale=1">
  <link rel="stylesheet" href="jquery.mobile/jquery.mobile-1.4.5.min.css">
  <script src="jquery.min.js"></script>
  <script src="jquery.mobile/jquery.mobile-1.4.5.min.js"></script>
  <script type="text/javascript">
    $(function(){
      $("#b1").click(function(){
        $("#b2").button('disable');
      })
    })
  </script>
</head>
<body>
```

```
<button data-theme="b" id="b1">按钮1</button>
<button  id="b2">按钮2</button>
</body>
</html>
```

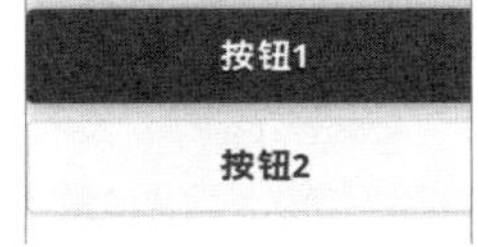

图 6-6　为按钮添加方法

在 Opera Mobile Emulator 模拟器中预览的效果如图 6-6 所示。

6.5　自定义按钮样式

除了可以使用 jQuery Mobile 提供的按钮样式以外，还可以根据开发的实际需要，定制按钮的样式，包括自定义按钮的图标和文本换行显示。

6.5.1　自定义按钮的图标

用户可以将自定义的图片文件设置为按钮的图标。一般情形下，图片的背景是透明的，从而使页面和按钮的主题风格协调。

实例 5：自定义四个不同的按钮图标

自定义按钮图标样式时，要以 .ui-icon 开头，这样 jQuery Mobile 会自动识别并加载，然后设置为按钮的图标。

```
<!DOCTYPE html>
<!DOCTYPE html>
<html>
<head>
<meta charset="utf-8">
<title>自定义按钮的图标</title>
<link href="jquery.mobile/jquery.mobile.theme-1.4.5.min.css" rel="stylesheet"
type="text/css"/>
<link href="jquery.mobile/jquery.mobile.structure-1.4.5.min.css"
rel="stylesheet" type="text/css"/>
<script src="jquery.mobile/jquery.min.js" type="text/javascript"></script>
<script src="jquery.mobile/jquery.mobile-1.4.5.min.js" type="text/
javascript"></script>
<script type="text/javascript">

</script>
<style type="text/css">
.ui-icon-homes{
    background-image: url(1.png);
    background-size: 18px 18px;
}
.ui-icon-course{
    background-image: url(2.png);
    background-size: 18px 18px;
}
.ui-icon-sort{
    background-image: url(3.png);
    background-size: 18px 18px;
}
.ui-icon-about{
    background-image: url(4.png);
```

```
        background-size: 18px 18px;
    }
    </style>
    </head>
    <body>
    <div data-role="page">
        <div data-role="header">
            <h1>在线教育平台</h1>
        </div>
        <div data-role="content">
            <a href="#" data-role="button" data-icon="homes">首页</a>
            <a href="#" data-role="button" data-icon="course">秒杀课程</a>
            <a href="#" data-role="button" data-icon="sort">课程分类</a>
            <a href="#" data-role="button" data-icon="about">联系我们</a>
        </div>
    </div>
    </div>
    </body>
    </html>
```

在 Opera Mobile Emulator 模拟器中预览的效果如图 6-7 所示。

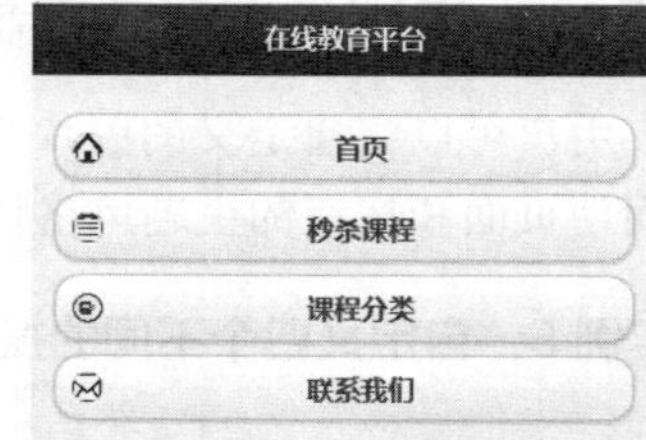

图 6-7　自定义四个不同的按钮图标

6.5.2　文本换行显示

有时候按钮上的文字的数量会比较多，默认情况下会省略部分文字，这将影响预览效果，此时可以通过文本换行显示来解决。文本换行显示就是重新定义 .ui-btn-inner 样式。

实例 6：创建文本换行显示的按钮

```
    <!DOCTYPE html>
    <html>
    <head>
    <meta charset="utf-8">
    <link href="jquery-mobile/jquery.mobile.theme-1.4.5.min.css" rel="stylesheet"
type="text/css"/>
    <link href="jquery-mobile/jquery.mobile.structure-1.4.5.min.css"
rel="stylesheet" type="text/css"/>
    <script src="jquery-mobile/jquery.min.js" type="text/javascript"></script>
    <script src="jquery-mobile/jquery.mobile-1.4.5.min.js" type="text/
javascript"></script>
    <script type="text/javascript">
    </script>
    <style type="text/css">
    .ui-btn-inner{
        white-space: normal!important;
    }
    </style>
    </head>
    <body>
    <div data-role="page">
        <div data-role="header">
            <h1>文本换行显示</h1>
        </div>
        <div data-role="content">
            <a href="#" data-role="button" >三十功名尘与土</a>
```

```
            <a href="#" data-role="button">八千里路云和月</a>
            <a href="#" data-role="button" >人生若只如初见，何事秋风悲画扇。 等闲变却故人心，却道故人心易变。</a>
        </div>
    </div>
    </div>
    </body>
    </html>
```

在 Opera Mobile Emulator 模拟器中预览的效果如图 6-8 所示。

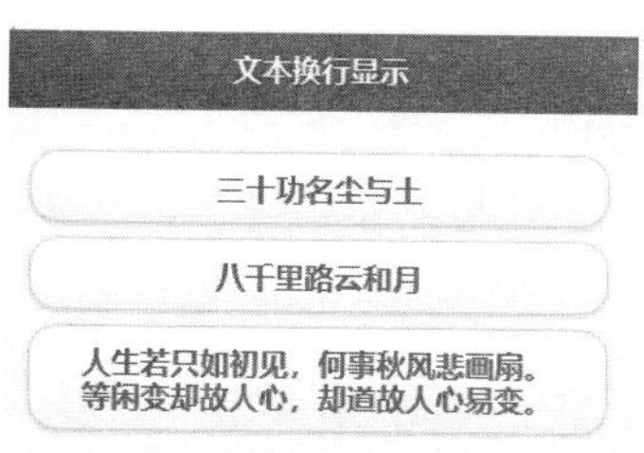

图 6-8 文本换行显示的按钮

6.6 新手常见疑难问题

疑问 1：如何制作一个后退按钮？

如需创建后退按钮，可使用 data-rel=“back” 属性（这会忽略锚的 href 值），例如：

```
<a href="#" data-role="button" data-rel="back">返回</a>
```

疑问 2：如何定义迷你按钮？

对于移动设备比较小的屏幕，可以设计迷你按钮。方法比较简单，添加 data-mini 属性，并设置该属性值为 true，此时按钮将会以迷你方式显示。例如：

```
<button data-mini="true">迷你按钮</button>
```

6.7 实战技能训练营

实战 1：创建一个商城主页

创建一个商城主页，在 Opera Mobile Emulator 模拟器中预览的效果如图 6-9 所示。

实战 2：创建一个秒杀商品的主页

创建一个秒杀商品的主页，在 Opera Mobile Emulator 模拟器中预览的效果如图 6-10 所示。单击相应按钮，弹出提示信息框，如图 6-11 所示。

图 6-9 商城主页

图 6-10 秒杀商品的主页

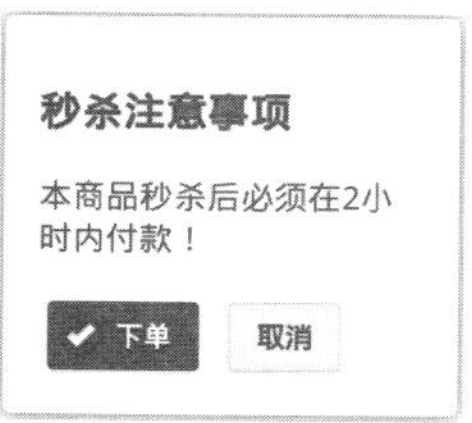

图 6-11 提示信息框

第7章　使用表单和插件

本章导读

jQuery Mobile 针对用户界面提供了各种可视化的表单插件，这些可视化插件与 HTML 5 标签一起使用，就可以生成绚丽并且适合移动设备的移动网页。jQuery Mobile 中有许多优秀而又实用的 jQuery Mobile 插件，在移动开发过程中可以使用这些插件，从而轻松提高开发效率。本章将重点讲解表单标签和插件的使用方法和技巧。

知识导图

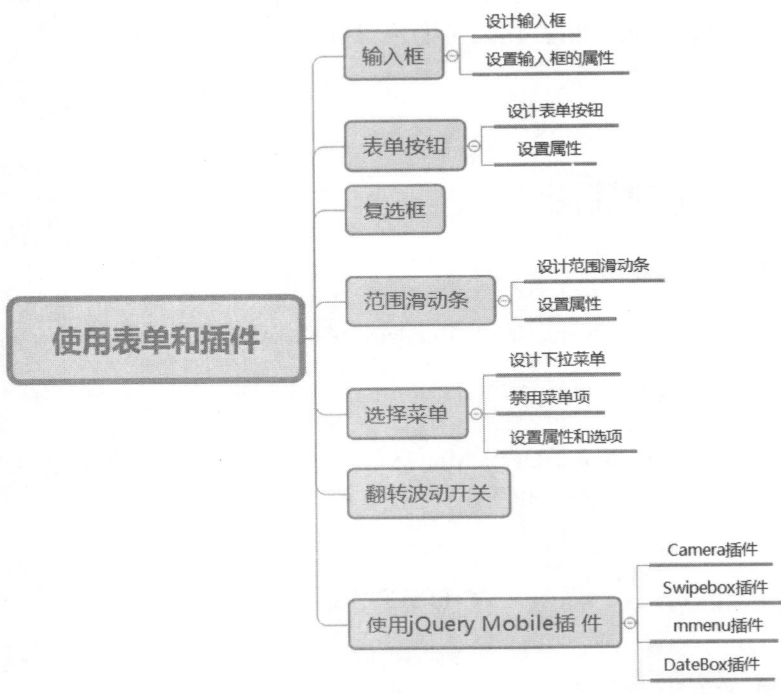

7.1 输入框

设计网页中的输入框，按功能可以划分为 15 种类型。

（1）text：文本输入框。

（2）password：密码输入框。

（3）textarea：文本域输入框。

（4）search：搜索框。

（5）number：数字输入框。

（6）url：URL 地址输入框。

（7）tel：电话号码输入框。

（8）time：时间输入框。

（9）date：日期输入框。

（10）week：周输入框。

（11）month：月份输入框。

（12）datetime：时间日期输入框。

（13）datetime-local：本地时间日期输入框。

（14）color：颜色输入框。

（15）email：电子邮件输入框。

各种类型的输入框都可以在 jQuery Mobile 网页中直接使用，它们的样式都是一样的。

7.1.1 设计输入框

由于输入框的类型比较多，这里仅挑选常用的输入框进行讲解。

1. 文本框输入框

文本输入框的语法规则如下：

```
<input type="text" name="fname" id="fname" value="文本框提示信息">
```

其中 value 属性是文本框中显示的内容，也可以使用 placeholder 来指定一个简短的描述，用来描述输入内容的含义。

2. 密码输入框

密码输入框的语法规则如下：

```
<input type="password" name="mypassword" id="mypassword" >
```

实例 1：创建用户登录页面

```
<!DOCTYPE html>
<html>
<head>
  <meta charset="UTF-8">
```

```
    <meta name="viewport" content="width=device-width, initial-scale=1">
    <link rel="stylesheet" href="jquery.mobile/jquery.mobile-1.4.5.min.css">
    <script src="jquery.min.js"></script>
    <script src="jquery.mobile/jquery.mobile-1.4.5.min.js"></script>
</head>
<body>
<div data-role="first">
  <div data-role="header">
    <h1>会员注册页面</h1>
  </div>
  <div data-role="main" class="ui-content">
    <form>
      <div class="ui-field-contain">
        <label for="fullname">姓名：</label>
        <input type="text" name="fullname" id="fullname">
        <label for="mypassword">密码：</label>
        <input type="password" name="mypassword" id="mypassword" >
      </div>
      <input type="submit" data-inline="true" value="登录">
    </form>
  </div>
</div>
</body>
</html>
```

在 Opera Mobile Emulator 模拟器中预览的效果如图 7-1 所示。

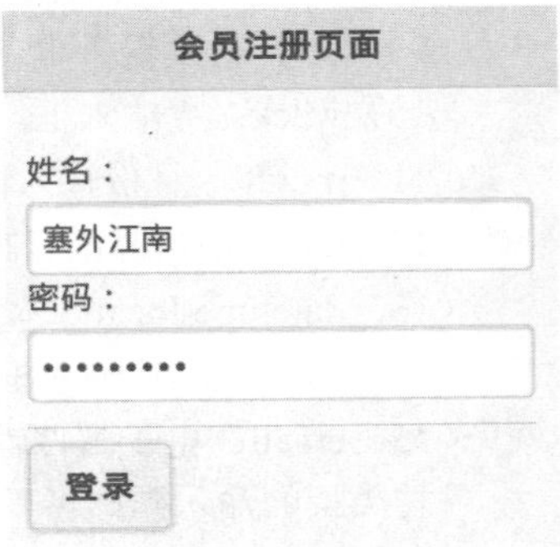

图 7-1　用户登录页面

3. 文本域输入框

使用 <textarea> 可以实现多行文本输入效果。

实例 2：创建用户反馈页面

```
<!DOCTYPE html>
<html>
<head>
    <meta charset="UTF-8">
    <meta name="viewport" content="width=device-width, initial-scale=1">
    <link rel="stylesheet" href="jquery.mobile/jquery.mobile-1.4.5.min.css">
    <script src="jquery.min.js"></script>
    <script src="jquery.mobile/jquery.mobile-1.4.5.min.js"></script>
</head>
<body>
<div data-role="first">
  <div data-role="header">
    <h1>用户问题反馈</h1>
  </div>
  <div data-role="main" class="ui-content">
    <form>
      <div class="ui-field-contain">
        <label for="fullname">请输入的您的姓名：</label>
        <input type="text" name="fullname" id="fullname">
        <label for="email">请输入您的联系邮箱:</label>
        <input type="email" name="email" id="email" placeholder="输入您的电子邮箱">
        <label for="info">请您输入具体的建议：</label>
        <textarea name="addinfo" id="info"></textarea>
        <label for="ftime">留言日期和时间：</label>
```

```
        <input type="datetime" name="ftime" id="ftime">
      </div>
      <input type="submit" data-inline="true" value="提交">
    </form>
  </div>
</div>
</body>
</html>
```

在 Opera Mobile Emulator 模拟器中预览的效果如图 7-2 所示。用户可以输入多行内容和选择日期和时间。

用户问题反馈

请输入的您的姓名：

老码先生

请输入您的联系邮箱:

357975357@qq.com

请您输入具体的建议：

我认为网页的设计风格有点简单，不够绚丽哦！希望下一版的网页版式能改动一下哦！这就是目前的最大的建议！

留言日期和时间：

2020-09-01 11:58 UTC

提交

图 7-2 用户反馈页面

4. 搜索输入框

HTML 5 中新增的 type="search" 类型为搜索输入框，它是为搜索定义文本字段。

搜索输入框的语法规则如下：

```
<input type="search" name="search" id="search" placeholder="搜索内容">
```

搜索输入框的效果如图 7-3 所示。

搜索内容

图 7-3

7.1.2 设置输入框的属性

在 jQuery Mobile 页面中，用户可以设置输入框的尺寸、缩放控制和主题风格。具体设置方法如下。

（1）data-mini：设置输入框尺寸或者迷你尺寸，默认值为 false。

（2）data-prevent-focus-zoom：当焦点位于输入框中时，禁止执行缩放操作。默认值为 true，表示禁止缩放。

（3）data-theme：设置主题风格，默认值为空。

实例 3：创建商品采购页面

本案例将综合设置输入框的属性，包括 data-mini、ata-prevent-focus-zoom 和 data-theme。

```
<!DOCTYPE html>
<html>
<head>
    <meta charset="UTF-8">
    <meta name="viewport" content="width=device-width, initial-scale=1">
    <link rel="stylesheet" href="jquery.mobile/jquery.mobile-1.4.5.min.css">
    <script src="jquery.min.js"></script>
    <script src="jquery.mobile/jquery.mobile-1.4.5.min.js"></script>
</head>
<body>
<div data-role="first">
    <div data-role="header">
        <h1>采购商品</h1>
    </div>
    <div data-role="main" class="ui-content">
        <form>
            <div class="ui-field-contain">
                <label for="fullname">请输入商品的名称：</label>
                      <input type="text" name="fullname" id="fullname"  data-mini="true">
                <label for="amount">请输入商品的数量：</label>
                <input type="number" name="amount" id="amount" data-theme="b">
                <label for="tels">请输入您的联系电话:</label>
                 <input type="tel" name="tels" id="tels" placeholder="输入您的电话" data-prevent-focus-zoom="false">
               </div>
            <input type="submit" data-inline="true" value="提交">
        </form>
    </div>
</div>
</body>
</html>
```

在 Opera Mobile Emulator 模拟器中预览的效果如图 7-4 所示。

图 7-4　商品采购页面

7.2　表单按钮

表单按钮分为四种：普通按钮、提交按钮、取消按钮和单选按钮，下面分别讲述这些按钮的设计方法。

7.2.1　设计表单按钮

提交按钮、取消按钮和普通按钮的设计方法比较简单，只需要在 type 属性中设置表单的类型即可，代码如下：

```
<input type="submit" value="提交按钮">
<input type="reset" value="取消按钮">
<input type="button" value="普通按钮">
```

在 Opera Mobile Emulator 模拟器中预览的效果如图 7-5 所示。

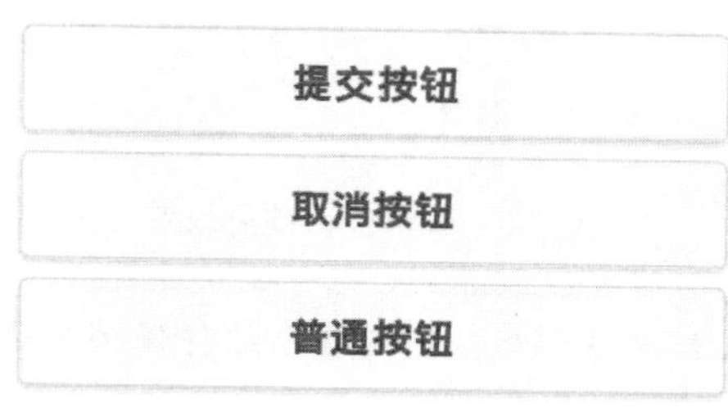

图 7-5　表单按钮预览效果

当用户在有限数量的选择中仅选取一个选项时，经常用到表单中的单选按钮，通过 type= “radio” 可创建一系列的单选按钮。

实例 4：创建用户反馈页面

```
<!DOCTYPE html>
<html>
<head>
  <meta charset="UTF-8">
  <meta name="viewport" content="width=device-width, initial-scale=1">
  <link rel="stylesheet" href="jquery.mobile/jquery.mobile-1.4.5.min.css">
  <script src="jquery.min.js"></script>
  <script src="jquery.mobile/jquery.mobile-1.4.5.min.js"></script>
</head>
<body>
<div data-role="first">
  <div data-role="header">
    <h1>单选按钮</h1>
  </div>
  <div data-role="main" class="ui-content">
    <fieldset data-role="controlgroup">
      <legend>请选择您的爱好：</legend>
      <label for="one">打篮球</label>
      <input type="radio" name="grade" id="one" value="one">
      <label for="two">踢足球</label>
      <input type="radio" name="grade" id="two" value="two">
      <label for="three">唱歌</label>
      <input type="radio" name="grade" id="three" value="three">
      <label for="four">其他</label>
      <input type="radio" name="grade" id="four" value="four">
    </fieldset>
  </div>
</div>
</body>
</html>
```

在 Opera Mobile Emulator 模拟器中预览的效果如图 7-6 所示。

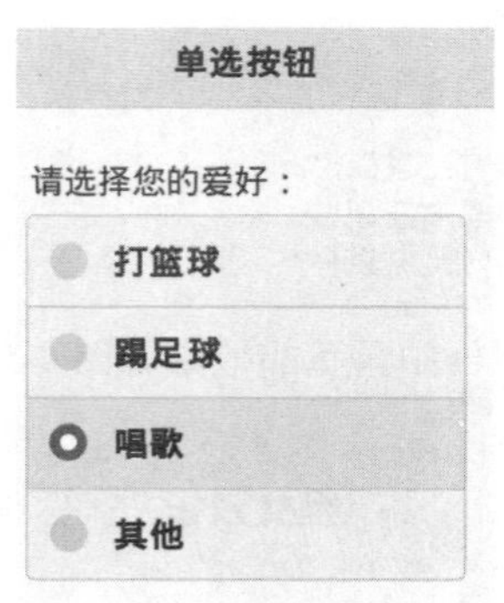

图 7-6　表单按钮预览效果

> **提示：**<fieldset> 标签用来创建按钮组，组内各个组件保持自己的功能。在 <fieldset> 标签内添加 data-role= “controlgroup” ，可使这些单选按钮样式统一，看起来像一个组合。其中 <legend> 标签用来定义按钮组的标题。

默认情况下，单选按钮组是垂直布局的，也就是从上而下依次排列。如果想水平方向排列单选按钮，可以将 data-type 属性设置为 horizontal。

实例 5：创建用户反馈页面

本案例将设计一个水平排列的单选按钮组，当单选按钮没有被选中时显示为灰色，如果单选按钮被选中，则高亮显示，并且页脚位置将显示单选按钮上的文字。

```
    <!DOCTYPE html>
    <html>
    <head>
    <meta charset="utf-8">
    <title></title>
    <meta name="viewport" content="width=device-width,initial-scale=1" />
    <link href="jquery.mobile/jquery.mobile.theme-1.4.5.min.css" rel="stylesheet"
type="text/css">
    <link href="jquery.mobile/jquery.mobile.structure-1.4.5.min.css"
rel="stylesheet" type="text/css">
    <script src="jquery.mobile/jquery.min.js" type="text/javascript"></script>
    <script src="jquery.mobile/jquery.mobile-1.4.5.min.js" type="text/
javascript"></script>
    <script>
    $(function(){
      $("input[type='radio']").on("change",
         function(event, ui) {
              $("div[data-role='footer'] h3").text($(this).next("label").text() +
"被选择");
         })
    })
    </script>
    <style type="text/css">

    </style>
    </head>
    <body>
    <div data-role="page" id="page">
        <div data-role="header">
```

```
        <h1>选购商品</h1>
    </div>
    <div data-role="content">
        <div data-role="fieldcontain">
            <fieldset data-role="controlgroup" data-type="horizontal">
             <legend>请您选择需要的商品：</legend>
             <input type="radio" name="radio1" id="radio1_0" value="1" />
             <label for="radio1_0">洗衣机</label>
             <input type="radio" name="radio1" id="radio1_1" value="2" />
             <label for="radio1_1">冰箱</label>
             <input type="radio" name="radio1" id="radio1_2" value="3" />
             <label for="radio1_2">空调</label>
            </fieldset>
        </div>
    </div>
    <div data-role="footer">
        <h3>显示商品名称</h3>
    </div>
</div>
</body>
</html>
```

在 Opera Mobile Emulator 模拟器中预览的效果如图 7-7 所示。单击“洗衣机”按钮，页脚文字将发生变化，如图 7-8 所示。

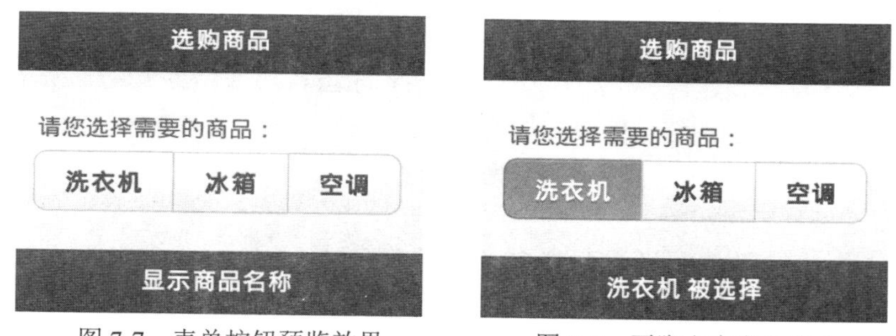

图 7-7　表单按钮预览效果　　图 7-8　页脚文字发生变化

7.2.2　设置属性

在 jQuery Mobile 页面中，用户可以设置单选按钮的尺寸和主题风格。具体设置方法如下。

（1）data-mini：设置标准尺寸或者迷你尺寸，默认值为 false。

（2）data-theme：设置主题风格，默认值为空。

实例 6：设置单选按钮的属性

```
<!DOCTYPE html>
<html>
<head>
  <meta charset="UTF-8">
  <meta name="viewport" content="width=device-width, initial-scale=1">
  <link rel="stylesheet" href="jquery.mobile/jquery.mobile-1.4.5.min.css">
  <script src="jquery.min.js"></script>
  <script src="jquery.mobile/jquery.mobile-1.4.5.min.js"></script>
</head>
```

```
<body>
<div data-role="first">
  <div data-role="header">
    <h1>设置属性</h1>
  </div>
  <div data-role="main" class="ui-content">
    <fieldset data-role="controlgroup">
      <legend>请选择您喜欢的水果：</legend>
      <label for="one">苹果</label>
      <input type="radio" name="grade" id="one" value="one" data-theme="b">
      <label for="two">香蕉</label>
      <input type="radio" name="grade" id="two" value="two">
      <label for="three">橘子</label>
      <input type="radio" name="grade" id="three" value="three" data-theme="b">
      <label for="four">其他</label>
      <input type="radio" name="grade" id="four" value="four">
    </fieldset>
  </div>
</div>
</body>
</html>
```

在Opera Mobile Emulator模拟器中预览的效果如图7-9所示。

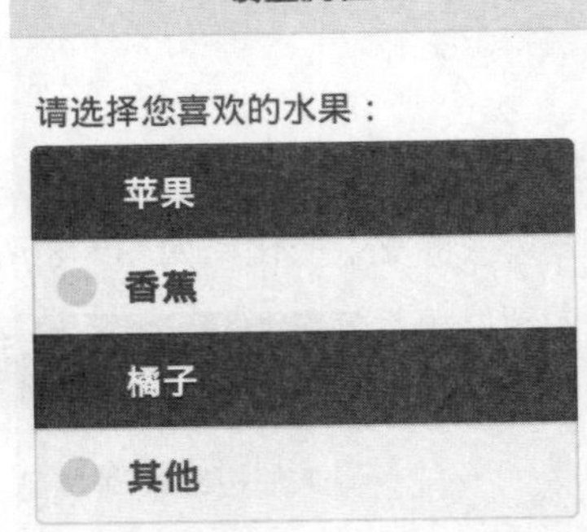

图 7-9　设置单选按钮的属性

7.3　复选框

当用户在有限数量的选项中选取一个或多个选项时，需要使用复选框。被选中的复选框会显示为高亮样式，没有被选中的复选框显示为灰色。

创建复选框比较简单，只需要将多个复选框放在<fieldset>标签中，并且设置data-role=“controlgroup”。

实例 7：创建复选框

```
<!DOCTYPE html>
<html>
<head>
  <meta charset="UTF-8">
  <meta name="viewport" content="width=device-width, initial-scale=1">
  <link rel="stylesheet" href="jquery.mobile/jquery.mobile-1.4.5.min.css">
  <script src="jquery.min.js"></script>
  <script src="jquery.mobile/jquery.mobile-1.4.5.min.js"></script>
</head>
<body>
<div data-role="page" id="first">
  <div data-role="header">
    <h1>创建复选框</h1>
  </div>
  <div data-role="content" class="content">
    <fieldset data-role="controlgroup">
      <legend>请选择本学期的科目：</legend>
      <label for="spring">C语言程序设计</label>
      <input type="checkbox" name="season" id="spring" value="spring">
```

```
        <label for="summer">HTML5+CSS5网页设计</label>
        <input type="checkbox" name="season" id="summer" value="summer">
        <label for="fall">Python程序设计</label>
        <input type="checkbox" name="season" id="fall" value="fall">
        <label for="winter">MySQL数据库开发</label>
        <input type="checkbox" name="season" id="winter" value="winter">
      </fieldset>
    </div>
  </div>
  </body>
  </html>
```

在 Opera Mobile Emulator 模拟器中预览的效果如图 7-10 所示。

如果想要默认选中某些指定的复选框，可以通过 JavaScript 来修改复选框的选中状态。

图 7-10　复选框效果

实例 8：创建默认被选中的复选框

```
<!DOCTYPE html>
<html>
<head>     <meta charset="UTF-8">
  <meta name="viewport" content="width=device-width, initial-scale=1">
  <link rel="stylesheet" href="jquery.mobile/jquery.mobile-1.4.5.min.css">
  <script src="jquery.min.js"></script>
  <script src="jquery.mobile/jquery.mobile-1.4.5.min.js"></script>
  <script>
    $(function(){
      $("input[type='checkbox']:lt(2)").attr("checked",true)
              .checkboxradio("refresh");

    })
  </script>
  <style type="text/css">

  </style>
</head>
<body>
<div data-role="page" id="first">
  <div data-role="header">
    <h1>创建复选框</h1>
  </div>
  <div data-role="content" class="content">
    <fieldset data-role="controlgroup">
      <legend>请选择本学期的科目：</legend>
      <label for="spring">C语言程序设计</label>
      <input type="checkbox" name="season" id="spring" value="spring">
      <label for="summer">HTML5+CSS5网页设计</label>
      <input type="checkbox" name="season" id="summer" value="summer">
      <label for="fall">Python程序设计</label>
      <input type="checkbox" name="season" id="fall" value="fall">
      <label for="winter">MySQL数据库开发</label>
      <input type="checkbox" name="season" id="winter" value="winter">
    </fieldset>
  </div>
</div>
```

```
</body>
</html>
```

在 Opera Mobile Emulator 模拟器中预览的效果如图 7-11 所示。无论如何刷新页面，第一个和第二个复选框都一直处于选中的状态。

图 7-11　默认被选中的复选框

7.4　范围滑动条

如果需要选择的数值在一定的范围内，设计为范围滑动条比较方便用户选择数据。下面将讲述范围滑动条的设计方法。

7.4.1　设计范围滑动条

使用 <input type= “range” > 控件，即可创建范围滑动条，语法格式如下：

```
<input type="range" name="points" id="points" value="50" min="0" max="100"
data-show-value="true">
```

其中，max 属性规定允许的最大值；min 属性规定允许的最小值；value 属性规定默认值；data-show-value 属性规定是否在按钮上显示进度的值，如果设置为 true，则表示显示进度的值，如果设置为 false，则表示不显示进度的值。

实例 9：创建工程进度统计页面

```
<!DOCTYPE html>
<html>
<head>
    <meta charset="UTF-8">
    <meta name="viewport" content="width=device-width, initial-scale=1">
    <link rel="stylesheet" href="jquery.mobile/jquery.mobile-1.4.5.min.css">
    <script src="jquery.min.js"></script>
    <script src="jquery.mobile/jquery.mobile-1.4.5.min.js"></script>
</head>
<body>
<div data-role="first">
    <div data-role="header">
        <h1>工程进度统计</h1>
    </div>
```

```
        <div data-role="main" class="ui-content">
            <form>
                <label for="points">工程完成进度:</label>
                  <input type="range" name="points" id="points" value="50" min="0"
max="100" data-show-value="true">
                <input type="submit" data-inline="true" value="提交工程进度">
            </form>
        </div>
    </div>
    </body>
    </html>
```

在 Opera Mobile Emulator 模拟器中预览的效果如图 7-12 所示。用户可以拖动滑块，选择需要的值。也可以通过加按钮和减按钮，精确选择进度的值。

使用 data-popup-enabled 属性可以设置小弹窗效果，代码如下：

```
    <input type="range" name="points" id="points" value="50" min="0" max="100"
data-popup-enabled="true">
```

修改上面例子对应代码后的效果如图 7-13 所示。

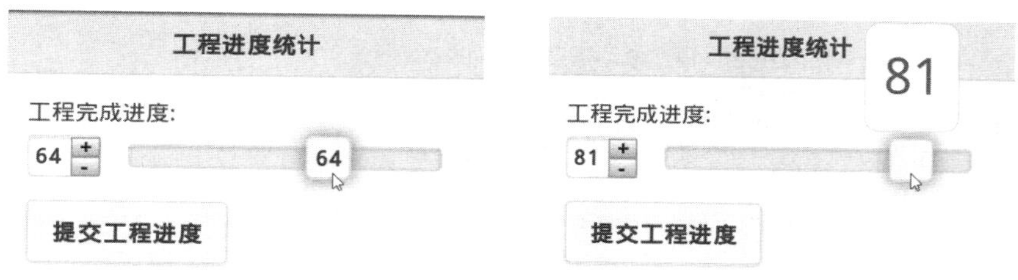

图 7-12　工程进度统计页面　　　图 7-13　小弹窗效果

使用 data-highlight 属性可以高亮显示滑动条的值，代码如下：

```
    <input type="range" name="points" id="points" value="50" min="0" max="100"
data-highlight="true">
```

修改上面例子对应代码后的效果如图 7-14 所示。

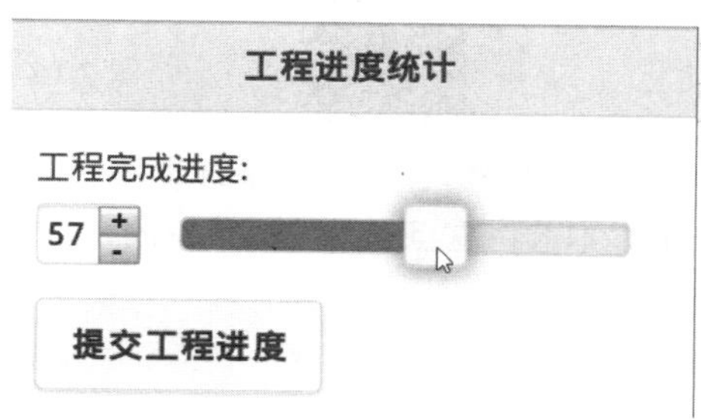

图 7-14　高亮显示进度值效果

7.4.2　设置属性

在 jQuery Mobile 页面中，用户可以设置范围滑动条的尺寸、主题风格和滑块轨道的主题风格。具体设置方法如下。

（1）data-mini：设置标准尺寸或者迷你尺寸，默认值为 false。

（2）data-theme：设置主题风格，默认值为空。

（3）data-track-theme：设置滑块轨道的主题风格，默认为空。

实例 10：设置范围进度条的属性

```
<!DOCTYPE html>
<html>
<head>
 <meta charset="UTF-8">
 <meta name="viewport" content="width=device-width, initial-scale=1">
 <link rel="stylesheet" href="jquery.mobile/jquery.mobile-1.4.5.min.css">
 <script src="jquery.min.js"></script>
  <script src="jquery.mobile/jquery.mobile-1.4.5.min.js"></script>
</head>
<body>
<div data-role="first">
   <div data-role="header">
     <h1>学习进度统计</h1>
   </div>
   <div data-role="main" class="ui-content">
     <form>
       <label for="points">语文学习进度:</label>
           <input type="range" name="points" id="points" value="50" min="0"
max="100" data-show-value="true" data-theme="b">
       <label for="points">数学学习进度:</label>
           <input type="range" name="points" id="points2" value="50" min="0"
max="100" data-show-value="true"  data-track-theme="b">
     </form>
   </div>
 </div>
 </body>
 </html>
```

在 Opera Mobile Emulator 模拟器中预览效果如图 7-15 所示。可以看出设置范围进度条的主题风格和设置轨道主题风格是不一样的。

图 7-15　设置范围进度条的属性

7.5　选择菜单

选择菜单不仅可以选择一定范围的内容，还可以隐藏菜单选择项，只有用户单击选择菜单时，所有内容才会显示出来。本节将重点学习选择菜单的设计方法。

7.5.1　设计下拉菜单

使用 <select> 标签可以创建带有若干选项的下拉菜单。<select> 标签内的 <option> 属性定义了菜单中的可用选项。

实例 11：设计下拉菜单

```
<!DOCTYPE html>
<html>
<head>
```

```
  <meta charset="UTF-8">
  <meta name="viewport" content="width=device-width, initial-scale=1">
  <link rel="stylesheet" href="jquery.mobile/jquery.mobile-1.4.5.min.css">
  <script src="jquery.min.js"></script>
  <script src="jquery.mobile/jquery.mobile-1.4.5.min.js"></script>
</head>
<body>
<div data-role="first">
  <div data-role="header">
    <h1>选择菜单</h1>
  </div>
  <div data-role="main" class="ui-content">
    <fieldset data-role="fieldcontain">
      <label for="day">选择值日时间: </label>
      <select name="day" id="day">
        <option value="mon">星期一</option>
        <option value="tue">星期二</option>
        <option value="wed">星期三</option>
        <option value="thu">星期四</option>
        <option value="fri">星期五</option>
        <option value="sat">星期六</option>
        <option value="sun">星期日</option>
      </select>
    </fieldset>
  </div>
</div>
</body>
</html>
```

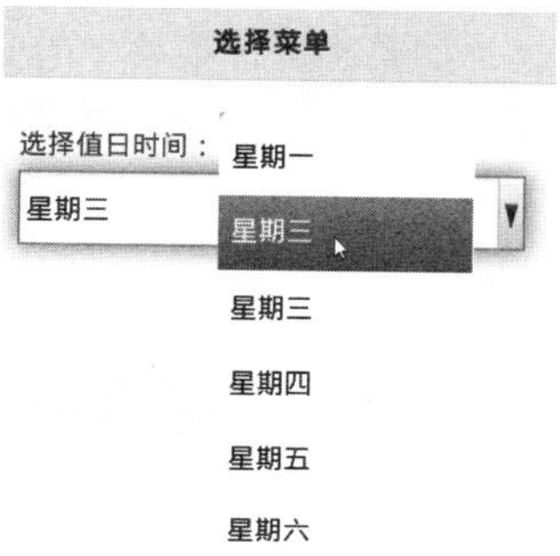

图 7-16 选择菜单

在 Opera Mobile Emulator 模拟器中预览的效果如图 7-16 所示。

根据实际开发的需要，还可以对菜单中的选项进行再次分组。对选择菜单项进行分组的方法比较简单，只需要在 <select> 内使用 <optgroup> 标签即可。

实例 12：分组选择菜单项

```
<!DOCTYPE html>
<html>
<head>
  <meta charset="UTF-8">
  <meta name="viewport" content="width=device-width, initial-scale=1">
  <link rel="stylesheet" href="jquery.mobile/jquery.mobile-1.4.5.min.css">
  <script src="jquery.min.js"></script>
  <script src="jquery.mobile/jquery.mobile-1.4.5.min.js"></script>
</head>
<body>
<div data-role="first">
  <div data-role="header">
    <h1>分组下拉菜单项</h1>
  </div>
  <div data-role="main" class="ui-content">
    <fieldset data-role="fieldcontain">
      <label for="day">选择值日时间: </label>
      <select name="day" id="day">
        <optgroup label="工作日">
          <option value="mon">星期一</option>
          <option value="tue">星期二</option>
          <option value="wed">星期三</option>
```

```
            <option value="thu">星期四</option>
            <option value="fri">星期五</option>
          </optgroup>
          <optgroup label="休息日">
            <option value="sat">星期六</option>
            <option value="sun">星期日</option>
          </optgroup>
        </select>
      </fieldset>
    </div>
  </div>
  </body>
  </html>
```

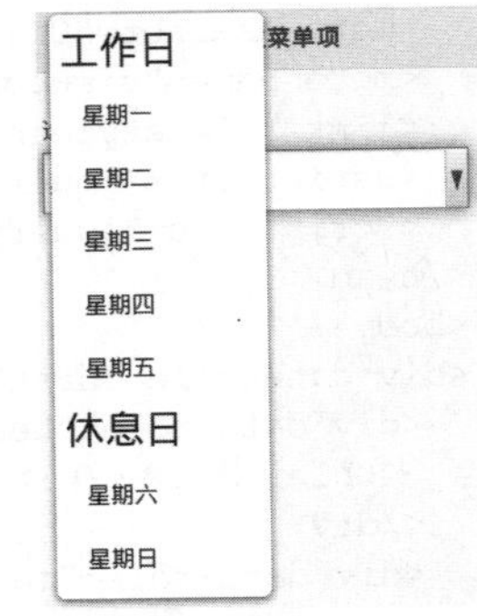

图 7-17　菜单项分组后的效果

在 Opera Mobile Emulator 模拟器中预览效果如图 7-17 所示。

如果想选择菜单中的多个选项，需要设置 <select> 标签的 multiple 属性。当添加 multiple 属性值为 true 后，选择菜单对象会转化为多项列表框，选择菜单项的右侧会出现一个可选择的复选框，用户单击该复选框，可以选择多个选项。设置代码如下：

```
<select name="day" id="day" multiple data-native-menu="false">
```

实例 13：创建多选菜单项

```
<!DOCTYPE html>
<html>
<head>
  <meta charset="UTF-8">
  <meta name="viewport" content="width=device-width, initial-scale=1">
  <link rel="stylesheet" href="jquery.mobile/jquery.mobile-1.4.5.min.css">
  <script src="jquery.min.js"></script>
  <script src="jquery.mobile/jquery.mobile-1.4.5.min.js"></script>
</head>
<body>
<div data-role="first">
  <div data-role="header">
    <h1>多项列表框</h1>
  </div>
  <div data-role="main" class="ui-content">
    <fieldset data-role="fieldcontain">
      <label for="day">选择值日时间：</label>
      <select name="day" id="day" multiple data-native-menu="false">
        <optgroup label="工作日">
          <option value="mon">星期一</option>
          <option value="tue">星期二</option>
          <option value="wed">星期三</option>
          <option value="thu">星期四</option>
          <option value="fri">星期五</option>
        </optgroup>
        <optgroup label="休息日">
          <option value="sat">星期六</option>
          <option value="sun">星期日</option>
        </optgroup>
      </select>
    </fieldset>
  </div>
 </div>
```

```
</body>
</html>
```

在 Opera Mobile Emulator 模拟器中预览，选择菜单时的效果如图 7-18 所示。选择完成后，即可看到多个菜单项被选择，如图 7-19 所示。

图 7-18　多个菜单项

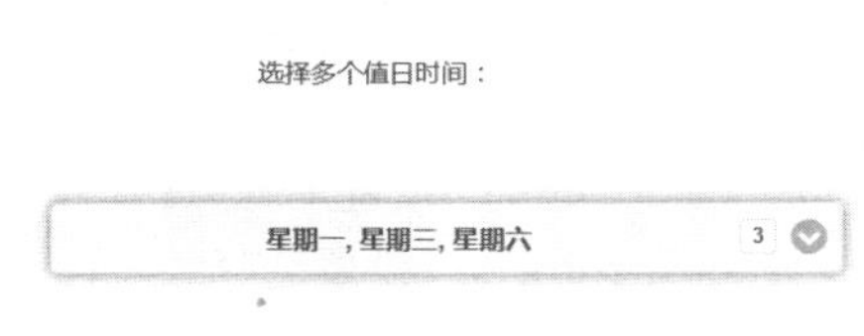

图 7-19　多个菜单项被选择后的效果

7.5.2　禁用菜单项

如果需要设置某个菜单项为不可用状态，可以为该菜单项设置 disabled 属性，禁用之后，该项目显示为灰色。

实例 14：禁用菜单项

```
<!DOCTYPE html>
<html>
<head>
  <meta charset="UTF-8">
  <meta name="viewport" content="width=device-width, initial-scale=1">
  <link rel="stylesheet" href="jquery.mobile/jquery.mobile-1.4.5.min.css">
  <script src="jquery.min.js"></script>
  <script src="jquery.mobile/jquery.mobile-1.4.5.min.js"></script>
</head>
<body>
<div data-role="first">
  <div data-role="header">
    <h1>禁用菜单项</h1>
  </div>
  <div data-role="content">
    <fieldset data-role="fieldcontain">
      <label for="day">选择本学期的课程：</label>
      <select name="day" id="day" multiple data-native-menu="false">
        <option value="c1" disabled>C语言程序设计</option>
        <option value="c2">C++程序设计</option>
        <option value="c3" disabled>C#程序设计</option>
        <option value="c4">Java程序设计</option>
      </select>
    </fieldset>
  </div>
```

```
</div>
</body>
</html>
```

在 Opera Mobile Emulator 模拟器中预览，选择菜单时的效果如图 7-20 所示。可以看出，第一项和第三项为灰色显示，并且无法选择。

图 7-20　禁用菜单项

7.5.3　设置属性和选项

在 jQuery Mobile 页面中，用户可以设置选择菜单的尺寸、外形、图标和主题风格等。具体设置方法如下。

（1）data-mini：设置标准尺寸或者迷你尺寸，默认值为 false。

（2）data-theme：设置主题风格，默认值为空。

（3）data-corners：设置选择菜单按钮是否为圆角矩形，默认为 true，为圆角矩形。若设置值为 false，则为直角矩形。

（4）data-icon：设置选择菜单按钮的图标样式，默认为 arrow-d，图标样式为向下按钮。

（5）data-iconpos：设置选择菜单按钮的图标位置，默认为 right，表示图标在右侧显示。

（6）data-iconshadow：设置按钮阴影，默认为 true，表示显示阴影效果。如果设置为 false，则表示不显示阴影效果。

（7）data-inline：设置是否以内联方式显示选择菜单按钮。默认为 null，不以内联方式显示。如果设置为 true，则以内联方式显示。

（8）data-native-menu：设置是否以原生样式显示菜单。默认值为 true，表示以原生样式显示。

（9）data-prevent-focus-zoom：当焦点位于选择菜单时，禁止执行缩放操作。默认值为 true，表示禁止缩放。

（10）data-shadow：选择菜单按钮的阴影效果。默认值为 true，表示显示阴影效果。设置为 false 时，表示不显示阴影效果。

实例 15：设置菜单的外观

本案例将设置菜单外观样式，包括选择菜单的主题风格为 b，选择菜单按钮的图标为心形，并居左显示，最后设置选中菜单按钮为直角矩形。

```
<!DOCTYPE html>
<html>
<head>
  <meta charset="UTF-8">
  <meta name="viewport" content="width=device-width, initial-scale=1">
  <link rel="stylesheet" href="jquery.mobile/jquery.mobile-1.4.5.min.css">
  <script src="jquery.min.js"></script>
  <script src="jquery.mobile/jquery.mobile-1.4.5.min.js"></script>
</head>
<body>
<div data-role="first">
  <div data-role="header">
    <h1>设置菜单属性</h1>
  </div>
```

```
    <div data-role="content">
        <select id="selectMenu"  data-native-menu="false" data-theme="b" data-
corners="false" data-iconpos="left" data-icon="heart">
        <option value="x1" >洗衣机</option>
        <option value="x2">冰箱</option>
        <option value="x3" >空调</option>
        <option value="x4">电视机</option>
      </select>
    </div>
  </div>
  </body>
  </html>
```

设置菜单属性

洗衣机

图 7-21　设置菜单的外观效果

在 Opera Mobile Emulator 模拟器中预览，效果如图 7-21 所示。

7.6　翻转波动开关

设置 <input type=“checkbox”> 标签的 data-role 为 flipswitch 时，可以创建翻转波动开关。

实例 16：创建翻转波动开关

```
<!DOCTYPE html>
<html>
<head>
  <meta charset="UTF-8">
  <meta name="viewport" content="width=device-width, initial-scale=1">
  <link rel="stylesheet" href="jquery.mobile/jquery.mobile-1.4.5.min.css">
  <script src="jquery.min.js"></script>
  <script src="jquery.mobile/jquery.mobile-1.4.5.min.js"></script>
</head>
<body>
<div data-role="first">
  <div data-role="header">
    <h1>创建切换开关</h1>
  </div>
  <div data-role="main" class="ui-content">
    <form>
      <label for="switch">切换开关：</label>
      <input type="checkbox" data-role="flipswitch" name="switch" id="switch">
    </form>
  </div>
</div>
</body>
</html>
```

在 Opera Mobile Emulator 模拟器中预览的效果如图 7-22 所示。

创建切换开关

切换开关：

Off

图 7-22　开关默认效果

用户还可以使用 checked 属性来设置默认的选项。代码如下：

```
<input type="checkbox" data-role="flipswitch" name="switch" id="switch" checked>
```

修改后预览效果如图 7-23 所示。

默认情况下，开关切换的文本为 On 和 Off。可以使用 data-on-text 和 data-off-text 属性来修改该文本，代码如下：

```
<input type="checkbox" data-role="flipswitch" name="switch" id="switch" data-on-text="打开" data-off-text="关闭">
```

修改后预览效果如图 7-24 所示。

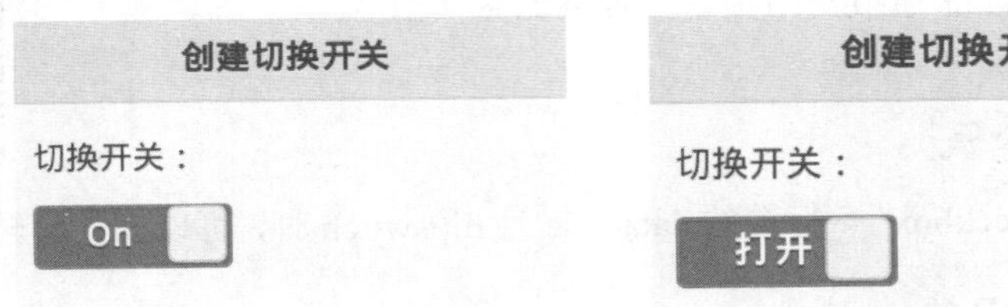

图 7-23　修改默认选项后的效果　　图 7-24　修改切换开关文本后的效果

7.7　使用 jQuery Mobile 插件

编写插件的目的是给已有的一系列方法或函数做一个封装，以便在其他地方重复使用，方便后期维护。随着 jQuery Mobile 的广泛使用，已经出现了大量的 jQuery Mobile 插件，例如 Camera 插件、Swipebox 插件、mmenu 插件和 DateBox 插件等。

由于 jQuery Mobile 插件其实就是 JS 包，所以使用方法比较简单。将下载的插件放在项目文件夹下，然后在 <head> 标签中引用插件的 JS 文件即可。

7.7.1　Camera 插件

Camera 插件是一个基于 jQuery 插件的开源项目，主要用来实现轮播图特效。在轮播图效果中，用户可以查看每一张图片的主题信息，也可以手动终止播放过程。

Camera 插件的官方下载地址为：https://github.com/pixedelic/Camera。

实例 17：设计轮播图效果

```
<!DOCTYPE html>
<html>
<head>
  <meta charset="UTF-8">
  <title>轮播图</title>
  <meta name="viewport" content="width=device-width, initial-scale=1">
  <link rel="stylesheet" href="jquery.mobile/jquery.mobile-1.4.5.min.css">
  <script src="jquery-1.8.3.min.js"></script>
  <script src="jquery.mobile/jquery.mobile-1.4.5.min.js"></script>
  <link rel="stylesheet" href="camera/css/camera.css">
  <script src="camera/js/jquery.easing.1.3.js"></script>
  <script src="camera/js/camera.js"></script>
</head>
```

```
<body>
<div data-role="page">
  <div data-role="header">
    <h1>轮播图</h1>
  </div>
  <div data-role="main" class="camera_wrap camera_azure_skin" id="camera1">
    <div data-src="01.jpg">
      <div class="camera_caption fadeFromBottom">
        第一张
      </div>
    </div>
    <div data-src="02.jpg">
      <div class="camera_caption fadeFromBottom">
        第二张
      </div>
    </div>
    <div data-src="03.jpg">
      <div class="camera_caption fadeFromBottom">
        第三张
      </div>
    </div>
    <div data-src="04.jpg">
      <div class="camera_caption fadeFromBottom">
        第四张
      </div>
    </div>
  </div>
  <div data-role="footer" data-position="fixed">
    <h4>尾部</h4>
  </div>
</div>
</body>
<script>
  $(function() {
    $('#camera1').camera({
      time: 1000,
      thumbnails:false
    })
  });
</script>
</html>
```

在 Opera Mobile Emulator 模拟器中预览的效果如图 7-25 所示。1 秒钟后将轮播第二张图片，如图 7-26 所示。

图 7-25　程序初始效果

图 7-26　第二张图片效果

7.7.2 Swipebox 插件

Swipebox 是一款支持桌面电脑、移动触摸手机和平板电脑的 jQuery 灯箱插件。Swipebox 插件支持手机的触摸手势，支持桌面电脑的键盘导航，并且支持视频的播放。

当用户单击缩略图片时，照片将会以大图尺寸的方式展示，另外，用户还可对同组的图片进行左右切换来进行查看，非常适合做照片画廊以及查看大尺寸图片。

Swipebox 插件下载地址为：http://brutaldesign.github.io/swipebox/。

实例 18：设计灯箱效果

```
<!DOCTYPE html>
<html>
<head>
  <meta charset="UTF-8">
  <meta name="viewport" content="width=device-width, initial-scale=1">
  <link rel="stylesheet" href="jquery.mobile/jquery.mobile-1.4.5.min.css">
  <script src="jquery.min.js"></script>
  <script src="jquery.mobile/jquery.mobile-1.4.5.min.js"></script>
  <link rel="stylesheet" href="Swipebox/css/swipebox.css">
  <script src="Swipebox/js/jquery.swipebox.js"></script>
</head>
<body>
<div data-role="page" >
  <div data-role="header" >
    <h1>灯箱效果</h1>
  </div>
  <div data-role="main">
    <a href="05.jpg" class="box1">
      <img src="05.jpg" alt="" width="150px">
    </a>
    <a href="06.jpg" class="box2">
      <img src="06.jpg" alt="" width="150px">
    </a>
    <a href="07.jpg" class="box3">
      <img src="07.jpg" alt="" width="150px">
    </a>
    <a href="08.jpg" class="box4">
      <img src="08.jpg" alt="" width="150px">
    </a>
  </div>
</div>
</body>
<script>
  (function($) {
    $('.box1').swipebox();
    $('.box2').swipebox();
    $('.box3').swipebox();
    $('.box4').swipebox();
  })(jQuery);
</script>
</html>
```

在 Opera Mobile Emulator 模拟器中预览的效果如图 7-27 所示。单击最后一张图片，将显示对应的大图，如图 7-28 所示。

图 7-27　灯箱效果

图 7-28　显示大图效果

7.7.3　mmenu 插件

mmenu 插件是一款用于创建平滑的导航菜单的 jQuery Mobile 插件，只需很少的 JavaScript 代码，即可在移动网站中实现非常酷炫的滑动菜单。

mmenu 插件官方下载地址为：http://mmenu.frebsite.nl/download.html。

实例 19：设计侧边栏效果

```
<!DOCTYPE html>
<html>
<head>
  <meta charset="UTF-8">
  <meta name="viewport" content="width=device-width, initial-scale=1">
  <link rel="stylesheet" href="jquery.mobile/jquery.mobile-1.4.5.min.css">
  <script src="jquery.min.js"></script>
  <script src="jquery.mobile/jquery.mobile-1.4.5.min.js"></script>
  <link rel="stylesheet" href="mmenu/css/style.css">
  <link rel="stylesheet" href="mmenu/css/jquery.mmenu.css">
  <script src="mmenu/js/jquery.mmenu.js"></script>
</head>
<body>
<div data-role="page">
  <div data-role="header">
    <div class="l_tbn">
      <a href="#menu"><img src="09.jpg" alt="" width="30px"></a>
    </div>
    <h1>侧边栏效果</h1>
    <nav id="menu">
      <ul>
        <li class="Selected"><a href="#">首页</a></li>
        <li><a href="#">商品分类</a></li>
        <li><a href="#">今日秒杀</a></li>
        <li><a href="#">拼团商品</a></li>
        <li><a href="#">联系我们</a></li>
      </ul>
    </nav>
  </div>
  <div data-role="main">
    <img src="10.jpg">
```

```
    </div>
  </div>
  </body>
  <script>
    $(function() {
      $('nav#menu').mmenu()
    });
  </script>
  </html>
```

在 Opera Mobile Emulator 模拟器中预览的效果如图 7-29 所示。当单击左上角的图标时，可以在左侧显示侧边菜单栏，如图 7-30 所示。

图 7-29　程序预览效果

图 7-30　左侧显示侧边栏效果

7.7.4　DateBox 插件

DateBox 是选择日期和时间的 jQuery Mobile 插件，使用该插件可以在弹出的窗口中显示选择日期或者时间的对话框，用户只需要单击某个选项，便可以完成日期的选择。

DateBox 插件官方下载的地址为：https://github.com/jtsage/jquery-mobile-datebox。

实例 20：设计日期和时间选择框

```
<!DOCTYPE html>
<html>
<head>
  <meta charset="UTF-8">
  <meta name="viewport" content="width=device-width, initial-scale=1">
  <link rel="stylesheet" href="jquery.mobile/jquery.mobile-1.4.5.min.css">
  <script src="jquery.min.js"></script>
  <script src="jquery.mobile/jquery.mobile-1.4.5.min.js"></script>
  <link rel="stylesheet" href="datebox/css/jqm-datebox.css">
  <script src="datebox/js/jqm-datebox.core.js"></script>
  <script src="datebox/js/jqm-datebox.comp.calbox.js"></script>
  <script src="datebox/js/jqm-datebox.comp.datebox.js"></script>
</head>
<body>
<div data-role="page">
  <div data-role="header" >
    <h1>日期和时间选择框</h1>
```

```
    </div>
    <div data-role="main">
      <p>选择日期</p>
        <input type="text" id="date1" readonly data-role="datebox" data-options='{"mode":"datebox"}'>
      <p>选择时间</p>
        <input type="text" id="date2" readonly data-role="datebox" data-options='{"mode":"timebox"}'>
    </div>
  </div>
  </body>
  </html>
```

在 Opera Mobile Emulator 模拟器中预览程序，当单击文本输入域右边的图标时，可以弹出选择日期和时间的对话框，例如选择日期对话框如图 7-31 所示，选择时间对话框如图 7-32 所示。

图 7-31　选择日期对话框

图 7-32　选择时间对话框

7.8　新手常见疑难问题

疑问 1：操作菜单有哪些常用的方法？

在操作选择菜单时，主要有启用、禁用、刷新、打开和关闭菜单功能，对应的方法如下。

（1）enable：启用选择菜单。

（2）disable：禁用选择菜单。

（3）refresh：刷新菜单样式。

（4）open：打开选择菜单。

（5）close：关闭选择菜单。

例如，关闭选择菜单的代码如下：

```
$(function(){
     $("#selectMenu").selectmenu('close')
}
```

疑问 2：如何设计迷你表单？

jQuery Mobile 提供了一套小尺寸的表单元素，特别适合屏幕比较小的设备。要实现迷你表单效果，在表单元素中设置 data-mini 属性为 true 即可。

7.9 实战技能训练营

实战 1：创建一个用户注册页面

创建一个用户注册页面，在 Opera Mobile Emulator 模拟器中预览的效果如图 7-33 所示。单击“出生年月”文本框时，会自动打开日期选择器，用户直接选择相应的日期即可，如图 7-34 所示。

图 7-33　用户注册页面

图 7-34　日期选择器

实战 2：创建微信登录页面

创建一个微信登录的主页，在 Opera Mobile Emulator 模拟器中预览的效果如图 7-35 所示。输入账号和密码后，单击“登录”按钮，弹出提示信息对话框，如图 7-36 所示。

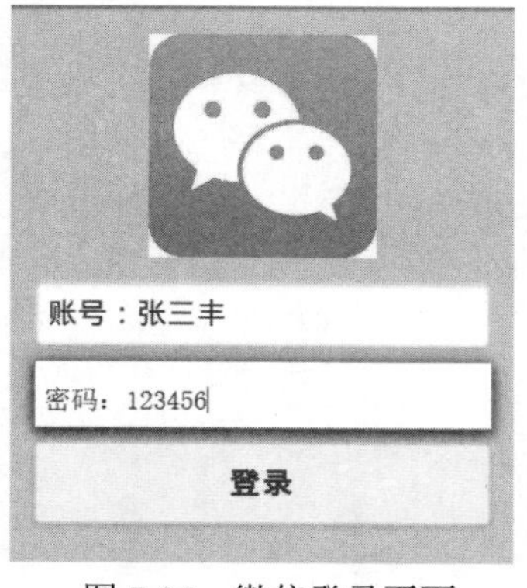

图 7-35　微信登录页面

图 7-36　提示信息对话框

第8章 使用工具栏

本章导读

jQuery Mobile 针对网页工具栏提供了整套的组件，通过使用这些组件，可以快速开发移动页面中的工具栏。移动页面中的工具栏主要包括页眉栏、导航栏和页脚栏，它们分别位于移动页面的页眉区、内容区或页脚区。本章重点学习使用工具栏的方法。

知识导图

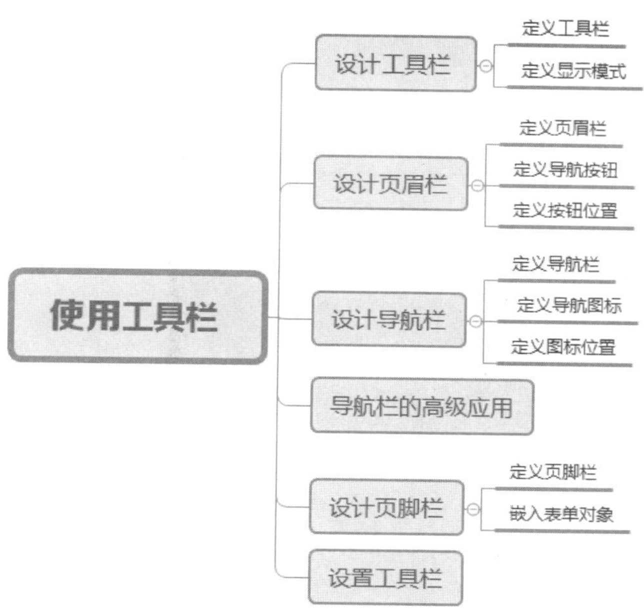

8.1 设计工具栏

在移动页面开发中，经常需要设计页面的标题、按钮和一些常用链接，并且把这些页面元素集成到工具栏中。

8.1.1 定义工具栏

在 jQuery Mobile 移动页面中，最常见的工具栏就是页眉工具栏和页脚工具栏。其中页眉工具栏往往作为导航使用，而页脚工具栏往往放置一些网页介绍或联系信息，比较适合单手触控操作。

设计页眉工具栏就是在 div 容器中添加 data-role=“header”语句；设计页脚工具栏就是在 div 容器中添加 data-role=“footer”语句。

实例 1：定义工具栏

```
<!DOCTYPE html>
<html>
<head>
  <meta charset="UTF-8">
  <meta name="viewport" content="width=device-width, initial-scale=1">
  <link rel="stylesheet" href="jquery.mobile/jquery.mobile-1.4.5.min.css">
  <script src="jquery.min.js"></script>
  <script src="jquery.mobile/jquery.mobile-1.4.5.min.js"></script>
</head>
<body>
<div data-role="page" id="page">
  <div data-role="header" >
    <h1>页眉工具栏</h1>
  </div>
  <div data-role="content">
    <p>胜日寻芳泗水滨，无边光景一时新。</p>
    <p>等闲识得东风面，万紫千红总是春。</p>
    <img src="1.jpg" width="100%" />
  </div>
  <div data-role="footer">
    <h4>页脚工具栏</h4>
  </div>
</div>
</body>
</html>
```

在 Opera Mobile Emulator 模拟器中预览的效果如图 8-1 所示。

图 8-1　定义工具栏

8.1.2 定义显示模式

在 jQuery Mobile 移动页面中，工具栏的显示模式包括内联模式和固定模式。其中内联模式为默认显示模式，例如上一节的例子。在内联模式中，页眉工具栏将显示在页面正文内容的上方，页脚工具栏紧跟在正文内容的下面；在固定模式中，页眉工具栏和页脚工具栏在浏览器屏幕中的位置是固定的，页眉工具栏总是位于浏览器屏幕的最上方，页脚工具栏总是位于浏览器屏幕的最下方。

若定义工具栏为固定模式，添加 data-position= “fixed” 语句。

实例 2：创建固定显示模式的工具栏

```
<!DOCTYPE html>
<html>
<head>
  <meta charset="UTF-8">
  <meta name="viewport" content="width=device-width, initial-scale=1">
  <link rel="stylesheet" href="jquery.mobile/jquery.mobile-1.4.5.min.css">
  <script src="jquery.min.js"></script>
  <script src="jquery.mobile/jquery.mobile-1.4.5.min.js"></script>
</head>
<body>
<div data-role="page" id="page">
  <div data-role="header" data-position="fixed">
    <h1>页眉工具栏</h1>
  </div>
  <div data-role="content">
    <p>胜日寻芳泗水滨，无边光景一时新。</p>
    <p>等闲识得东风面，万紫千红总是春。</p>
    <img src="1.jpg" width="100%" />
  </div>
  <div data-role="footer" data-position="fixed">
    <h4>页脚工具栏</h4>
  </div>
</div>
</body>
</html>
```

在 Opera Mobile Emulator 模拟器中预览的效果如图 8-2 所示。

页眉工具栏

胜日寻芳泗水滨，无边光景一时新。

等闲识得东风面，万紫千红总是春。

页脚工具栏

图 8-2 固定显示模式的工具栏

8.2 设计页眉栏

页眉工具栏位于移动页面的顶部，一般由标题和按钮组成。本节开始学习设计页眉栏的方法。

8.2.1 定义页眉栏

一般情况下，移动页面的页眉栏由标题和按钮组成。标题字数不宜太多，否则会显示不全；按钮一般位于标题的两侧，用于页面之间的链接跳转。

实例 3：创建页眉栏

```
<!DOCTYPE html>
<html>
<head>
```

```
    <meta charset="UTF-8">
    <meta name="viewport" content="width=device-width, initial-scale=1">
    <link rel="stylesheet" href="jquery.mobile/jquery.mobile-1.4.5.min.css">
    <script src="jquery.min.js"></script>
    <script src="jquery.mobile/jquery.mobile-1.4.5.min.js"></script>
</head>
<body>
<div data-role="page" id="page">
  <div data-role="header" data-postiton="inline" data-backbtn="false">
    <a href="index.html" >主页</a>
    <h1>页眉栏的标题名字是不是有点长</h1>
    <a href="page2.html" >下一页</a>
  </div>
</div>
</body>
</html>
```

在 Opera Mobile Emulator 模拟器中预览的效果如图 8-3 所示。

图 8-3　页眉栏

8.2.2　定义导航按钮

在页眉栏中，添加的导航按钮都是内联按钮，会水平方向排列。设置按钮样式，使用 data-icon 属性。

实例 4：定义导航按钮

```
<!DOCTYPE html>
<html>
<head>
  <meta charset="UTF-8">
  <meta name="viewport" content="width=device-width, initial-scale=1">
  <link rel="stylesheet" href="jquery.mobile/jquery.mobile-1.4.5.min.css">
  <script src="jquery.min.js"></script>
  <script src="jquery.mobile/jquery.mobile-1.4.5.min.js"></script>
  <style type="text/css">
    .pic {
      width:100%;
    }
  </style>
</head>
<body>
<div data-role="page" id="a">
  <div data-role="header" data-position="inline">
    <a href="#" data-icon="arrow-u">上一张</a>
    <h1>美食A</h1>
    <a href="#b" data-icon="arrow-d">下一张</a>
  </div>
  <div data-role="content">
        <img src="2.jpg" class="pic" />
```

```
    </div>
  </div>
  <div data-role="page" id="b">
    <div data-role="header" data-position="inline">
      <a href="#a" data-icon="arrow-u">上一张</a>
      <h1>美食B</h1>
      <a href="#" data-icon="arrow-d">下一张</a>
    </div>
    <div data-role="content">
      <img src="3.jpg" class="pic" />
    </div>
  </div>
</body>
</html>
```

在 Opera Mobile Emulator 模拟器中预览的效果如图 8-4 所示。单击“下一张”按钮，即可进入下一页面，效果如图 8-5 所示。单击“上一张”按钮，将会返回到第一页。

图 8-4　程序初始效果

图 8-5　下一张页面效果

8.2.3　定义按钮位置

当页眉栏中只有一个按钮时，无论该按钮放在标题的左侧还是右侧，最终都会显示在标题的左侧。如果想让按钮放置在标题的右侧，可以添加 ui-btn-right 类样式。

实例 5：定义按钮位置

```
<!DOCTYPE html>
<html>
<head>
  <meta charset="UTF-8">
  <meta name="viewport" content="width=device-width, initial-scale=1">
  <link rel="stylesheet" href="jquery.mobile/jquery.mobile-1.4.5.min.css">
  <script src="jquery.min.js"></script>
  <script src="jquery.mobile/jquery.mobile-1.4.5.min.js"></script>
  <style type="text/css">
    .pic {
      width:100%;
    }
```

```
  </style>
</head>
<body>
<div data-role="page" id="a">
  <div data-role="header" data-position="inline">
    <h1>美食A</h1>
    <a href="#b" data-icon="arrow-d">下一张</a>
  </div>
  <div data-role="content">
       <img src="2.jpg" class="pic" />
  </div>
</div>
<div data-role="page" id="b">
  <div data-role="header" data-position="inline">
    <h1>美食B</h1>
    <a href="#a" data-icon="arrow-d" class=" ui-btn-right" 〉>上一张</a>
  </div>
  <div data-role="content">
    <img src="3.jpg"class="pic" />
  </div>
</div>
</body>
</html>
```

在 Opera Mobile Emulator 模拟器中预览的效果如图 8-6 所示。此时可以看到，按钮默认会显示在标题的左侧。单击“下一张”按钮，即可进入下一页面，效果如图 8-7 所示，此时可以看到，按钮已经显示在标题的右侧。

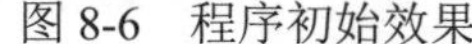

图 8-6　程序初始效果

图 8-7　按钮显示在标题的右侧

8.3　设计导航栏

导航栏通常位于页面的头部或尾部，主要作用是便于用户快速访问需要的页面。本节将重点学习导航栏的使用方法和技巧。

8.3.1　定义导航栏

在 jQuery Mobile 中，可使用 data-role=“navbar” 属性来定义导航栏。需要特别注意的是，导航栏中的链接将自动变成按钮，不需要使用 data-role="button" 属性进行设置。

实例 6：定义导航栏

```
<!DOCTYPE html>
<html>
<head>
  <meta charset="UTF-8">
  <meta name="viewport" content="width=device-width, initial-scale=1">
  <link rel="stylesheet" href="jquery.mobile/jquery.mobile-1.4.5.min.css">
  <script src="jquery.min.js"></script>
  <script src="jquery.mobile/jquery.mobile-1.4.5.min.js"></script>
</head>
<body>
<div data-role="first">
  <div data-role="header">
    <h1>老码识途课堂</h1>
    <div data-role="navbar">
      <ul>
        <li><a href="#">热门课程</a></li>
        <li><a href="#">技术服务</a></li>
        <li><a href="#">秒杀活动</a></li>
        <li><a href="#">联系我们</a></li>
      </ul>
   </div>
      <img src="4.jpg"/>
  </div>
</div>
</body>
</html>
```

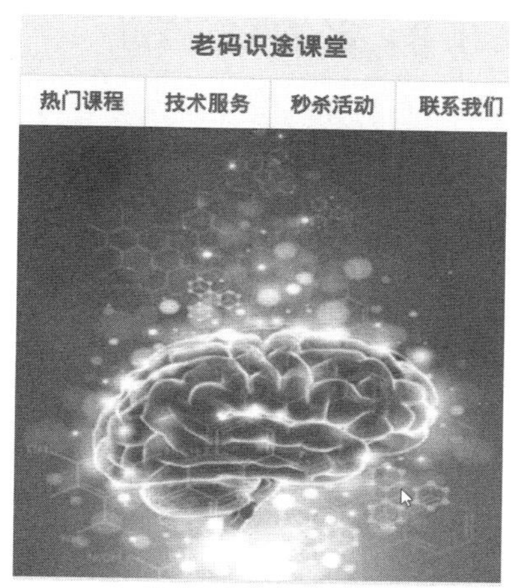

图 8-8　导航栏效果

在 Opera Mobile Emulator 模拟器中预览的效果如图 8-8 所示。

8.3.2　定义导航图标

在导航栏中，如果要给导航添加按钮图标，只需要在对应的 <a> 标签中添加 data-icon 属性，并在 jQuery 自带图标集合中选择一个图标作为该属性的值即可。

实例 7：定义导航图标

```
<!DOCTYPE html>
<html>
<head>
  <meta charset="UTF-8">
  <meta name="viewport" content="width=device-width, initial-scale=1">
  <link rel="stylesheet" href="jquery.mobile/jquery.mobile-1.4.5.min.css">
  <script src="jquery.min.js"></script>
  <script src="jquery.mobile/jquery.mobile-1.4.5.min.js"></script>
</head>
<body>
<div data-role="first">
  <div data-role="header">
    <h1>老码识途课堂</h1>
```

```
        <div data-role="navbar">
            <ul>
                <li><a href="#" data-icon="home">主页</a></li>
                <li><a href="#" data-icon="arrow-d">秒杀课程</a></li>
                <li><a href="#" data-icon="search">搜索课程</a></li>
            </ul>
        </div>
    </div>
        <img src="4.jpg"/>
</div>
</body>
</html>
```

在Opera Mobile Emulator模拟器中预览的效果如图8-9所示。

图 8-9　为导航添加按钮图标

8.3.3　定义图标位置

细心的读者会发现，导航按钮的图标默认位置是位于文字的上方，这个和普通的按钮图片是不同的。如果需要修改导航按钮图标的位置，可以通过设置 data-iconpos 属性来指定位置，包括 left（左侧）、right（右侧）和 bottom（底部）。

实例 8：定义图标的位置为文字的左侧

```
<!DOCTYPE html>
<html>
<head>
    <meta charset="UTF-8">
    <meta name="viewport" content="width=device-width, initial-scale=1">
    <link rel="stylesheet" href="jquery.mobile/jquery.mobile-1.4.5.min.css">
    <script src="jquery.min.js"></script>
    <script src="jquery.mobile/jquery.mobile-1.4.5.min.js"></script>
</head>
<body>
<div data-role="first">
    <div data-role="header">
        <h1>风云网购平台</h1>
        <div data-role="navbar" data-iconpos="left">
            <ul>
                <li><a href="#" data-icon="home" >主页</a></li>
                <li><a href="#" data-icon="arrow-d" >团购</a></li>
                <li><a href="#" data-icon="search">搜索商品</a></li>
            </ul>
        </div>
        <img src="5.jpg"/>
    </div>
</div>
</body>
</html>
```

图 8-10　导航按钮图标在文本的左侧

在 Opera Mobile Emulator 模拟器中预览的效果如图 8-10 所示。

> **注意：** 和设置普通按钮图标位置不同的是，这里 data-iconpos= “left” 属性只能添加到 <div> 标签中，而不能添加到 <li> 标签中，否则是无效的。读者可以自行检测。

8.4 导航栏的高级应用

默认情况下，当单击导航按钮时，按钮的样式会发生变换，例如，这里单击“搜索课程”导航按钮，按钮的底纹颜色变成了蓝色，如图 8-11 所示。

图 8-11 导航按钮的样式变化

如果用户想取消上面的样式变化，可以添加 class=“ui-btn-active”属性，例如以下代码：

```
<li><a href="#anylink" class="ui-btn-active">搜索课程</a></li>
```

修改完成后，再次单击“搜索课程”导航按钮时，样式不会发生变化。

对于多个页面的情况，用户往往希望显示哪个页面时，对应的导航按钮则处于被选中状态，下面通过一个案例来讲解。

实例 9：创建在线教育网首页

```
<!DOCTYPE html>
<html>
<head>
    <meta charset="UTF-8">
    <meta name="viewport" content="width=device-width, initial-scale=1">
    <link rel="stylesheet" href="jquery.mobile/jquery.mobile-1.4.5.min.css">
    <script src="jquery.min.js"></script>
    <script src="jquery.mobile/jquery.mobile-1.4.5.min.js"></script>
</head>
<body>
<div data-role="page" id="first">
    <div data-role="header">
        <h1>在线教育网</h1>
        <div data-role="navbar">
            <ul>
                <li><a href="#" class="ui-btn-active ui-state-persist">主页
                            </a></li>
                <li><a href="#second">秒杀课程</a></li>
                <li><a href="#">搜索课程</a></li>
            </ul>
        </div>
    </div>
    <div data-role="content" class="content">
          <p>老码识途课程出品4大系列经典课程，包括网络安全对抗训练营、网站前端开发训练营、
Python爬虫智能训练营、PHP网站开发训练营。关注公众号：老码识途课堂，获取新人大礼包！</p>
    </div>
    <div data-role="footer">
        <h1>首页</h1>
    </div>
</div>

<div data-role="page" id="second">
    <div data-role="header">
        <h1>在线教育网</h1>
```

```
        <div data-role="navbar">
            <ul>
                <li><a href="#first">主页</a></li>
                <li><a href="#" class="ui-btn-active ui-state-persist">秒杀课程
                                </a></li>
                <li><a href="#">搜索课程</a></li>
            </ul>
        </div>
    </div>
    <div data-role="content" class="content">
        <p>1.网络安全对抗训练营</p>
        <p>2.网站前端开发训练营</p>
        <p>3.Python爬虫智能训练营</p>
        <p>4.PHP网站开发训练营</p>

    </div>
    <div data-role="footer">
        <h1>秒杀课程</h1>
    </div>
</div>
</body>
</html>
```

在 Opera Mobile Emulator 模拟器中预览的效果如图 8-12 所示。此时默认显示首页的内容，“主页”导航按钮处于选中状态。切换到“秒杀课程”页面后，“秒杀课程”导航按钮处于选中状态，如图 8-13 所示。

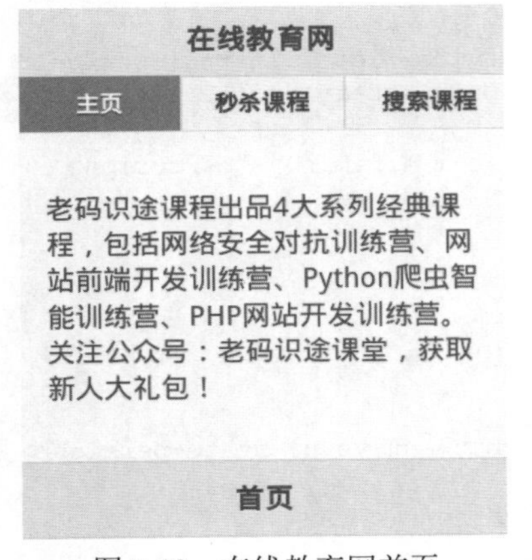

图 8-12　在线教育网首页

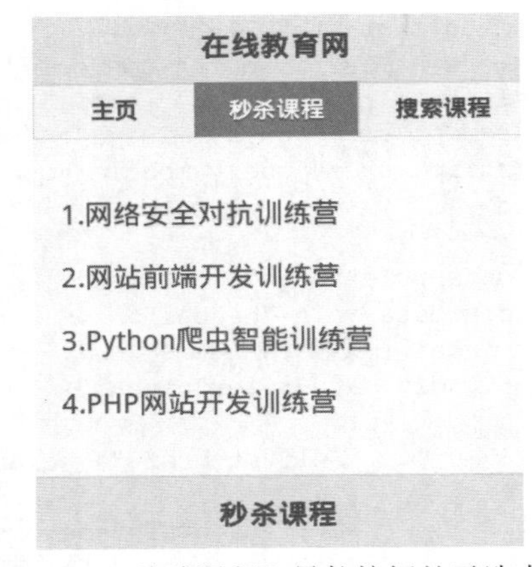

图 8-13　“秒杀课程”导航按钮处于选中状态

8.5　设计页脚栏

页脚工具栏的设计和页眉工具栏比较类似，只需要把 data-role 属性值设置为 footer，然后在页脚工具栏上添加一个 class=“ui-bar”类样式，即可以将页脚变成一个工具栏。本节将详细讲述页脚工具栏的设计方法。

8.5.1　定义页脚栏

在 jQuery Mobile 页面中，页脚栏的功能相对比较强大，可以嵌套导航按钮；允许使用控件组容器包含多个按钮，以减少按钮的间距；并且可以设置按钮按水平方向排列。

实例 10：创建页脚栏

```
<!DOCTYPE html>
<html>
<head>
  <meta charset="UTF-8">
  <meta name="viewport" content="width=device-width, initial-scale=1">
  <link rel="stylesheet" href="jquery.mobile/jquery.mobile-1.4.5.min.css">
  <script src="jquery.min.js"></script>
  <script src="jquery.mobile/jquery.mobile-1.4.5.min.js"></script>
  <style type="text/css">
    .pic { width: 100%; }
    .center {text-align:center;}
  </style>
</head>
<body>
<div data-role="page" id="page">
  <div data-role="header">
    <h1>秒杀课程</h1>
  </div>
  <div data-role="content">
    <img src="4.jpg" class="pic" />
  </div>
  <div data-role="footer">
    <div data-role="controlgroup" data-type="horizontal" class="center">
      <a href="#" data-role="button">首页</a>
      <a href="#" data-role="button">秒杀课程</a>
      <a href="#" data-role="button">搜索课程</a>
    </div>
  </div>
</div>
</body>
</html>
```

在 Opera Mobile Emulator 模拟器中预览的效果如图 8-14 所示。

从图 8-14 可以看出，按钮之间是没有空隙的。如果想在各个按钮之间添加空隙，可以将上述案例中的代码：

```
<div data-role="footer">
    <div data-role="controlgroup" data-type="horizontal" class="center">
      <a href="#" data-role="button">首页</a>
      <a href="#" data-role="button">秒杀课程</a>
      <a href="#" data-role="button">搜索课程</a>
    </div>
</div>
```

修改如下：

```
<div data-role="footer" class="ui-bar">
    <a href="#" data-role="button">首页</a>
    <a href="#" data-role="button">秒杀课程</a>
    <a href="#" data-role="button">搜索课程</a>
</div>
```

修改代码后的预览效果如图 8-15 所示。

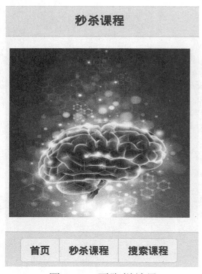

图 8-14　页脚栏效果

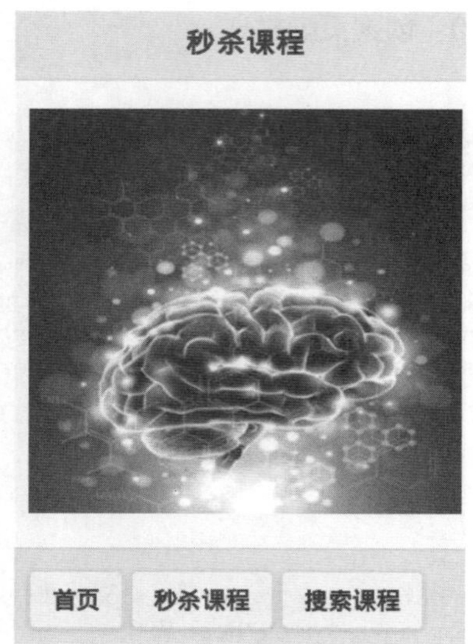

图 8-15　为页脚栏的按钮添加空隙

8.5.2　嵌入表单对象

页脚栏中不仅仅可以放置按钮，还可以添加下拉菜单、文本框、复选框和单选按钮等表单对象。嵌入表单对象时，要为页脚栏添加 ui-bar 类样式，从而添表单对象之间的空隙；同时设置 data-position 为 inline，从而统一表单对象的显示位置。

实例 11：页脚栏中嵌入下拉菜单

```
<!DOCTYPE html>
<html>
<head>
  <meta charset="UTF-8">
  <meta name="viewport" content="width=device-width, initial-scale=1">
  <link rel="stylesheet" href="jquery.mobile/jquery.mobile-1.4.5.min.css">
  <script src="jquery.min.js"></script>
  <script src="jquery.mobile/jquery.mobile-1.4.5.min.js"></script>
  <style type="text/css">
    .pic { width: 100%; }
    .center { text-align: center; }
  </style>
</head>
<body>
<div data-role="page" id="page">
  <div data-role="header">
    <h1>精品商品</h1>
  </div>
  <div data-role="content">
    <img src="5.jpg" class="w100" />
  </div>
  <div data-role="footer" class="ui-bar center" data-position="inline">
    <label for="daohang">下拉导航</label>
    <select name="daohang" id="daohang">
      <option value="0">首页</option>
      <option value="1" selected>商品秒杀</option>
```

```
        <option value="2">电脑办公</option>
        <option value="3">家具家电</option>
        <option value="4">女鞋箱包</option>
        <option value="5">食品生鲜</option>
      </select>
    </div>
  </div>
  </body>
  </html>
```

在 Opera Mobile Emulator 模拟器中预览的效果如图 8-16 所示。单击下三角按钮，即可打开下拉菜单，如图 8-17 所示。

图 8-16　嵌入下拉菜单

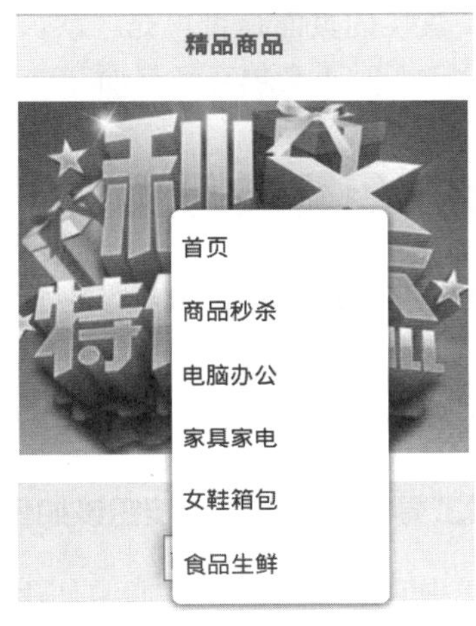

图 8-17　打开下拉菜单

8.6　设置工具栏

通过设置工具栏的属性，可以固定工具栏的效果。常见的工具栏的属性如下。

1. data-visible-on-page-show

该属性用于设置页面加载时是否显示固定工具栏。默认值为 true，表示显示固定工具栏。如果设置该属性值为 false，则隐藏固定工具栏。

例如，以下代码将隐藏固定工具栏：

```
<div data-role="footer" data-position="fixed" data-visible-on-page-show
="false"> </div>
```

2. data-disable-page-zoom

设置页面是否允许缩放。默认值为 true，表示禁止缩放页面。如果设置该属性值为 false，则允许对页面进行缩放。

3. data-transition

设置工具栏切换方式。默认值为 slide，表示为幻灯片方式；如果设置为 none，表示无动画效果；如果设置为 fade，表示淡入淡出动画效果。

例如，以下代码将设置切换方式为淡入淡出动画效果：

```
<div data-role="footer" data-position="fixed" data-transition ="fade"> </div>
```

4. data-fullscreen

设置是否以全屏方式显示固定工具栏。

例如，以下代码表示不以全屏方式显示固定工具栏：

```
<div data-role="footer" data-position="fixed" data-fullscreen ="false">   </div>
```

5. data-tap-toggle

该属性设置屏幕敲击后是否隐藏或显示工具栏。默认值为 true，表示敲击后隐藏或显示工具栏。如果设置为 false，则敲击后不会隐藏或显示工具栏。

6. data-update-page-padding

设置固定工具栏的页面是否填充。默认值为 true。如果设置该属性值为 false，则可能在方向切换或尺寸改变时不会填充新界面。

8.7 新手常见疑难问题

疑问 1：工具栏的固定模式和内联模式有什么区别?

固定模式下，轻击浏览器，工具栏就会被显示或者隐藏。如果工具栏是内联模式，则任何时候工具栏都会被显示在页面中。

疑问 2：页眉工具栏中只有一个按钮该如何设置位置?

如果工具栏中只有一个按钮，通常使用 ui-btn-left 和 ui-btn-right 两个类样式来设置按钮的位置。另外，为了确保页面切换时不会出现后退按钮，还需要将链接按钮的 data-add-back-btn 属性值设置为 false，从而不影响标题左侧按钮的显示效果。

8.8 实战技能训练营

实战 1：创建一个图书阅读器页面

创建一个图书阅读器页面，在 Opera Mobile Emulator 模拟器中预览的效果如图 8-18 所示。

图 8-18　图书阅读器页面

实战2：创建一个相册查看页面

创建一个相册查看页面，在 Opera Mobile Emulator 模拟器中预览的效果如图 8-19 所示。单击“下一张”按钮，即可进入下一页面，效果如图 8-20 所示。

图 8-19 程序初始效果　　图 8-20 下一页效果

第9章　设计列表视图和主题样式

本章导读

jQuery Mobile 针对页面内容的管理提供有列表视图功能，通过该功能可以将内容有序地排列和管理。和电脑相比，移动设备屏幕比较小，通过列表视图的方式可以更轻松地实现导航菜单的功能。用户在设计移动网站时，往往需要配置背景颜色、导航颜色、布局颜色，等等，这些工作是非常耗费时间的。为此，jQuery Mobile 提供了丰富的主题样式，用户可以直接调用样式，这样能大大缩减开发时间。本章将重点学习设计列表视图和主题样式方法及技巧。

知识导图

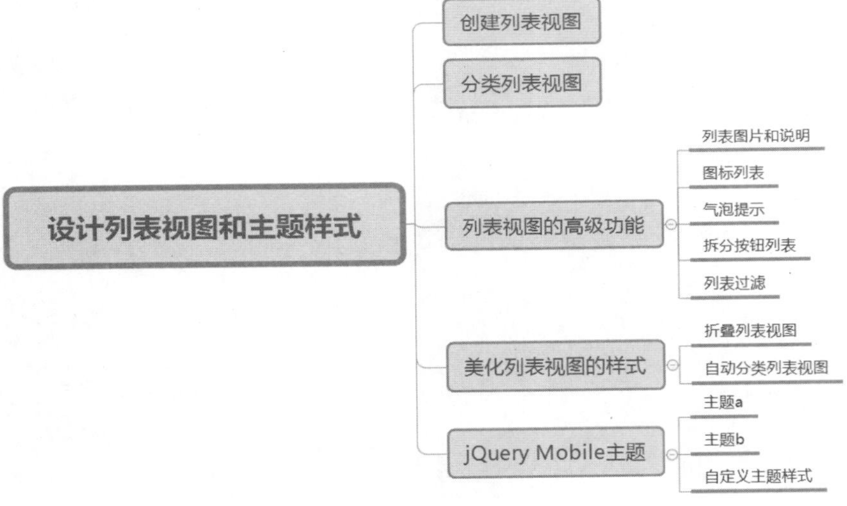

9.1 创建列表视图

jQuery Mobile 中的列表视图是标准的 HTML 列表，包括有序列表 <ol> 和无序列表 <ul>。列表视图是 jQuery Mobile 中功能强大的一个特性，它会使标准的无序或有序列表应用更广泛。

列表的使用方法非常简单，只需要在 <ul> 或 <ol> 标签中添加属性 data-role= “listview” 。每个项目（<li>）中都可以添加链接。

实例 1：创建列表视图

```
<!DOCTYPE html>
<html>
<head>
    <meta charset="UTF-8">
    <meta name="viewport" content="width=device-width, initial-scale=1">
    <link rel="stylesheet" href="jquery.mobile/jquery.mobile-1.4.5.min.css">
    <script src="jquery.min.js"></script>
    <script src="jquery.mobile/jquery.mobile-1.4.5.min.js"></script>
</head>
<body>
<div data-role="page" id="first">
    <div data-role="header">
        <h1>列表视图</h1>
    </div>
    <div data-role="content" class="content">
        <h2>本次考试成绩的名次：</h2>
        <ol data-role="listview">
            <li><a href="#">王笑笑</a></li>
            <li><a href="#">李儒梦</a></li>
            <li><a href="#">程孝天</a></li>
        </ol>
        <h2>本次考试成绩的科目：</h2>
        <ul data-role="listview">
            <li><a href="#">语文</a></li>
            <li><a href="#">数学</a></li>
            <li><a href="#">英语</a></li>
        </ul>
    </div>
</div>
</body>
</html>
```

在 Opera Mobile Emulator 模拟器中预览的效果如图 9-1 所示。

> **提示**：默认情况下，列表项的链接会自动变成一个按钮，此时不再需要使用 data-role= “button” 属性。

从结果可以看出，列表样式中没有边缘和圆角效果，这里可以通过设置属性 data-inset= “true” 来完成，代码如下：

```
<ul data-role="listview" data-inset="true">
```

上面案例的代码修改如下：

```
<div data-role="page" id="first">
    <div data-role="header">
        <h1>列表视图</h1>
    </div>
    <div data-role="content" class="content">
        <h2>本次考试成绩的名次：</h2>
        <ol data-role="listview" data-inset="true">
            <li><a href="#">王笑笑</a></li>
            <li><a href="#">李儒梦</a></li>
            <li><a href="#">程孝天</a></li>
        </ol>
        <h2>本次考试成绩的科目：</h2>
        <ul data-role="listview" data-inset="true">
            <li><a href="#">语文</a></li>
            <li><a href="#">数学</a></li>
            <li><a href="#">英语</a></li>
        </ul>
    </div>
</div>
```

在 Opera Mobile Emulator 模拟器中预览的效果如图 9-2 所示。

图 9-1　有序列表和无序列表

图 9-2　有边缘和圆角效果的列表

9.2　分类列表视图

如果列表项比较多，用户可以使用列表分割项对列表进行分组操作，使列表看起来更整齐。通过在列表项 <li> 标签中添加 data-role= “list-divider” 属性，即可指定列表分割。

实例 2：创建分类列表视图

```
<!DOCTYPE html>
<html>
```

```
<head>
  <meta charset="UTF-8">
  <meta name="viewport" content="width=device-width, initial-scale=1">
  <link rel="stylesheet" href="jquery.mobile/jquery.mobile-1.4.5.min.css">
  <script src="jquery.min.js"></script>
  <script src="jquery.mobile/jquery.mobile-1.4.5.min.js"></script>
</head>
<body>
<div data-role="page" id="first">
  <div data-role="header">
    <h1>分类列表视图</h1>
  </div>
  <div data-role="content" class="content">
    <ul data-role="listview">
      <li data-role="list-divider">项目部</li>
      <li><a href="#">张可</a></li>
      <li><a href="#">王蒙</a></li>
      <li data-role="list-divider">营销部</li>
      <li><a href="#">李丽</a></li>
      <li><a href="#">华章</a></li>
      <li data-role="list-divider">财务部</li>
      <li><a href="#">张晓</a></li>
      <li><a href="#">牛莉</a></li>
    </ul>
  </div>
</div>
</body>
</html>
```

图 9-3　对列表进行分割后的效果

在 Opera Mobile Emulator 模拟器中预览的效果如图 9-3 所示。

9.3 列表视图的高级功能

在列表内容中，既可以添加图片和说明，也可以添加计数泡泡，同时还能拆分按钮和列表的链接。

9.3.1 列表图片和说明

前面做的案例中，列表项目前没有图片或说明，下面来讲述如何添加图片和说明。列表前面添加的图片也叫缩微图，位于列表项的前面，通过在列表项目前面添加 <img> 标签，jQuery Mobile 会将该图片自动缩放成边长为 80 像素的正方形微缩图。

实例 3：添加列表图片和说明

```
<!DOCTYPE html>
<html>
<head>
  <meta charset="UTF-8">
  <meta name="viewport" content="width=device-width, initial-scale=1">
  <link rel="stylesheet" href="jquery.mobile/jquery.mobile-1.4.5.min.css">
  <script src="jquery.min.js"></script>
  <script src="jquery.mobile/jquery.mobile-1.4.5.min.js"></script>
</head>
<body>
```

```
<div data-role="page" id="first">
  <div data-role="header">
    <h1>列表图片和说明</h1>
  </div>
  <div data-role="content" class="content">
    <ul data-role="listview">
      <li>
        <a href="#">
          <img src="1.jpg">
          <h3>苹果</h3>
          <p>苹果中的胶质和微量元素铬能<br/>保持血糖的稳定，还能有效地<br/>降低胆固醇
          </p>
        </a>
      </li>
    </ul>
  </div>
</div>
</body>
</html>
```

在 Opera Mobile Emulator 模拟器中预览的效果如图 9-4 所示。

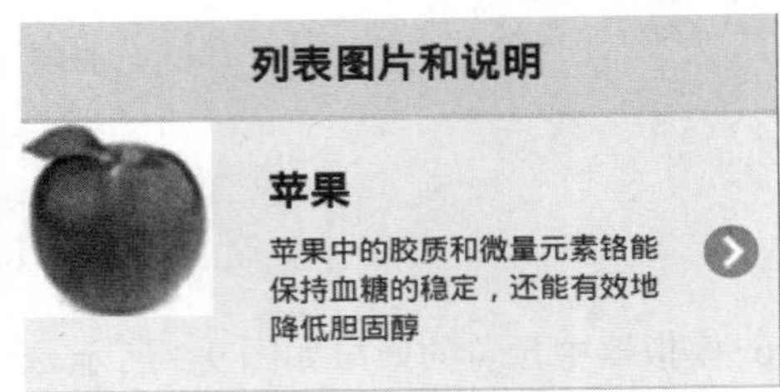

图 9-4　加入图片和说明效果

9.3.2　图标列表

创建图标列表和添加列标图片类似，不同的是需要给 <img> 标签添加 class= “ui-li-icon” 类属性，这样才能正常地在列表的左侧显示图标。

▍实例 4：创建图标列表

```
<!DOCTYPE html>
<html>
<head>
  <meta charset="UTF-8">
  <meta name="viewport" content="width=device-width, initial-scale=1">
  <link rel="stylesheet" href="jquery.mobile/jquery.mobile-1.4.5.min.css">
  <script src="jquery.min.js"></script>
  <script src="jquery.mobile/jquery.mobile-1.4.5.min.js"></script>
</head>
<body>
  <div data-role="header">
    <h1>热销水果</h1>
  </div>
  <div data-role="content">
    <ul data-role="listview">
      <li><a href="#"><img src="2.jpg"/>下面的水果是最<br/>热销的。欢迎大<br/>家立即
```

```
下单选购！</a></li>
        <li><a href="#"><img src="1.jpg" class="ui-li-icon" />苹果</a></li>
        <li><a href="#"><img src="3.jpg" class="ui-li-icon" />橘子</a></li>
        <li><a href="#"><img src="4.jpg" class="ui-li-icon" />葡萄</a></li>
      </ul>
    </div>
    <div data-role="footer">
      <h4>精品水果</h4>
    </div>
  </div>
  </body>
  </html>
```

在 Opera Mobile Emulator 模拟器中预览的效果如图 9-5 所示。

图 9-5　图标列表

9.3.3　气泡提示

计数泡泡主要是在列表中显示数字或文字时使用，只需要在 <li> 标签加入 ui-li-count 类属性即可：

```
<span class="ui-li-count">数字</span>
```

实例 5：添加气泡提示

```
<!DOCTYPE html>
<html>
<head>
  <meta charset="UTF-8">
  <meta name="viewport" content="width=device-width, initial-scale=1">
  <link rel="stylesheet" href="jquery.mobile/jquery.mobile-1.4.5.min.css">
  <script src="jquery.min.js"></script>
  <script src="jquery.mobile/jquery.mobile-1.4.5.min.js"></script>
</head>
<body>
<div data-role="header">
  <h1>热销水果</h1>
</div>
<div data-role="content">
  <ul data-role="listview">
    <li><a href="#"><img src="2.jpg" />下面的水果是最<br />热销的。欢迎大<br />家立
              即下单选购！</a></li>
    <li><a href="#"><img src="1.jpg" class="ui-li-icon" />苹果<span class="ui-
                   li-count">100</span></a></li>
    <li><a href="#"><img src="3.jpg" class="ui-li-icon" />橘子<span class="ui-
                   li-count">666</span></a></li>
    <li><a href="#"><img src="4.jpg" class="ui-li-icon" />葡萄<span class="ui-
             li-count">价格：3元没公斤</span></a></li>
  </ul>
</div>
<div data-role="footer">
  <h4>精品水果</h4>
</div>
</div>
</body>
</html>
```

在 Opera Mobile Emulator 模拟器中预览的效果如图 9-6 所示。

图 9-6　加入计数泡泡

9.3.4　拆分按钮列表

默认情况下，单击列表项或按钮，都是转向同一个链接。用户也可以拆分按钮和列表项的链接，这样单击按钮或列表项时，会转向不同的链接。设置方法比较简单，只需要在 <li> 标签中加入两组 <a> 标签即可。

实例 6：拆分按钮列表

```
<!DOCTYPE html>
<html>
<head>
  <meta charset="UTF-8">
  <meta name="viewport" content="width=device-width, initial-scale=1">
  <link rel="stylesheet" href="jquery.mobile/jquery.mobile-1.4.5.min.css">
  <script src="jquery.min.js"></script>
  <script src="jquery.mobile/jquery.mobile-1.4.5.min.js"></script>
</head>
<body>
<div data-role="page" id="first">
  <div data-role="header">
    <h1>列表图片和说明</h1>
  </div>
  <div data-role="content" class="content">
    <ul data-role="listview">
      <li>
        <a href="1.html">
          <img src="1.jpg">
          <h3>苹果</h3>
      <p>苹果中的胶质和微量元素铬能<br />保持血糖的稳定，还能有效地<br />降低胆固醇</p>
        </a>
        <a href="2.html" data-icon="star"></a>
      </li>
    </ul>
  </div>
</div>
</body>
</html>
```

在 Opera Mobile Emulator 模拟器中预览的效果如图 9-7 所示。

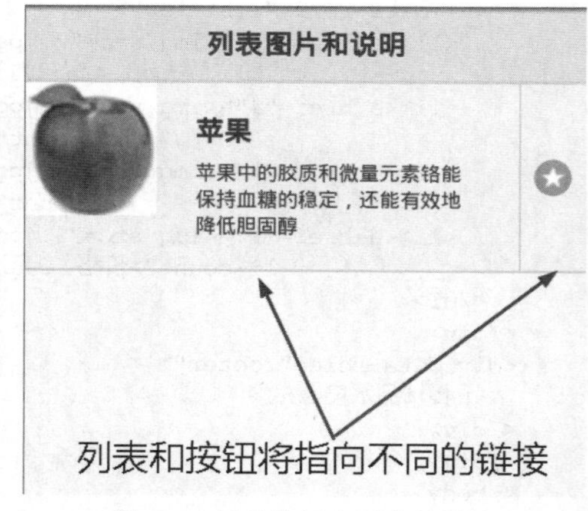

图 9-7　拆分按钮和列表的链接

9.3.5　列表过滤

在 jQuery Mobile 中，用户可以对列表项目进行搜索过滤。添加过滤效果的思路如下。

（1）创建一个表单，并添加类 ui-filterable，该类的作用是自动调整搜索字段与过滤元素的外边距，代码如下：

```
<form class="ui-filterable">
</form>
```

（2）在 <form> 标签内创建一个 <input> 标签，并添加 data-type=“search”属性，再指定 id，从而创建基本的搜索字段，代码如下：

```
<form class="ui-filterable">
  <input id="myFilter" data-type="search">
</form>
```

（3）为过滤的列表添加 data-input 属性，该值为 <input> 标签的 id，代码如下：

```
<ul data-role="listview" data-filter="true" data-input="#myFilter">
```

下面通过一个案例来理解列表是如何过滤的。

实例 7：创建商品动态过滤页面

```
<!DOCTYPE html>
<html>
<head>
    <meta charset="UTF-8">
    <meta name="viewport" content="width=device-width, initial-scale=1">
    <link rel="stylesheet" href="jquery.mobile/jquery.mobile-1.4.5.min.css">
    <script src="jquery.min.js"></script>
    <script src="jquery.mobile/jquery.mobile-1.4.5.min.js"></script>
</head>
<body>
<div data-role="page" id="first">
    <div data-role="content" class="content">
        <h2>商品动态过滤功能</h2>
        <form>
            <input id="myFilter" data-type="search"><br />
        </form>
        <ul data-role="listview" data-filter="true" data-input="#myFilter">
            <li><a href="#">红苹果</a></li>
            <li><a href="#">红心萝卜</a></li>
            <li><a href="#">西红柿</a></li>
            <li><a href="#">蓝莓</a></li>
            <li><a href="#">西瓜</a></li>
            <li><a href="#">青苹果</a></li>
            <li><a href="#">草莓</a></li>
        </ul>
    </div>
</div>
</body>
</html>
```

在 Opera Mobile Emulator 模拟器中预览的效果如图 9-8 所示。输入需要过滤的关键字，例如，这里搜索包含“红”字的商品，结果如图 9-9 所示。

图 9-8　程序预览效果

图 9-9　列表过滤后的效果

9.4　美化列表视图的样式

本节学习美化列表视图样式的方法。

9.4.1　折叠列表视图

通过折叠列表视图，可以将列表的内容折叠起来，仅仅显示列表的名称。通过单击列表的名称可以展开列表，再次单击还可以将其折叠起来。实现折叠列表的方法比较简单，只需要在列表视图之外增加一个 data-role 为 collapsible 的 div 容器。

实例 8：创建折叠列表

```
<!DOCTYPE html>
<html>
<head>
  <meta charset="UTF-8">
  <meta name="viewport" content="width=device-width, initial-scale=1">
  <link rel="stylesheet" href="jquery.mobile/jquery.mobile-1.4.5.min.css">
  <script src="jquery.min.js"></script>
  <script src="jquery.mobile/jquery.mobile-1.4.5.min.js"></script>
</head>
<body>
<div data-role="page" id="first">
  <div data-role="header">
    <h1>折叠列表</h1>
  </div>
  <div data-role="content" class="content">
    <h2>请选择您需要的商品：</h2>
    <div data-role="collapsible" >
      <h3>家用电器</h3>
      <ul data-role="listview">
        <li>洗衣机</li>
        <li>冰箱</li>
        <li>空调</li>
        <li>电视机</li>
```

```
        </ul>
      </div>
      <div data-role="collapsible" >
        <h3>电脑办公</h3>
        <ul data-role="listview">
          <li>电脑</li>
          <li>笔记本</li>
          <li>投影仪</li>
          <li>打印机</li>
        </ul>
      </div>
      <div data-role="collapsible" >
        <h3>智能设备</h3>
        <ul data-role="listview">
          <li>手机</li>
          <li>手环</li>
          <li>扫地机器人</li>
        </ul>
      </div>
    </div>
  </div>
</div>
</body>
</html>
```

在Opera Mobile Emulator模拟器中预览的效果如图9-10所示。展开列表后的效果如图9-11所示。

图9-10 列表折叠的效果

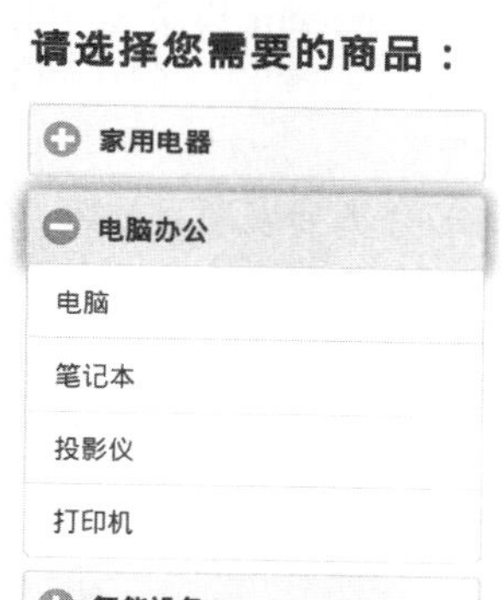

图9-11 展开列表后的效果

9.4.2 自动分类列表视图

自动分类列表是根据第一个字符或第一个函数进行自动分类排列。分类排列列表有助于用户快速查找需要的内容。实现自动分类列表视图比较简单，首先，在列表内容排序之后再输出到列表视图中；然后，添加data-autodividers="true"属性，即可自动生成分类列表视图。

实例 9：创建自动分类列表视图

```
<!DOCTYPE html>
<html>
<head>
  <meta charset="UTF-8">
  <meta name="viewport" content="width=device-width, initial-scale=1">
  <link rel="stylesheet" href="jquery.mobile/jquery.mobile-1.4.5.min.css">
  <script src="jquery.min.js"></script>
  <script src="jquery.mobile/jquery.mobile-1.4.5.min.js"></script>
</head>
<body>
<div data-role="page" id="first">
  <div data-role="header">
    <h1>自动分类列表视图</h1>
  </div>
  <div data-role="content" class="content">
    <ul data-role="listview" data-autodividers="true">
      <li><a href="#">Apricot</a></li>
      <li><a href="#">Apple</a></li>
      <li><a href="#">Bramley</a></li>
      <li><a href="#">Banana</a></li>
      <li><a href="#">Cherry</a></li>
    </ul>
  </div>
</div>
</body>
</html>
```


图 9-12　自动分类列表视图的效果

在 Opera Mobile Emulator 模拟器中预览的效果如图 9-12 所示。从结果可以看出，创建的分类文本是列表项文本的第一个字母。

折叠列表和自动分类列表混合使用，有利于用户在有限的界面上快速寻找需要的内容，下面通过案例来进行学习。

实例 10：折叠列表和自动分类列表的混合使用

```
<!DOCTYPE html>
<html>
<head>
  <meta charset="UTF-8">
  <meta name="viewport" content="width=device-width, initial-scale=1">
  <link rel="stylesheet" href=""jquery.mobile/jquery.mobile-1.4.5.min.css">
  <script src="jquery.min.js"></script>
  <script src="jquery.mobile/jquery.mobile-1.4.5.min.js"></script>
</head>
<body>
<section id="mainPage" data-role="page" >
  <header data-role="header">
    <h1>折叠列表和自动分类</h1>
  </header>
  <div data-role="collapsible">
    <h2>精品水果</h2>
    <ul data-role="listview" data-autodividers="true">
```

```
        <li><a href="#">Apricot</a></li>
        <li><a href="#">Apple</a></li>
        <li><a href="#">Bramley</a></li>
        <li><a href="#">Banana</a></li>
        <li><a href="#">Cherry</a></li>
      </ul>
    </div>
    <div data-role="collapsible">
      <h2>精品蔬菜</h2>
      <ul data-role="listview" data-autodividers="true">
        <li><a href="#">arrowhead</a></li>
        <li><a href="#">beans</a></li>
        <li><a href="#">beet </a></li>
        <li><a href="#">broccoli </a></li>
        <li><a href="#">cucumber</a></li>
        <li><a href="#">cauliflower</a></li>
        <li><a href="#">chives</a></li>
      </ul>
    </div>
</section>
</body>
</html>
```

在 Opera Mobile Emulator 模拟器中预览效果如图 9-13 所示。展开“精品水果”列表后，自动分类列表的效果如图 9-14 所示。

图 9-13 列表折叠的效果

图 9-14 展开列表后自动分类的效果

9.5 jQuery Mobile 主题

jQuery Mobile 有两种比较常用的主题样式，每种主题的按钮、导航、内容等的颜色都是配置好的，效果也不相同。

这两种主题分别为 a 和 b，通过设置 data-theme 属性可引用主题 a 或 b，代码如下：

```
<div data-role="page" id="first" data-theme="a">
<div data-role="page" id="first" data-theme="b">
```

9.5.1 主题 a

页面为灰色背景、黑色文字；头部与底部均为灰色背景、黑色文字；按钮为灰色背景、黑色文字；激活的按钮和链接为白色文本、蓝色背景；input 输入框中 placeholder 属性值为浅灰色，value 值为黑色。

下面通过一个案例来介绍主题 a 的样式效果。

实例 11：使用主题 a 的样式

```
<!DOCTYPE html>
<html>
<head>
    <meta charset="UTF-8">
    <meta name="viewport" content="width=device-width, initial-scale=1">
    <link rel="stylesheet" href="jquery.mobile/jquery.mobile-1.4.5.min.css">
    <script src="jquery.min.js"></script>
    <script src="jquery.mobile/jquery.mobile-1.4.5.min.js"></script>
</head>
<body>
<div data-role="page" id="first" data-theme="a">
    <div data-role="header">
        <h1>古诗鉴赏</h1>
    </div>
    <div data-role="content " class="content">
          <p>秋风起兮白云飞，草木黄落兮雁南归。兰有秀兮菊有芳，怀佳人兮不能忘。泛楼船兮济汾
河，横中流兮扬素波。</p>
        <a href="#">秋风辞</a>
        <a href="#" class="ui-btn">更多古诗</a>
        <p>唐诗:</p>
        <ul data-role="listview" data-autodividers="true" data-inset="true">
            <li><a href="#">将进酒</a></li>
            <li><a href="#">春望</a></li>
        </ul>
        <label for="fullname">请输入喜欢诗的名字:</label>
           <input type="text" name="fullname" id="fullname" placeholder="诗词名
称..">
        <label for="switch">切换开关:</label>
        <select name="switch" id="switch" data-role="slider">
            <option value="on">On</option>
            <option value="off" selected>Off</option>
        </select>
    </div>
    <div data-role="footer">
        <h1>经典诗歌</h1>
    </div>
</div>
</body>
</html>
```

主题 a 的样式效果如图 9-15 所示。

9.5.2 主题 b

页面为黑色背景、白色文字；头部与底部均为黑色背景、白色文字；按钮为白色文字、木炭背景；激活的按钮和链接为白色文本、蓝色背景；input 输入框中 placeholder 属性值为

浅灰色、value 值为白色。

为了对比主题 a 的样式效果，将上一节案例的中代码：

```
<div data-role="page" id="first" data-theme="a">
```

修改如下：

```
<div data-role="page" id="first" data-theme="b">
```

主题 b 的样式效果如图 9-16 所示。

图 9-15　主题 a 样式效果

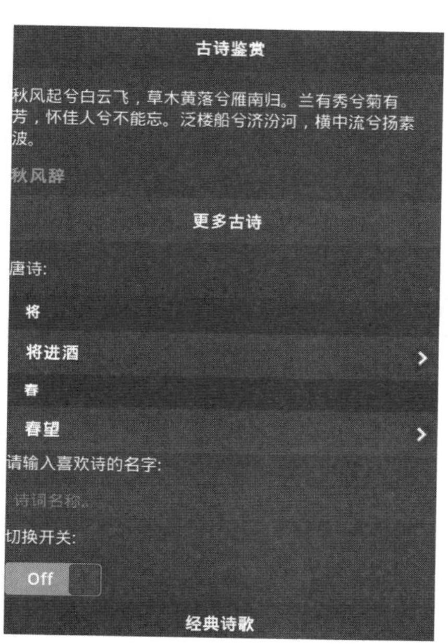

图 9-16　主题 b 样式效果

9.5.3　自定义主题样式

主题样式 a 和主题样式 b 不仅仅可以应用到页面，也可以单独地应用到页面的头部、内容、底部、导航栏、按钮、面板、列表、表单等元素上。

例如，将主题样式 b 添加到页面的头部和底部，代码如下：

```
<div data-role="header" data-theme="b"></div>
<div data-role="footer" data-theme="b"></div>
```

将主题样式 b 添加到对话框的头部和底部，代码如下：

```
<div data-role="page" data-dialog="true" id="second">
  <div data-role="header" data-theme="b"></div>
  <div data-role="footer" data-theme="b"></div>
</div>
```

将主题样式 b 添加到按钮上时，需要使用 class= “ui-btn ui-btn-a | b ” 来设置按钮颜色为灰色或黑色。例如，将样式 b 应用到按钮上，代码如下：

```
<a href="#" class="ui-btn">灰色按钮(默认)</a>
<a href="#" class="ui-btn ui-btn-b">黑色按钮</a>
```

预览效果如图 9-17 所示。

图 9-17　按钮添加主题后的效果

在弹窗上应用主题样式的代码如下：

```
<div data-role="popup" id="myPopup" data-theme="b">
```

在头部和底部的按钮上也可以添加主题样式，例如以下代码：

```
<div data-role="header">
  <a href="#" class="ui-btn ui-btn-b">主页</a>
  <h1>古诗欣赏</h1>
  <a href="#" class="ui-btn">搜索</a>
</div>

<div data-role="footer">
   <a href="#" class="ui-btn ui-btn-b">上传古诗图文</a>
  <a href="#" class="ui-btn">名句欣赏鉴别</a>
  <a href="#" class="ui-btn ui-btn-b">联系我们</a>
</div>
```

预览效果如图 9-18 所示。

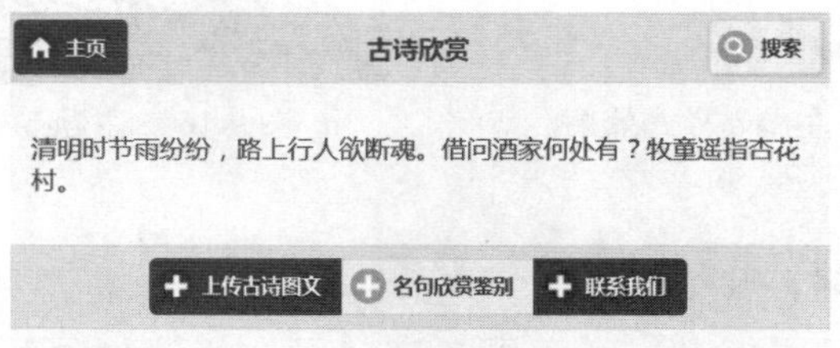

图 9-18　头部和底部的按钮添加主题后的效果

9.6　新手常见疑难问题

疑问 1：如何在搜索框中添加提示文字？

如果需要在搜索框内添加提示信息，可以通过设置 placeholder 属性来完成，代码如下：

```
<input id="myFilter" data-type="search" placeholder="请输入需要的商品">
```

疑问 2：如何在面板上添加主题样式 b？

在面板上添加主题样式的方法比较简单，代码如下：

```
<div data-role="panel" id="myPanel" data-theme="b">
```

面板添加主题样式 b 后的效果如图 9-19 所示。

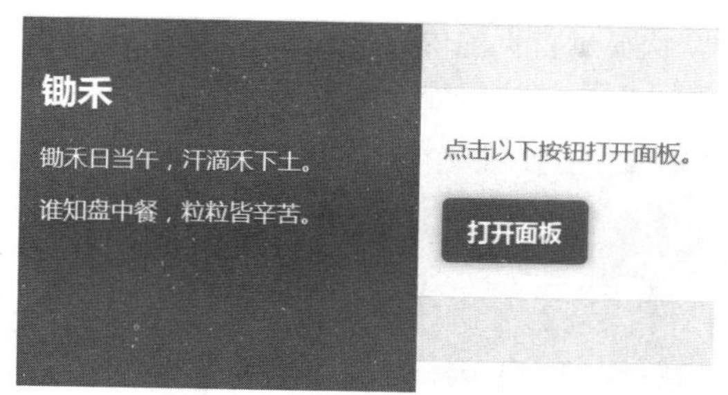

图 9-19　面板添加主题后的效果

疑问 3：为什么添加主题样式 c 后没有效果?

在 jQuery Mobile 1.4.5 版本中提供了两套默认主题样式，分别是样式 a 和 b。在更早的版本，jQuery Mobile 1.1.1 版本中提供了 5 套默认主题样式，分别是样式 a、b、c、d 和 e。所以使用 jQuery Mobile 1.4.5 版本时，主题 c、d 和 e 就没有效果了。

9.7　实战技能训练营

实战 1：创建一个商品列表页面

创建一个商品列表页面，在 Opera Mobile Emulator 模拟器中预览的效果如图 9-20 所示。在搜索栏中输入“满一百”，即可快速过滤出需要的商品，如图 9-21 所示。

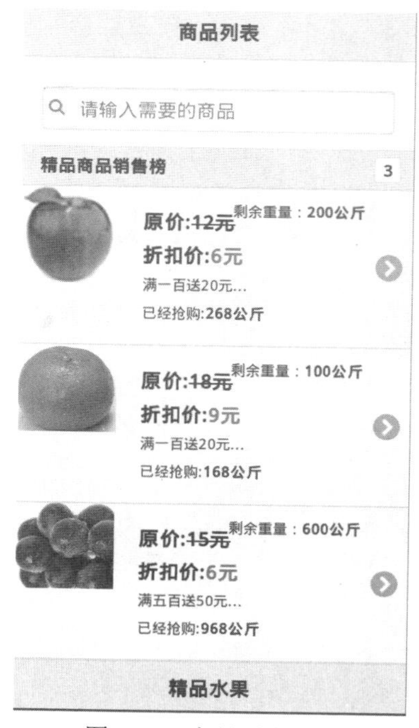

图 9-20　商品列表页面

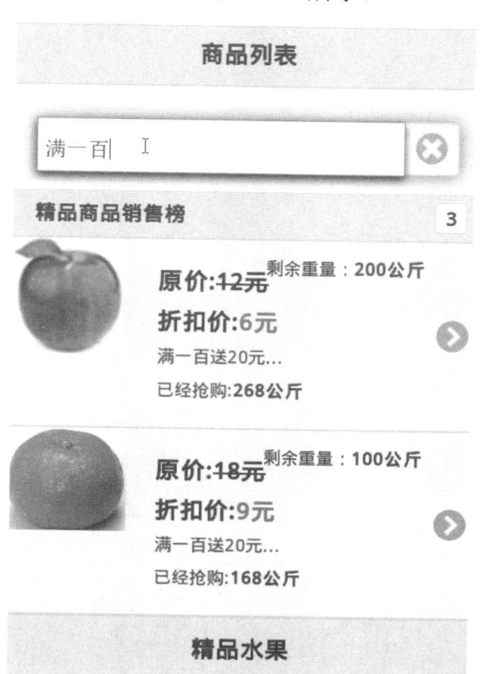

图 9-21　商品过滤后的效果

实战 2：创建一个在线商城的主页

创建一个在线商城的主页，使用主题样式 b，在 Opera Mobile Emulator 模拟器中预览的效果如图 9-22 所示。此时默认显示首页的内容，“主页”导航按钮处于选中状态。切换到“秒杀商品”页面后，“秒杀商品”导航按钮处于选中状态，如图 9-23 所示。

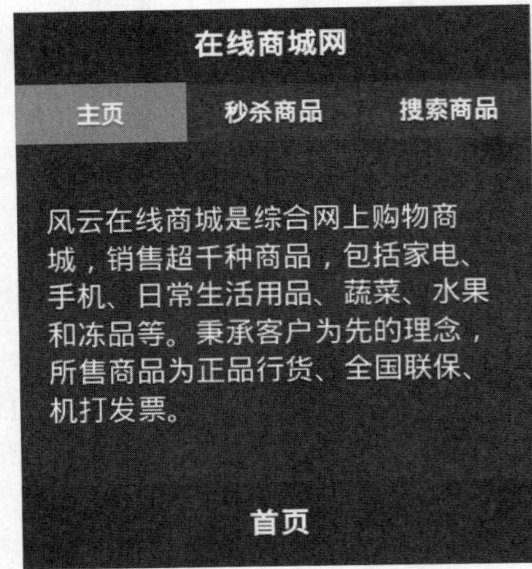

图 9-22　在线商城的主页

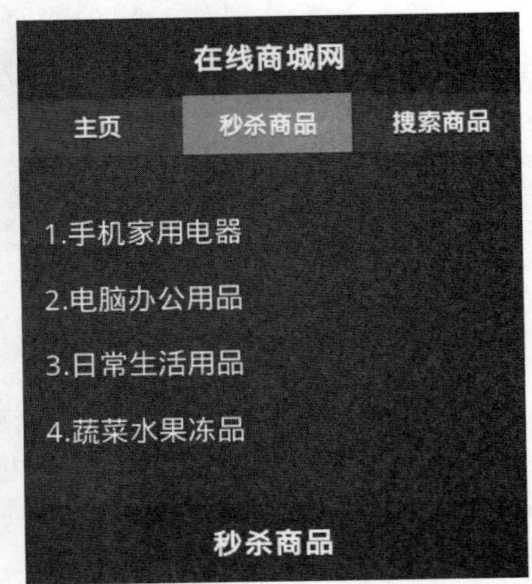

图 9-23　“秒杀商品”导航按钮处于选中状态

第10章 jQuery Mobile事件

本章导读

页面有了事件就有了“灵魂”，可见事件对于页面是多么重要。事件使页面具有动态性和响应性，如果没有事件，将很难完成页面与用户之间的交互。jQuery Mobile 针对移动端提供了各种浏览器事件，包括页面事件、触摸事件、滚屏事件、定位事件等。本章就来介绍如何使用 jQuery Mobile 的事件。

知识导图

10.1 页面事件

jQuery Mobile 针对各个页面生命周期的事件可以分为以下几种。

（1）初始化事件：分别在页面初始化之前、页面创建时和页面创建后触发的事件。

（2）外部页面加载事件：外部页面加载时触发事件。

（3）页面过渡事件：页面过渡时触发事件。

使用 jQuery Mobile 事件的方法比较简单，只需要使用 on() 方法指定要触发的时间并设定事件处理函数即可，语法格式如下：

```
$(document).on(事件名称,选择器,事件处理函数)
```

其中“选择器”为可选参数，如果省略该参数，表示事件应用于整个页面而不限定于哪一个组件。

10.1.1 初始化事件

初始化事件发生的时间包括页面初始化之前、页面创建时和页面创建后。下面将详细介绍初始化事件。

1. Mobileinit

当 jQuery Mobile 开始执行时，首先会触发 mobileinit 事件。如果想更改 jQuery Mobile 的默认值，可以将函数绑定到 mobileinit 事件。语法格式如下：

```
$(document).on("mobileinit",function(){
   // jQuery 事件
});
```

例如，jQuery Mobile 开始执行任何操作时都会使用 Ajax 的方式，如果不想使用 Ajax，可以在 mobileinit 事件中将 $.mobile.ajaxEnabled 更改为 false，代码如下：

```
$(document).on("mobileinit",function(){
  $.mobile.ajaxEnabled=false;
});
```

这里需要注意的是，上面的代码要放在引用 jquery.mobile.js 之前。

2. jQuery Mobile Initialization 事件

jQuery Mobile Initialization 事件主要包括 pagebeforecreate 事件、pagecreate 事件和 pageinit 事件，它们的区别如下。

（1）pagebeforecreate 事件：发生在页面 DOM 加载后，正在初始化时，语法格式如下。

```
$(document).on("pagebeforecreate",function(){
   // 程序语句
});
```

（2）pagecreate 事件：发生在页面 DOM 加载完成，初始化也完成时，语法格式如下。

```
$(document).on("pagecreate",function(){
   // 程序语句
});
```

（3）pageinit 事件：发生在页面初始化完成以后，语法格式如下。

```
$(document).on("pageinit",function(){
   // 程序语句
});
```

实例 1：使用 jQuery Mobile Initialization 事件

```
<!DOCTYPE html>
<html>
<head>
    <meta charset="UTF-8">
    <meta name="viewport" content="width=device-width, initial-scale=1">
    <link rel="stylesheet" href="jquery.mobile/jquery.mobile-1.4.5.min.css">
    <script src="jquery.min.js"></script>
    <script src="jquery.mobile/jquery.mobile-1.4.5.min.js"></script>
    <script>
        $(document).on("pagebeforecreate",function(){
            alert("注意：pagebeforecreate事件开始触发");
        });
        $(document).on("pagecreate",function(){
            alert("注意：pagecreate事件开始触发");
        });
        $(document).on("pageinit",function(){
            alert("注意：pageinit事件开始触发");
        });
    </script>
</head>
<body>
<div data-role="page" id="first">
    <div data-role="header">
        <h1>古诗欣赏</h1>
    </div>
    <div data-role="main" class="ui-content">
        <p>几回花下坐吹箫，银汉红墙入望遥。</p>
        <a href="#second">下一页</a>
    </div>
    <div data-role="footer">
        <h1>清代诗人</h1>
    </div>
</div>
<div data-role="page" id="second">
    <div data-role="header">
        <h1>古诗欣赏</h1>
    </div>
    <div data-role="main" class="ui-content">
        <p>似此星辰非昨夜，为谁风露立中宵。</p>
        <a href="#first">上一页</a>
    </div>
    <div data-role="footer">
        <h1>经典诗词</h1>
    </div>
```

```
</div>
</body>
</html>
```

在 Opera Mobile Emulator 模拟器中预览程序的效果，这三个事件的执行顺序如图 10-1 所示。三次单击“确定”按钮后，结果如图 10-2 所示。单击“下一页”链接，将重新执行上述三个事件。

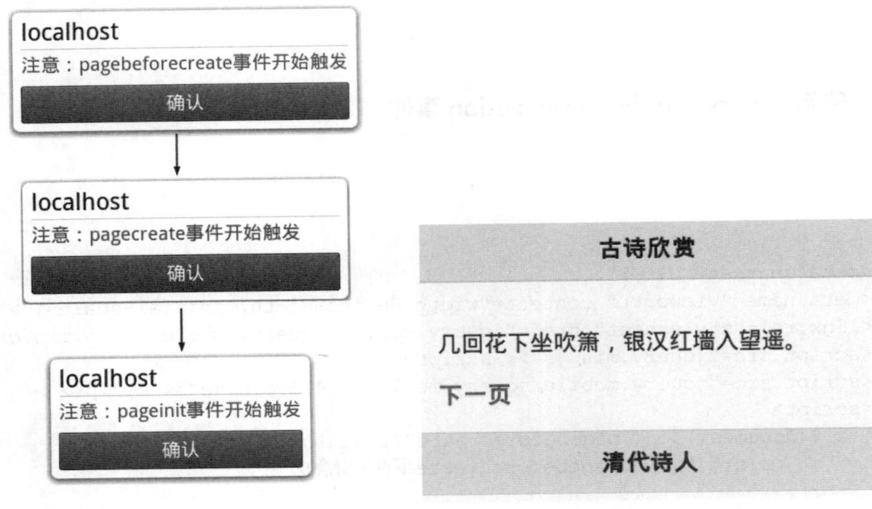

图 10-1　初始化事件　　　　图 10-2　页面最终效果

10.1.2　外部页面加载事件

加载外部页面时，最常见的加载事件如下。

1. pagebeforeload 事件

pagebeforeload 事件在外部页面加载前触发，语法格式如下：

```
<script>
$(document).on("pagebeforeload",function(){
    alert("有外部文件将要被加载");
});
</script>
```

2. pageload 事件

当页面加载成功时，触发 pageload 事件。语法格式如下：

```
<script>
$(document).on("pageload",function(event,data){
    alert("pageload事件触发!\nURL: " + data.url);
});
</script>
```

pageload 事件的 function 的参数含义如下。

（1）event：任何 jQuery 的事件属性，例如 event.type、event.pageX 和 target 等。

（2）data：data 包含以下属性。

- url：页面的 URL 地址，是字符串类型。
- absUrl：绝对地址，是字符串类型。
- dataUrl：地址栏 URL，是字符串类型。
- options：$.mobile.loadPage() 指定的选项，是对象类型。
- xhr：XMLHttpRequest 对象，是对象类型。
- textStatus：对象状态或空值，返回状态。

3. pageloadfailed 事件

如果页面载入失败，触发 pageloadfailed 事件。默认地，将显示 Error Loading Page 消息。语法格式如下：

```
$(document).on("pageloadfailed",function(event,data){
    alert("抱歉，被请求页面不存在。");
});
</script>
```

实例 2：外部页面加载事件

```
<!DOCTYPE html>
<html>
<head>
    <meta charset="UTF-8">
    <meta name="viewport" content="width=device-width, initial-scale=1">
    <link rel="stylesheet" href="jquery.mobile/jquery.mobile-1.4.5.min.css">
    <script src="jquery.min.js"></script>
    <script src="jquery.mobile/jquery.mobile-1.4.5.min.js"></script>
    <script>
        $(document).on("pageload",function(event,data){
            alert("pageload事件触发!\nURL: " + data.url);
        });
        $(document).on("pageloadfailed",function(){
            alert("抱歉，被请求页面不存在。");
        });
    </script>
</head>
<body>
<div data-role="page" id="first">
    <div data-role="header">
        <h1>古诗欣赏</h1>
    </div>
    <div data-role="content" class="content">
        <p>众鸟高飞尽，孤云独去闲。相看两不厌，只有敬亭山。</p>
        <a href="123.1.html" >上一页</a>
        <a href="1.html" rel="external">下一页</a>
    </div>
    <div data-role="footer">
        <h1>经典诗词</h1>
    </div>
</div>
</body>
</html>
```

在 Opera Mobile Emulator 模拟器中预览的效果如图 10-3 所示。单击“上一页”按钮，结果如图 10-4 所示。

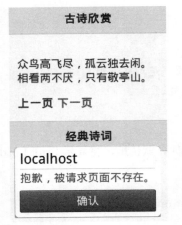

图 10-3　触发 pageloadfailed 事件

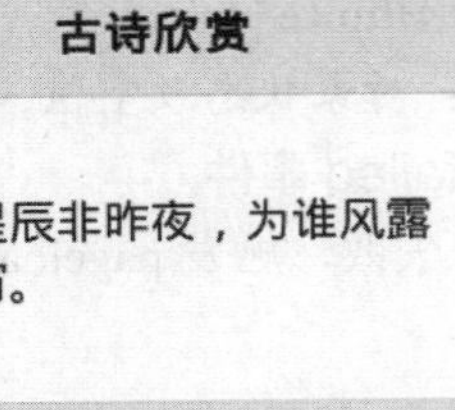

图 10-4

10.1.3　页面过渡事件

在 jQuery Mobile 中，从当前页面过渡到下一页时，会触发以下几个事件。

（1）pagebeforeshow 事件：在当前页面触发，在过渡动画开始前。

（2）pageshow 事件：在当前页面触发，在过渡动画完成后。

（3）pagebeforehide 事件：在下一页触发，在过渡动画开始前。

（4）pagehide 事件：在下一页触发，在过渡动画完成后。

实例 3：页面过渡事件

```
<!DOCTYPE html>
<html>
<head>
    <meta charset="UTF-8">
    <meta name="viewport" content="width=device-width, initial-scale=1">
    <link rel="stylesheet" href="jquery.mobile/jquery.mobile-1.4.5.min.css">
    <script src="jquery.min.js"></script>
    <script src="jquery.mobile/jquery.mobile-1.4.5.min.js"></script>
    <script>
        $(document).on("pagebeforeshow","#second",function(){
            alert("触发 pagebeforeshow 事件，下一页即将显示");
        });
        $(document).on("pageshow","#second",function(){
            alert("触发 pageshow 事件，现在显示下一页");
        });
        $(document).on("pagebeforehide","#second",function(){
            alert("触发 pagebeforehide 事件，下一页即将隐藏");
        });
        $(document).on("pagehide","#second",function(){
            alert("触发 pagehide 事件，现在隐藏下一页");
        });</script>
</head>
<body>
<div data-role="page" id="first">
    <div data-role="header">
        <h1>在线商城</h1>
```

```
        </div>
        <div data-role="content" class="content">
            <h3>今日秒杀商品如下：</h3>
            <p>1. 干果大礼包 69.99元每袋</p>
            <p>2. 零食大礼包 39.99元每袋</p>
            <p>3. 水果大礼包 89.99元每袋</p>
            <p>4. 辣条大礼包 19.99元每袋</p>
            <a href="#second">下一页</a>
        </div>
        <div data-role="footer">
            <h1>秒杀商品</h1>
        </div>
    </div>

    <div data-role="page" id="second">
        <div data-role="header">
            <h1>在线商城</h1>
        </div>
        <div data-role="content" class="content">
            <h3>今日拼团商品如下：</h3>
            <p>1. 饮料 5元每瓶</p>
            <p>2. 零食 2元每袋</p>
            <p>3. 香蕉 2元每公斤</p>
            <p>4. 苹果 3元每公斤</p>
            <a href="#first">上一页</a>
        </div>
        <div data-role="footer">
            <h1>拼团抢购</h1>
        </div>
    </div>
    </body>
    </html>
```

在 Opera Mobile Emulator 模拟器中预览效果如图 10-5 所示。单击“下一页”按钮，事件触发顺序如图 10-6 所示。

图 10-5 程序预览效果

图 10-6 当前页面触发事件顺序

单击两次“确定”按钮，进入下一页中，如图 10-7 所示。单击“上一页”按钮，事件触发顺序如图 10-8 所示。

在线商城

今日拼团商品如下：

1. 饮料 5元每瓶

2. 零食 2元每袋

3. 香蕉 2元每公斤

4. 苹果 3元每公斤

上一页

拼团抢购

图 10-7　下一页页面效果

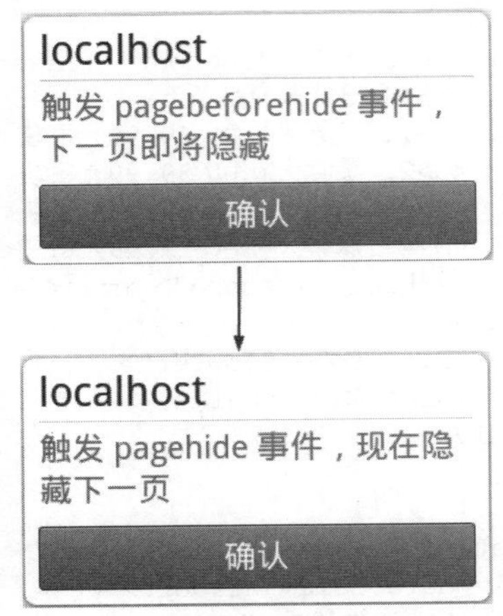

图 10-8　下一页触发事件顺序

10.2　触摸事件

jQuery Mobile 针对移动端浏览器提供了触摸事件，表示当用户触摸屏幕时触发的事件，包括点击事件和滑动事件。

10.2.1　点击事件

点击事件包括 tap 事件和 taphold 事件，下面将详细介绍它们的用法和区别。

1. tap 事件

当用户点击页面上的元素时，会触发点击（tap）事件，语法如下：

```
$("p").on("tap",function(){
    $(this).hide();
});
```

上面代码的作用是点击 p 组件后，会将该组件隐藏。

实例 4：使用点击事件

```
<!DOCTYPE html>
<html>
<head>
    <meta charset="UTF-8">
    <meta name="viewport" content="width=device-width, initial-scale=1">
    <link rel="stylesheet" href="jquery.mobile/jquery.mobile-1.4.5.min.css">
    <script src="jquery.min.js"></script>
    <script src="jquery.mobile/jquery.mobile-1.4.5.min.js"></script>
    <script type="text/javascript">
        $(function() {
            $("#m1").on("tap",function(){
                $(this).css("color","blue")
            });
        });
    </script>
</head>
```

```
<body>
<div data-role="page" data-theme="a">
    <div data-role="header">
        <h1>老码识途课堂</h1>
    </div>
    <div data-role="content">
        <div id="m1">
            <p>1.网络安全对抗训练营</p>
            <p>2.网站前端开发训练营</p>
            <p>3.Python爬虫智能训练营</p>
        </div>
    </div>
    <div data-role="footer">
        <h4>打造经典IT课程</h4>
    </div>
</div>
</body>
</html>
```

在 Opera Mobile Emulator 模拟器中预览的效果如图 10-9 示。在页面中的文字上面点击，即可改变文字的颜色为蓝色，最终结果如图 10-10 所示。

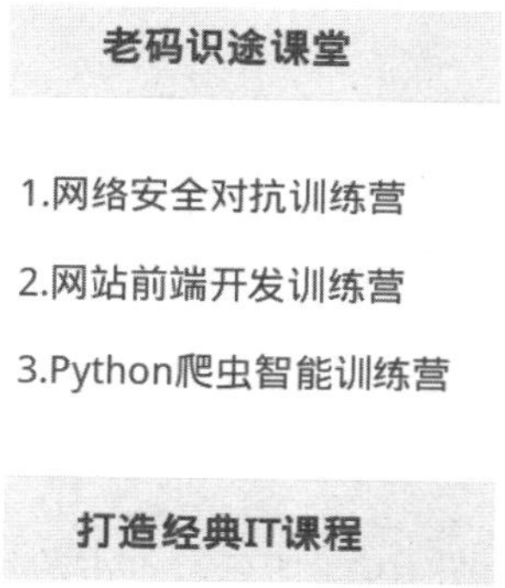

老码识途课堂

1.网络安全对抗训练营

2.网站前端开发训练营

3.Python爬虫智能训练营

打造经典IT课程

图 10-9　程序预览效果

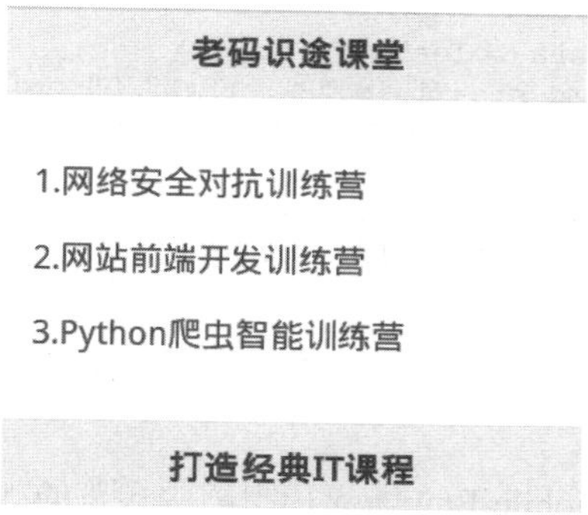

老码识途课堂

1.网络安全对抗训练营

2.网站前端开发训练营

3.Python爬虫智能训练营

打造经典IT课程

图 10-10　触发 tap 事件

2. taphold

如果点击页面并按住不放，则会触发 taphold 事件，语法如下：

```
$("p").on("taphold",function(){
  $(this).hide();
});
```

默认情况下，按住不放 750ms 之后触发 taphold 事件。用户也可以修改这个时间的长短，语法如下：

```
$(document).on("mobileinit",function(){
  $.event.special.tap.tapholdThreshold=5000;
});
```

修改后需要按住 5 秒以后才会触发 taphold 事件。

实例 5：设计隐藏图片效果

```
<!DOCTYPE html>
```

```
<html>
<head>
    <meta charset="UTF-8">
    <meta name="viewport" content="width=device-width, initial-scale=1">
    <link rel="stylesheet" href="jquery.mobile/jquery.mobile-1.4.5.min.css">
    <script src="jquery.min.js"></script>
    <script src="jquery.mobile/jquery.mobile-1.4.5.min.js"></script>
    <script type="text/javascript">
        $(document).on("mobileinit", function(){
            $.event.special.tap.tapholdThreshold=2000
        });
        $(function() {
            $("img").on("taphold",function(){
                $(this).hide();
            });
        });
    </script>
</head>
<body>
<div data-role="page" data-theme="a">
    <div data-role="header">
        <h1>老码识途课堂</h1>
    </div>
    <div data-role="content">
        <img src="1.jpg" width="220" height="200" border="0">
        <p>按住图片两秒钟即可隐藏图片哦！</p>
    </div>
    <div data-role="footer">
        <h4>打造经典IT课程</h4>
    </div>
</div>
</body>
</html>
```

在 Opera Mobile Emulator 模拟器中预览的效果如图 10-11 所示。点击图片 1 秒后，即可发现图片被隐藏了，如图 10-12 所示。

图 10-11　程序预览效果

老码识途课堂

按住图片两秒钟即可隐藏图片哦！

打造经典IT课程

图 10-12　触发 taphold 事件

10.2.2　滑动事件

滑动事件是在用户一秒内水平拖曳大于 30px，或者纵向拖曳小于 20px 的事件发生时触发的事件。滑动事件使用 swipe 语法来捕捉，语法如下：

```
$("p").on("swipe",function(){
  $("span").text("滑动检测!");
});
```

上述语法是捕捉 p 组件的滑动事件，并将消息显示在 span 组件中。

向左滑动事件在用户向左拖动元素大于 30px 时触发，使用 swipeleft 语法来捕捉，语法如下：

```
$("p").on("swipeleft",function(){
  $("span").text("向左滑动检测!");
});
```

向右滑动事件在用户向右拖动元素大于 30px 时触发，使用 swiperight 语法来捕捉，语法如下：

```
$("p").on("swiperight,function(){
  $("span").text("向右滑动检测!");
});
```

实例 6：使用向右滑动事件

```
<!DOCTYPE html>
<html>
<head>
    <meta charset="UTF-8">
    <meta name="viewport" content="width=device-width, initial-scale=1">
    <link rel="stylesheet" href="jquery.mobile/jquery.mobile-1.4.5.min.css">
    <script src="jquery.min.js"></script>
    <script src="jquery.mobile/jquery.mobile-1.4.5.min.js"></script>
    <script>
        $(document).on("pagecreate","#first",function(){
            $("img").on("swiperight",function(){
                alert("您在向右滑动图片哦！");
            });
            $("#m1").on("swipeleft",function(){
                alert("您向左滑动了文字哦！");
            });
        });
    </script>
</head>
<body>
<div data-role="page" id="first">
    <div data-role="header">
        <h1>老码识途课堂</h1>
    </div>
    <div data-role="content" class="content">
        <img src=1.jpg > <br />
        <div id="m1">
            <p>1.网络安全对抗训练营</p>
            <p>2.网站前端开发训练营</p>
            <p>3.Python爬虫智能训练营</p>
        </div>
    </div>
    <div data-role="footer">
        <h1>打造经典IT课程</h1>
```

```
    </div>
</div>
</body>
</html>
```

在 Opera Mobile Emulator 模拟器中预览程序，向右滑动图片，结果如图 10-13 所示。向左滑动图片下的文字，效果如图 10-14 所示。

图 10-13　触发向右滑动事件

图 10-14　触发向左滑动事件

10.3　滚屏事件

jQuery Mobile 提供了两种滚屏事件，分别是滚屏开始时触发的 scrollstart 事件和滚动结束时触发的 scrollstop 事件。

1. scrollstart 事件

scrollstart 事件是在用户开始滚动页面时触发。语法如下：

```
$(document).on("scrollstart",function(){
  alert("屏幕开始滚动了！");
});
```

实例 7：使用 scrollstart 事件

```
<!DOCTYPE html>
<html>
<head>
    <meta charset="UTF-8">
    <meta name="viewport" content="width=device-width, initial-scale=1">
    <link rel="stylesheet" href="jquery.mobile/jquery.mobile-1.4.5.min.css">
    <script src="jquery.min.js"></script>
    <script src="jquery.mobile/jquery.mobile-1.4.5.min.js"></script>
    <script>
        $(document).on("pagecreate","#first",function(){
            $(document).on("scrollstart",function(){
                alert("屏幕开始滚动了！");
```

```
            });
        });
    </script>
</head>
<body>
<div data-role="page" id="first">
    <div data-role="header">
        <h1>古诗欣赏</h1>
    </div>
    <div data-role="content" class="content">
        <img src=2.jpg >
        <p>今夕何夕兮，搴舟中流。</p>
        <p>今日何日兮，得与王子同舟。</p>
        <p>蒙羞被好兮，不訾诟耻。</p>
        <p>心几烦而不绝兮，得知王子。</p>
        <p>山有木兮木有枝，心悦君兮君不知。</p>
    </div>
    <div data-role="footer">
        <h1>经典诗词</h1>
    </div>
</div>
</body>
</html>
</body>
</html>
```

在 Opera Mobile Emulator 模拟器中预览的效果如图 10-15 所示。向上滚动屏幕，效果如图 10-16 所示。

图 10-15　程序预览效果

图 10-16　触发滚屏事件

2. scrollstop 事件

scrollstop 事件是在用户停止滚动页面时触发，语法如下：

```
$(document).on("scrollstop",function(){
 alert("停止滚动!");
});
```

实例 8：使用 scrollstop 事件

```
<!DOCTYPE html>
<html>
<head>
    <meta charset="UTF-8">
    <meta name="viewport" content="width=device-width, initial-scale=1">
    <link rel="stylesheet" href="jquery.mobile/jquery.mobile-1.4.5.min.css">
    <script src="jquery.min.js"></script>
    <script src="jquery.mobile/jquery.mobile-1.4.5.min.js"></script>
    <script>
        $(document).on("pagecreate","#first",function(){
            $(document).on("scrollstop",function(){
                alert("屏幕已经停止滚动了!");
            });
        });
    </script>
</head>
<body>
<div data-role="page" id="first">
    <div data-role="header">
        <h1>古诗欣赏</h1>
    </div>
    <div data-role="content" class="content">
        <img src=3.jpg >
        <p>天地有万古，此身不再得。</p>
        <p>人生只百年，此日最易过。</p>
        <p>宠辱不惊，闲看庭前花开花落。</p>
        <p>去留无意，漫随天外云卷云舒。</p>
    </div>
    <div data-role="footer">
        <h1>经典诗词</h1>
    </div>
</div>
</body>
</html>
```

在 Opera Mobile Emulator 模拟器中预览的效果如图 10-17 所示。向上滚动屏幕，停止后效果如图 10-18 所示。

图 10-17　程序预览效果

图 10-18　触发滚屏事件

10.4 定位事件

当移动设备水平或垂直翻转时触发定位事件，也就是常说的方向改变（orientationchange）事件。

在使用定位事件时，要将 orientationchange 事件绑定到 window 对象上，语法如下：

```
$(window).on("orientationchange",function(event){
alert("设备的方向改变为"+ event.orientation);
});
```

这里的 event 对象用来接收 orientation 属性值。用 event.orientation 返回设备是水平还是垂直，类型为字符串：如果是横向，返回值为 landscape；如果是纵向，返回值为 portrait。

实例 9：使用定位事件

```
<!DOCTYPE html>
<html>
<head>
    <meta charset="UTF-8">
    <meta name="viewport" content="width=device-width, initial-scale=1">
    <link rel="stylesheet" href="jquery.mobile/jquery.mobile-1.4.5.min.css">
    <script src="jquery.min.js"></script>
    <script src="jquery.mobile/jquery.mobile-1.4.5.min.js"></script>
    <script type="text/javascript">
        $(document).on("pageinit",function(event){
            $( window ).on( "orientationchange", function( event ) {
                if(event.orientation == "landscape")
                                $( "#orientation" ).text( "现在是水平模式!"
                        ).css({"background-color":"yellow","font-size":"300%"});
                if(event.orientation == "portrait")
                                $( "#orientation" ).text( "现在是垂直模式!"
                        ).css({"background-color":"green","font-size":"200%"});
            });
        })
    </script>
</head>
<body>
<div data-role="page" id="first">
    <div data-role="header">
        <h1>古诗欣赏</h1>
    </div>
    <div data-role="content" class="content">
        <span id="orientation"></span><br>
        <p>红藕香残玉簟秋。轻解罗裳，独上兰舟。云中谁寄锦书来? 雁字回时，月满西楼。</p>
    </div>
    <div data-role="footer">
        <h1>经典诗词</h1>
    </div>
</div>
</body>
</html>
```

在 Opera Mobile Emulator 模拟器中预览的效果如图 10-19 所示。单击 Opera Mobile Emulator 模拟器上的方向改变按钮，此时方向改变为水平方向，效果如图 10-20 所示。

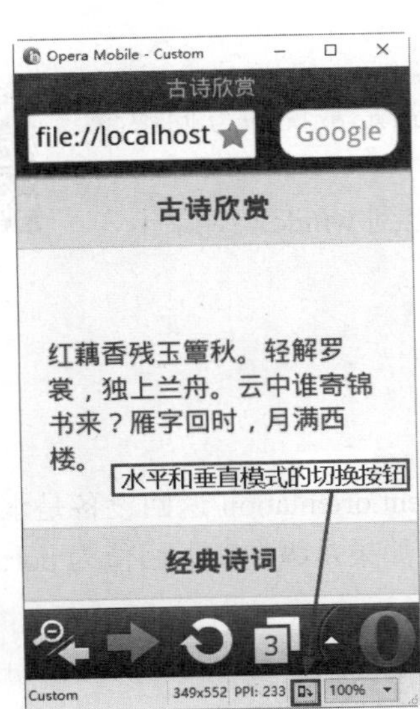

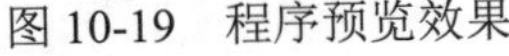

图 10-19　程序预览效果

图 10-20　设备改为水平方向

再次单击 Opera Mobile Emulator 模拟器上的方向改变按钮，此时方向改变为垂直方向，效果如图 10-21 所示。

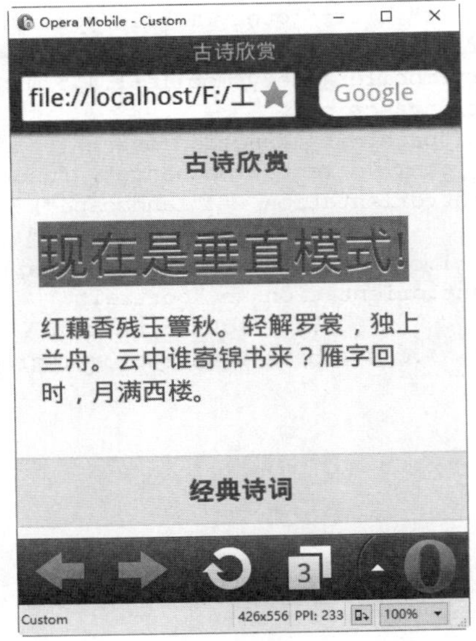

图 10-21　设备改为垂直方向

10.5　新手常见疑难问题

▍疑问 1：引入外部链接文件时没有反应怎么办？

很多资料上讲述引用外部链接文件时都比较简单，直接把 a href=“ ” 的内容改成该文件的链接，例如：

```
<a href="外部文件.html" ></a>
```

单击链接时，才发现没有反应或者报错，也就是找不到跳转的页面。主要原因是 jQuery Mobile 默认用 a 标签引入文件时，都是默认引入内部文件的，为了缩短访问时间，它只会加载这个文件的内容。

解决上述问题的方法就是加上 rel="external" 或 data-ajax="false"。将上述代码修改如下：

```
<a href="外部文件.html" rel="external"></a>
```

即可解决引入外部链接文件时没有反应的问题。

疑问 2：如何在设备方向改变时获取移动设备的高度和宽度？

如果设备方向改变时要获取移动设备的长度和宽度，可以绑定 resize 事件。该事件在页面大小改变时将触发，语法如下：

```
$(window).on("resize",function(){
    var win= $(this);                    //this指的是window
    alert("宽度为"+win.width()+"高度为"+ win.height());
});
```

10.6 实战技能训练营

实战 1：设计隐藏古诗内容的效果

创建一个古诗页面。在 Opera Mobile Emulator 模拟器中预览的效果如图 10-22 所示。点击哪一行，就隐藏哪一行。例如这里点击第三行，即可发现第三行的内容被隐藏了，如图 10-23 所示。

古诗欣赏

久为簪组累，幸此南夷谪。

闲依农圃邻，偶似山林客。

晓耕翻露草，夜榜响溪石。

来往不逢人，长歌楚天碧。

经典诗词

图 10-22　程序预览效果

古诗欣赏

久为簪组累，幸此南夷谪。

闲依农圃邻，偶似山林客。

来往不逢人，长歌楚天碧。

经典诗词

图 10-23　隐藏第三行古诗的内容

实战 2：创建一个商品秒杀的滚屏页面

创建一个商品秒杀的滚屏页面，在 Opera Mobile Emulator 模拟器中预览的效果如图 10-24 所示。向上滚动屏幕，停止滚动后的效果如图 10-25 所示。

商品秒杀
马奶葡萄：6.88元每公斤
马奶葡萄，一种绿色长粒葡萄。因其状如马奶子头而得名。味甜，果穗圆柱形，歧肩大，有分枝，果粒圆柱状；白绿色，甘甜多汁，质较脆，味爽口。
精选商品

图 10-24　程序预览效果

图 10-25　触发滚屏事件

第11章　数据存储和读取技术

本章导读

开发 App 时往往需要考虑数据的保存方式。Web Storage 是 HTML 5 引入的一个非常重要的功能，可以在客户端本地存储数据，类似 HTML 4 的 Cookie，但可实现功能要比 Cookies 强大得多。Cookies 大小被限制在 4KB，Web Storage 官方建议为每个网站 5MB。如果网络为离线状态，就无法访问远程数据库了。此时可以采用 Web SQL 在本地保存数据，也可以通过本地文件保存数据。本章重点学习如何操作 Web 存储、Web SQL Database 和本地文件。

知识导图

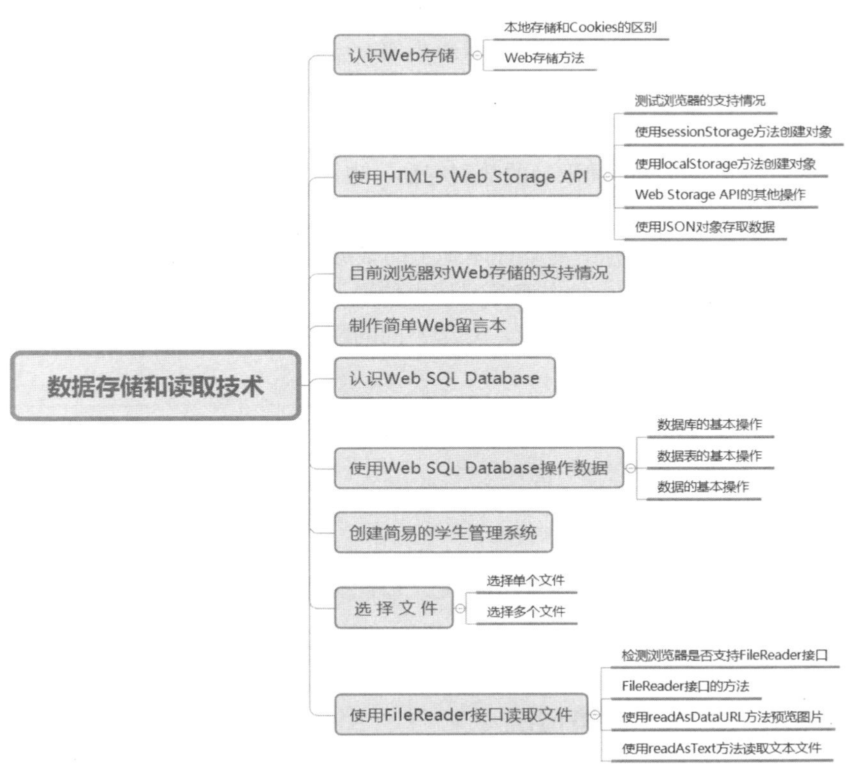

11.1 认识 Web 存储

在 HTML 5 标准之前，Web 存储信息需要 Cookies 来完成，但是 Cookies 不适合大量数据的存储，因为它们由每个对服务器的请求来传递，这使得 Cookies 速度很慢而且效率也不高。为此，在 THML 5 中，Web 存储 API 为用户如何在计算机或设备上存储用户信息作了数据标准的定义。

11.1.1 本地存储和 Cookies 的区别

本地存储和 Cookies 扮演着类似的角色，但是它们有根本的区别。

（1）本地存储是仅存储在用户的硬盘上，并等待用户读取，而 Cookies 是在服务器上读取。

（2）本地存储仅供客户端使用，如果需要服务器端根据存储数值做出反应，就应该使用 Cookies。

（3）读取本地存储不会影响到网络带宽，但是使用 Cookies 将会发送到服务器，这样会影响网络带宽，无形中增加了成本。

（4）从存储容量上看，本地存储可存储多达 5MB 的数据，而 Cookies 最多只能存储 4KB 的数据信息。

11.1.2 Web 存储方法

在 HTML 5 标准中，提供了以下两种在客户端存储数据的新方法。

（1）sessionStorage：sessionStorage 是基于 session 的数据存储，在关闭或者离开网站后，数据将会被删除，也被称为会话存储。

（2）localStorage：没有时间限制的数据存储，也被称为本地存储。

与会话存储不同，本地存储将在用户计算机上永久保存数据信息。关闭浏览器窗口后，如果再次打开该站点，将检索所有存储在本地上的数据。

在 HTML 5 中，数据不是由每个服务器请求传递的，而是只在请求时使用数据。这样的话，存储大量数据就不会影响网站性能。对于不同的网站，数据存储于不同的区域，并且一个网站只能访问其自身的数据。

> **提示：** HTML 5 使用 JavaScript 来存储和访问数据，为此，建议用户可以多了解一下 Javascript 的基本知识。

11.2 使用 HTML 5 Web Storage API

使用 HTML 5 Web Storage API 技术，可以实现很好的本地存储。

11.2.1 测试浏览器的支持情况

Web Storage 在各大主流浏览器中都支持了，但是为了兼容老的浏览器，还是要检查一下是否可以使用这项技术，主要有两种方法。

1. 通过检查 Storage 对象是否存在

通过检查 Storage 对象是否存在，来检查浏览器是否支持 Web Storage，代码如下：

```
if(typeof(Storage)!=="undefined"){
    //是的! 支持 localStorage  sessionStorage 对象!
    //一些代码...
} else {
    //抱歉! 不支持 web 存储。
}
```

2. 分别检查各自的对象

分别检查各自的对象。例如，检查 localStorage 是否支持，代码如下：

```
if (typeof(localStorage) == "undefined" ) {
  alert("Your browser does not support HTML5 localStorage. Try upgrading.");
} else {
  //是的! 支持 localStorage  sessionStorage 对象!
  // 一些代码...
}
```

或者：

```
if("localStorage" in window && window["localStorage"] !== null){
  //是的! 支持 localStorage  sessionStorage 对象!
  // 一些代码...
} else {
  alert("Your browser does not support HTML5 localStorage. Try upgrading.");
}
```

或者：

```
if (!!localStorage) {
  //是的! 支持 localStorage  sessionStorage 对象!
  // 一些代码...
} else {
  alert("您的浏览器不支持localStorage  sessionStorage 对象!");
}
```

11.2.2 使用 sessionStorage 方法创建对象

sessionStorage 方法针对一个 session 进行数据存储。如果用户关闭浏览器窗口，数据会被自动删除。

创建一个 sessionStorage 方法的基本语法格式如下。

```
<script type="text/javascript">
    sessionStorage.abc="  ";
</script>
```

1. 创建对象

实例 1：使用 sessionStorage 方法创建对象

```
<!DOCTYPE html>
<html>
<head>
  <meta charset="UTF-8">
</head>
<body>
<script type="text/javascript">
   sessionStorage.name="努力过好每一
天！";
   document.write(sessionStorage.
name);
</script>
</body>
</html>
```

运行效果如图 11-1 所示，即可看到使用 sessionStorage 方法创建的对象内容显示在网页中。

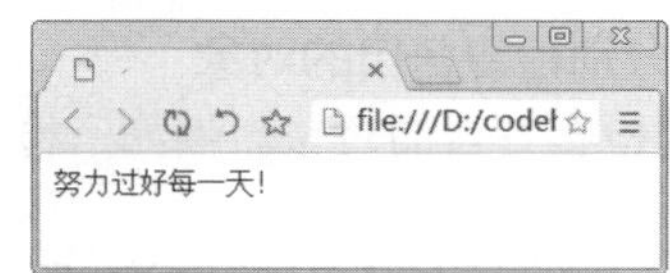

图 11-1　使用 sessionStorage 方法创建对象

2. 制作网站访问记录计数器

下面继续使用 sessionStorage 方法来做一个实例——制作记录用户访问网站次数的计数器。

实例 2：制作网站访问记录计数器

```
<!DOCTYPE html>
<html>
<head>
  <meta charset="UTF-8">
</head>>
<body>
<script type="text/javascript">
  if (sessionStorage. count)
  {
    sessionStorage.count=Number(sessionStorage.count) +1;
  }
  else
  {
    sessionStorage. count=1;
  }
  document.write("您访问该网站的次数为：" + sessionStorage.count);
</script>
</body>
</html>
```

运行效果如图 11-2 所示。用户每刷新一次页面，计数器的数值将进行加 1。

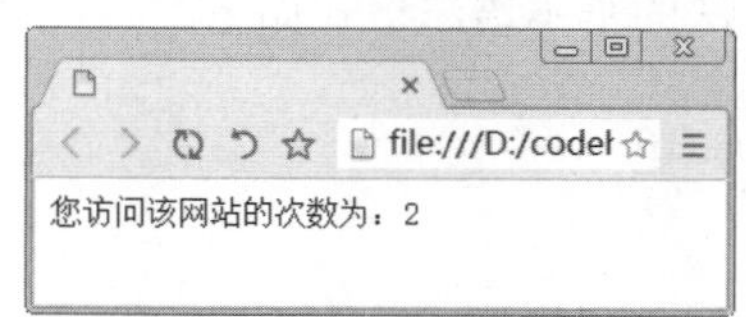

图 11-2　使用 sessionStorage 方法创建计数器

提示： 如果用户关闭浏览器窗口，再次打开该网页，计数器将重置为 1。

11.2.3 使用 localStorage 方法创建对象

与 seessionStorage 方法不同，localStorage 方法存储的数据没有时间限制。也就是说网页浏览者关闭网页很长一段时间后，再次打开此网页时，数据依然可用。

创建一个 localStorage 方法的基本语法格式如下：

```
<script type="text/javascript">
    localStorage.abc="…";
</script>
```

1. 创建对象

实例 3：使用 localStorage 方法创建对象

```
<!DOCTYPE html>
<html>
<head>
  <meta charset="UTF-8">
</head>
<body>
<script type="text/javascript">
  localStorage.name="学习HTML5最新的技术：Web存储";
  document.write(localStorage.name);
</script>
</body>
</html>
```

运行效果如图 11-3 所示。可看到使用 localStorage 方法创建的对象内容显示在网页中。

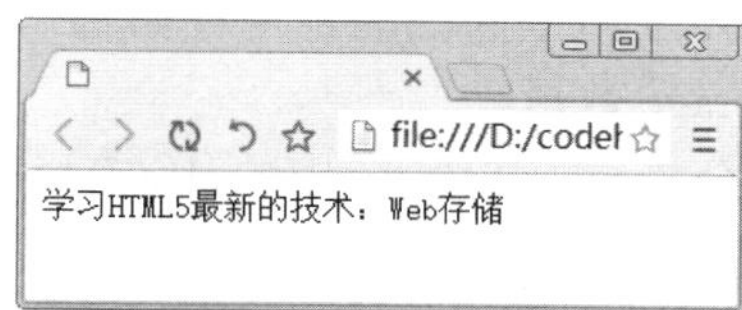

图 11-3　使用 localStorage 方法创建对象

2. 制作网站访问记录计数器

下面使用 localStorage 方法来制作记录用户访问网站次数的计数器，用户可以清楚地看到 localStorage 方法和 sessionStorage 方法的区别。

实例 4：制作网站访问记录计数器

```
<!DOCTYPE html>
<html>
<head>
  <meta charset="UTF-8">
</head>
<body>
<script type="text/javascript">
  if (localStorage.count)
  {
    localStorage.count=Number(localStorage.count) +1;
  }
```

```
  else
  {
   localStorage.count=1;
  }
  document.write("您访问该网站的次数为：" + localStorage.count);
</script>
</body>
</html>
```

运行效果如图 11-4 所示。用户每刷新一次页面，计数器的数值将加 1；如果用户关闭浏览器窗口，再次打开该网页，计数器会继续上一次计数，而不会重置为 1。

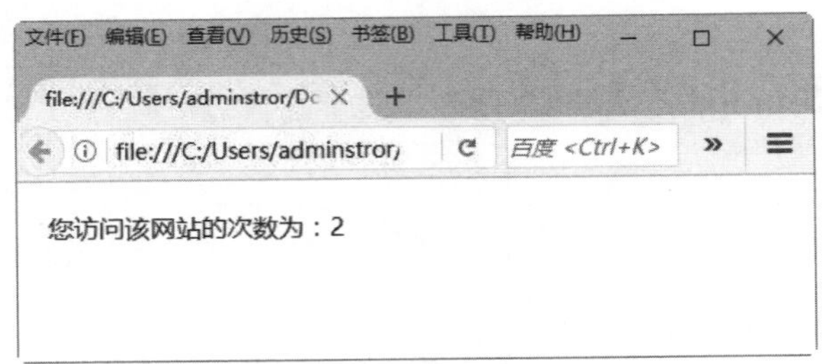

图 11-4　使用 localStorage 方法创建计数器

11.2.4　Web Storage API 的其他操作

Web Storage API 的 localStorage 和 sessionStorage 对象除了以上基本应用外，还有以下两个方面的应用。

1. 清空 localStorage 数据

localStorage 的 clear() 函数用于清空同源的本地存储数据，比如 localStorage.clear()，它将删除所有本地存储的 localStorage 数据。

而 Web Storage 的另外一部分 Session Storage 中的 clear() 函数只清空当前会话存储的数据。

2. 遍历 localStorage 数据

遍历 localStorage 数据可以查看 localStrage 对象保存的全部数据信息。在遍历过程中，需要访问 localStorage 对象的另外两个属性——length 与 key。length 表示 localStorage 对象中保存数据的总量；key 表示保存数据时的键名项，该属性常与索引号（index）配合使用，表示第几条键名对应的数据记录，其中，索引号（index）以 0 值开始，如果取第 3 条键名对应的数据，index 值应该为 2。

取出数据并显示数据内容的代码如下：

```
functino showInfo(){
   var array=new Array();
   for(var i=0;i    <storage.length;i++){
   //调用key方法获取localStorage中数据对应的键名
   //如这里键名是从test1开始递增到testN的，那么localStorage.key(0)对应test1
   var getKey=localStorage.key(i);
   //通过键名获取值，这里的值包括内容和日期
   var getVal=localStorage.getItem(getKey);
   //array[0]就是内容，array[1]是日期
   array=getVal.split(",");
   }
}
```

获取并保存数据的代码如下。

```
var storage = window.localStorage;
for (var i=0, len = storage.length; i < len; i++){
    var key = storage.key(i);
    var value = storage.getItem(key);
    console.log(key + "=" + value); }
```

注意：由于 localStorage 不仅仅是存储了这里所添加的信息，可能还存储了其他信息，而且那些信息的键名也是以递增数字形式表示的。这样如果用纯数字，就可能覆盖另外一部分的信息，所以建议键名都用独特的字符区分开，这里在每个 ID 前加上 test 以示区别。

11.2.5 使用 JSON 对象存取数据

在 HTML 5 中，可以使用 JSON 对象来存取一组相关的对象。使用 JSON 对象可以收集一组用户输入信息，创建一个 Object 可囊括这些信息，之后用一个 JSON 字符串来表示这个 Object，然后把 JSON 字符串存放在 localStorage 中。当用户检索指定名称时，会自动用该名称去 localStorage 中取得对应的 JSON 字符串，再将字符串解析到 Object 对象中，然后依次提取对应的信息，并构造 HTML 文本输入显示。

实例 5：使用 JSON 对象存取数据

下面就用一个简单的实例，来介绍如何使用 JSON 对象存取数据，具体操作方法如下。

01 新建一个网页文件 11.5.html，具体代码如下：

```
<!DOCTYPE html>
<html>
<head>
  <meta charset="UTF-8">
  <title>使用JSON对象存取数据</title>
  <script type="text/javascript" src="objectStorage.js"></script>
</head>
<body>
<h3>使用JSON对象存取数据</h3>
<h4>填写待存取信息到表格中</h4>
<table>
  <tr><td>用户名:</td><td><input type="text" id="name"></td></tr>
  <tr><td>E-mail:</td><td><input type="text" id="email"></td></tr>
  <tr><td>联系电话:</td><td><input type="text" id="phone"></td></tr>
   <tr><td></td><td><input type="button" value="保存" onclick="saveStorage();">
</td></tr>
</table>
<hr>
<h4> 检索已经存入localStorage的json对象，并且展示原始信息</h4>
<p>
  <input type="text" id="find">
  <input type="button" value="检索" onclick="findStorage('msg');">
</p>
<!-- 下面代码用于显示被检索到的信息文本 -->
<p id ="msg"></p>
</body>
</html>
```

02 运行上述程序，页面显示效果如图 11-5 所示。

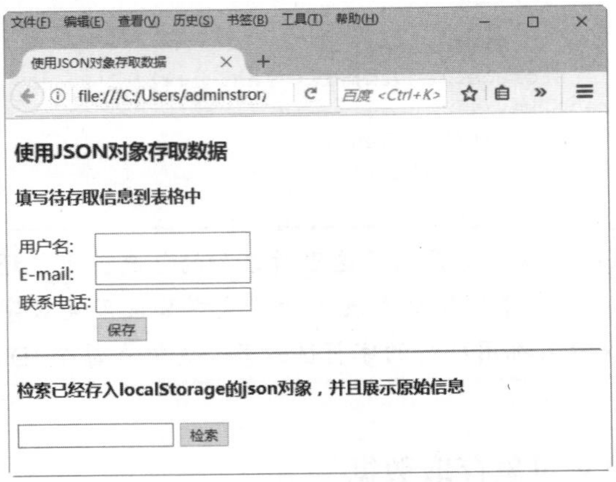

图 11-5 创建存取对象表格

03 案例中用到了 JavaScript 脚本文件为 objectStorage.js，其中包含两个函数，一个是存数据，另一个是取数据。具体的 JavaScript 脚本代码如下。

```
function saveStorage(){
    //创建一个js对象，用于存放当前从表单获得的数据
    var data = new Object;          //将对象的属性值名依次和用户输入的属性值关联起来
    data.user=document.getElementById("user").value;
    data.mail=document.getElementById("mail").value;
    data.tel=document.getElementById("tel").value;
    //创建一个json对象，让其对应HTML文件中创建的对象的字符串数据形式
    var str = JSON.stringify(data);
    //将json对象存放到localStorage上，key为用户输入的NAME，value为这个json字符串
    localStorage.setItem(data.user,str);
    console.log("数据已经保存！ 被保存的用户名为： "+data.user);
}
//从localStorage中检索用户输入的名称对应的json字符串，然后把json字符串解析为一组信息，
//并且打印到指定位置
function findStorage(id){             //获得用户的输入，是用户希望检索的名字
    var requiredPersonName = document.getElementById("find").value;
    //以这个检索的名字来查找localStorage,得到了json字符串
    var str=localStorage.getItem(requiredPersonName);
    //解析这个json字符串得到Object对象
    var data= JSON.parse(str);
    //从Object对象中分离出相关属性值，然后构造要输出的HTML内容
    var result="用户名:"+data.user+'<br>';
    result+="E-mail:"+data.mail+'<br>';
    result+="联系电话:"+data.tel+'<br>';            //取得页面上要输出的容器
    var target = document.getElementById(id);   //用刚才创建的HTML内容来填充这个容器
    target.innerHTML = result;
}
```

04 将 objectStorage.js 文件和 11.5.html 文件放在同一目录下，再次打开网页，在表单中依次输入相关内容，单击“保存”按钮，如图 11-6 所示。

05 在“检索”文本框中输入已经保存的信息的用户名，单击“检索”按钮，则在页面下方自动显示保存的用户信息，如图 11-7 所示。

图 11-6　输入表格内容

图 11-7　检索数据信息

11.3　目前浏览器对 Web 存储的支持情况

不同的浏览器版本对 Web 存储技术的支持情况是不同的，表 11-1 是常见浏览器对 Web 存储的支持情况。

表 11-1　常见浏览器对 Web 存储的支持情况

浏览器名称	支持 Web 存储技术的版本
Internet Explorer	Internet Explorer 8 及更高版本
Firefox	Firefox 3.6 及更高版本
Opera	Opera 10.0 及更高版本
Safari	Safari 4 及更高版本
Chrome	Chrome 5 及更高版本
Android	Android 2.1 及更高版本

11.4　制作简单 Web 留言本

使用 Web Storage 的功能可以制作 Web 留言本。

实例 6：制作简单 Web 留言本

```
<!DOCTYPE html>
<html>
<head>
<title>本地存储技术之Web留言本</title>
<script>
var datatable = null;
var db = openDatabase("MyData","1.0","My Database",2*1024*1024);
function init()
{
    datatable = document.getElementById("datatable");
    showAllData();
}
```

```
function removeAllData(){
    for(var i = datatable.childNodes.length-1;i>=0;i--){
        datatable.removeChild(datatable.childNodes[i]);
    }
    var tr = document.createElement('tr');
    var th1 = document.createElement('th');
    var th2 = document.createElement('th');
    var th3 = document.createElement('th');
    th1.innerHTML = "用户名";
    th2.innerHTML = "留言";
    th3.innerHTML = "时间";
    tr.appendChild(th1);
    tr.appendChild(th2);
    tr.appendChild(th3);
    datatable.appendChild(tr);
}
function showAllData()
{
    db.transaction(function(tx){
        tx.executeSql('create table if not exists MsgData(name TEXT,message
                                    TEXT,time INTEGER)',[]);
        tx.executeSql('select * from MsgData',[],function(tx,rs){
            removeAllData();
            for(var i=0;i<rs.rows.length;i++){
                showData(rs.rows.item(i));
            }
        });
    });
}
function showData(row){
    var tr=document.createElement('tr');
    var td1 = document.createElement('td');
    td1.innerHTML = row.name;
    var td2 = document.createElement('td');
    td2.innerHTML = row.message;
    var td3 = document.createElement('td');
    var t = new Date();
    t.setTime(row.time);
    ttd3.innerHTML = t.toLocaleDateString() + " " + t.toLocaleTimeString();
    tr.appendChild(td1);
    tr.appendChild(td2);
    tr.appendChild(td3);
    datatable.appendChild(tr);
}
function addData(name,message,time) {
    db.transaction(function(tx){
            tx.executeSql('insert into MsgData values(?,?,?)',[name,message,
                                time],functionx,rs){
            alert("提交成功。");
        },function(tx,error){
            alert(error.source+"::"+error.message);
        });
    });
} // End of addData
function saveData() {
    var name = document.getElementById('name').value;
    var memo = document.getElementById('memo').value;
    var time = new Date().getTime();
    addData(name,memo,time);
```

```
        showAllData();
    } // End of saveData
    </script>
    </head>
    <body onload="init()">
        <h1>Web留言本</h1>
        <table>
            <tr>
                <td>用户名</td>
                <td><input type="text" name="name" id="name" /></td>
            </tr>
            <tr>
                <td>留言</td>
                    <td><textarea name="memo" id="memo" cols ="50" rows = "5"> </
textarea></td>
            </tr>
            <tr>
                <td></td>
                <td>
                    <input type="submit" value="提交" onclick="saveData()" />
                </td>
            </tr>
        </table>
        <ht>
        <table id="datatable" border="1"></table>
        <p id="msg"></p>
    </body>
    </html>
```

文件保存后，运行效果如图 11-8 所示。

图 11-8 Web 留言本

11.5 认识 Web SQL Database

Web SQL Database 是关系型数据库系统，使用 SQLite 语法访问数据库，支持大部分浏览器，该数据库多集中在嵌入式设备上。

Web SQL Database 数据库中定义的三个核心方法如下。

（1）openDatabase：这个方法使用现有数据库或新建数据库来创建数据库对象。

（2）executeSql：这个方法用于执行 SQL 查询。

（3）transaction：这个方法允许用户根据情况控制事务提交或回滚。

在 Web SQL Database 中，用户可以打开数据库并进行数据的新增、读取、更新与删除等操作。操作数据的基本流程如下。

（1）创建数据库。

（2）创建交易（transaction）。

（3）执行 SQL 语句。

（4）获取 SQL 语句执行的结果。

11.6 使用 Web SQL Database 操作数据

在了解了 Web SQL Database 操作数据的流程后，下面学习 Web SQL Database 的具体操作方法。

11.6.1 数据库的基本操作

数据库的基本操作如下。

1. 创建数据库

使用 openDatabase 方法打开一个已经存在的数据库，如果数据库不存在，使用此方法将会创建一个新数据库。打开或创建一个数据库的代码命令如下。

```
var db = openDatabase('mydb', '1.1', '第一个数据库', 200000);
```

上述代码的括号中设置了 4 个参数，其意义分别为：数据库名称、版本号、文字说明、数据库的大小。

以上代码的意义：创建了一个数据库对象，名称是 mydb，版本编号为 1.1。数据库对象还带有描述信息和大概的大小值。用户代理可使用这个描述与用户进行交流，说明数据库是用来做什么的。利用代码中提供的大小值，用户代理可以为内容留出足够的存储。如果需要，这个大小是可以改变的，所以没有必要预先假设允许用户使用多少空间。

为了检测之前创建的连接是否成功，可以检查该数据库对象是否为 null：

```
if(!db)
    alert("数据库连接失败");
```

注意： 绝不可以假设该连接已经成功建立，即使过去对于某个用户它是成功的。因为一个数据库连接会失败，存在多个原因：也许用户代理出于安全原因拒绝你的访问，也许设备存储有限。面对活跃而快速进化的潜在用户代理，对用户的机器、软件及其能力做出假设是非常不明智的行为。

2. 创建交易

创建交易时，使用 database.transaction() 函数，语法格式如下：

```
db.transaction(function(tx)){
    //执行访问数据库的语句
});
```

该函数使用 function(tx) 作为参数，执行访问数据库的具体操作。

3. 执行 SQL 语句

通过 executeSql 方法执行 SQL 语句，从而对数据库进行操作，代码如下：

```
tx.executeSql(sqlQuery,[value1,value2..],dataHandler,errorHandler)
```

executeSql 方法有四个参数，作用分别如下。

（1）sqlQuery：需要具体执行的 SQL 语句，可以是 CREATE 语句、SELECT 语句、UPDATE 语句或 delete 语句。

（2）[value1,value2..]：SQL 语句中所有使用到的参数的数组。在 executeSql 方法中，将 SQL 语句中所要使用的参数先用“?”代替，然后依次将这些参数组成数组放在第二个参数中。

（3）dataHandler：执行成功时调用的回调函数，通过该函数可以获得查询结果集。

（4）errorHandler：执行失败时调用的回调函数。

4. 获取 SQL 语句执行的结果

当 SQL 语句执行成功后，就可以使用循环语句来获取执行的结果，代码如下：

```
for (var a=0; a<result.rows.length; a++){
    item = result.rows.item(a);
    $("div").html(item["name"] +"<br>");
}
```

result.rows 表示结果数据，result.rows.length 表示数据共有几条，通过 result.rows.item(a) 可获取每条数据。

11.6.2 数据表的基本操作

创建数据表的语句为 CREATE TABLE，语法规则如下：

```
CREATE  TABLE <表名>
(
    字段名1 数据类型 [约束条件],
    字段名2 数据类型 [约束条件],
...
);
```

使用 CREATE TABLE 创建表时，必须指定以下信息。

（1）要创建的表的名称，不区分大小写，不能使用 SQL 语言中的关键字，如 DROP、ALTER、INSERT 等。

（2）数据表中每一个列（字段）的名称和数据类型，如果创建多个列，要用逗号隔开。

例如，创建水果表 fruits，结构如表 11-2 所示。

表 11-2　fruits 表结构

字段名称	数据类型	备注
id	int	编号
name	char(10)	名称
city	varchar(20)	产地

创建 fruits 表，SQL 语句为：

```
CREATE TABLE fruits
(
    id      int PRIMARY KEY,
    name    char(10),
    city    varchar(20)
);
```

其中 PRIMARY KEY 约束条件定义 id 字段为主键。如果数据表已经存在，则上述创建命令将会报错，此时可以加入 IF NOT EXISTS 命令先进行条件判断。

实例 7：创建和打开数据表 fruits

```
<!DOCTYPE html>
<html>
<head>
    <meta http-equiv="Content-Type" content="text/html; charset=utf-8"/>
    <title></title>
    <script src="jquery.min.js"></script>
    <script type="text/javascript">
        $(function () {
            //打开数据库
            var dbSize=2*1024*1024;
            db = openDatabase('myDB', '', '', dbSize);
            //创建数据表
            db.transaction(function(tx){
                    tx.executeSql("CREATE TABLE IF NOT EXISTS fruits (id integer
PRIMARY KEY,name char(10),city varchar(20))",[],onSuccess,onError);
            });
            function onSuccess(tx, results)
            {
                $("div").html("打开fruits数据表成功了!")
            }
            function onError(e)
            {
                $("div").html("打开数据库错误:"+e.message)
            }

        })
    </script>
</head>
<body>
<div id="message"></div>
</body>
</html>
```

使用 Google Chrome 浏览器运行上述文件，然后按 Ctrl+Shift+I 组合键，调出开发者工具，即可看到创建的数据库和数据表，结果如图 11-9 所示。

图 11-9　创建和打开数据表 fruits

11.6.3　数据的基本操作

数据表创建完成后，即可对数据进行添加、更新、查询和删除等操作。

1. 添加数据

使用 INSERT 语句，可以插入数据，要求指定表的名称和插入新记录中的值。基本语法格式为：

```
INSERT INTO table_name (column_list) VALUES (value_list);
```

其中，table_name 指定要插入数据的表名，column_list 指定要插入数据的那些列，value_list 指定每个列对应插入的数据。注意，使用该语句时，字段列和数据值的数量必须相同。

例如，向数据表 fruits 添加一条数据，语句如下：

```
INSERT INTO fruits (id ,name, city) VALUES (1,'苹果', '上海');
```

在添加字符串时，必须使用单引号。

2. 更新数据

表中有数据之后，接下来可以对数据进行更新操作。MySQL 中使用 UPDATE 语句更新表中的记录，可以更新特定的行或者同时更新所有的行。基本语法结构如下：

```
UPDATE table_name
SET column_name1 = value1,column_name2=value2,…,column_namen=valuen
WHERE (condition);
```

其中，column_name1,column_name2,…,column_namen 为指定更新的字段的名称；value1, value2,…，valuen 为相对应的指定字段的更新值；condition 指定更新的记录需要满足的条件。更新多个列时，每个“列 - 值”对之间用逗号隔开，最后一列之后不需要逗号。

例如，在 fruits 数据表中，更新 id 值为 1 的记录，将 name 字段值改为香蕉，语句如下：

```
UPDATE fruits SET name= '香蕉' WHERE id = 1;
```

3. 查询数据

查询数据使用 SELECT 的命令，语法格式如下：

```
SELECT value1, value2 FROM table_name WHERE (condition);
```

例如，在 fruits 数据表中，查询 name 字段值为香蕉的记录，语句如下：

```
SELECT id ,name, city FROM fruits WHERE name= '香蕉';
```

4. 删除数据

从数据表中删除数据使用 DELETE 语句，DELETE 语句允许 WHERE 子句指定删除条件。DELETE 语句基本语法格式如下：

```
DELETE FROM table_name [WHERE <condition>];
```

其中，table_name 指定要执行删除操作的表；[WHERE <condition>] 为可选参数，指定删除条件，如果没有 WHERE 子句，DELETE 语句将删除表中的所有记录。

例如，在 fruits 数据表中，删除 name 字段值为香蕉的记录，语句如下：

```
DELETE FROM fruits WHERE name= '香蕉';
```

11.7 创建简易的学生管理系统

本实例将创建一个简易的学生管理系统，该系统将实现数据库和数据表的创建，数据的新增、查看和删除等操作。

实例 8：创建简易的学生管理系统

```
<!DOCTYPE html>
<html>
<head>
    <meta charset="UTF-8">
    <style>
        table{border-collapse:collapse;}
        td{border:1px solid #0000cc;padding:5px}
        #message{color:#ff0000}
    </style>
    <script src="jquery.min.js"></script>
    <script type="text/javascript">
        $(function () {
            //打开数据库
            var dbSize=2*1024*1024;
            db = openDatabase('myDB', '', '', dbSize);
            db.transaction(function(tx){
                //创建数据表
                tx.executeSql("CREATE TABLE IF NOT EXISTS student (id integer
                             PRIMARY KEY,name char(10),colleges varchar(50))");
                showAll();
            });

            $( "button" ).click(function () {
                var name=$("#name").val();
                var colleges=$("#colleges").val();
                if(name=="" || colleges==""){
                    $("#message").html("**请输入姓名和学院**");
                    return false;
                }

                db.transaction(function(tx){
                    //新增数据
                    tx.executeSql("INSERT INTO student(name,colleges) values(?,
                                 ?)",[name,colleges],function(tx, result){
                        $("#message").html("新增数据完成!")
                        showAll();
                    },function(e){
                        $("#message").html("新增数据错误:"+e.message)
                    });
                });
            })

            $("#showData").on('click', ".delItem", function() {
                var delid=$(this).prop("id");
                db.transaction(function(tx){
                    //删除数据
                    var delstr="DELETE FROM student WHERE id=?";
                    tx.executeSql(delstr,[delid],function(tx, result){
                        $("#message").html("删除数据完成!")
                        showAll();
```

```
                }, function(e){
                    $("#message").html("删除数据错误:"+e.errorCode);
                });
            });
        })
        function showAll(){
            $("#showData").html("");
            db.transaction(function(tx){
                //显示student数据表全部数据
                tx.executeSql("SELECT id,name,colleges FROM student",[],
                                                    function(tx, result){
                    if(result.rows.length>0){
                        var str="现有数据：<br><table><tr><td>id</td><td>姓名
                                </id><td>学院</id><td> </id></tr>";
                        for(var i = 0; i < result.rows.length; i++){
                            item = result.rows.item(i);
                                str+="<tr><td>"+item["id"] + "</td><td>" +
item["name"] + "</td><td>" + item["colleges"] + "</td><td><input type='button'
id='"+item["id"]+"' class='delItem'value='删除'></td></tr>";
                        }
                        str+="</table>";
                        $("#showData").html(str);
                    }
                }, function(e){
                    $("#message").html("SELECT语法出错了!"+e.message)
                });
            });
        }

    })
    </script>
</head>
<body>
<h2 align="center">简易学生管理系统</h2>
<h3>添加学生信息</h3>
请输入姓名和学院：
<table>
    <tr>
        <td>姓名：</td>
        <td><input type="text" id="name"></td>
    </tr>
    <tr>
        <td>学院：</td>
        <td><input type="text" id="colleges"></td>
    </tr>
</table>
<button id='new'>新增学生信息</button>
<p>
<div id="message"></div>
<div id="showData"></div>
</body>
</html>
```

运行程序，输入姓名和学院后，单击“新增学生信息”按钮，即可看到新增加的数据，如图 11-10 所示。单击“删除”按钮，即可删除选中的数据。

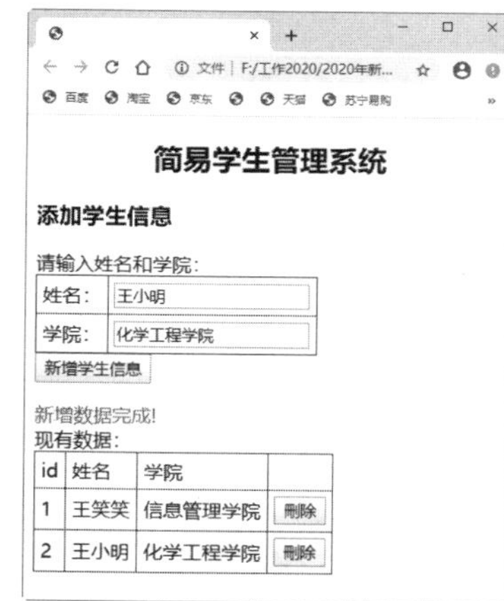

图 11-10　简易的学生管理系统

11.8　选择文件

在HTML 5中，可以创建一个file类型的<input>元素，实现文件的上传功能。只是在HTML 5中，该类型的<input>元素新添加了一个multiple属性，如果将属性的值设置为true，则可以在一个元素中实现多个文件的上传。

11.8.1　选择单个文件

在HTML 5中，当需要创建一个file类型的<input>元素上传文件时，可以定义只选择一个文件。

实例9：通过file对象选择单个文件

```
<!DOCTYPE html>
<html>
<head>
<meta charset="UTF-8">
<title>选择单个文件</title>
</head>
<body>
     <form>
     <h3>请选择文件：</h3>
     </p><input type="file" id="fileload" /></p><!-单个文件进行上传-->
     </form>
</body>
</html>
```

运行效果如图11-11所示，在其中单击“选择文件”按钮，打开“打开”对话框，在其中只能选择一个要加载的文件，如图11-12所示。

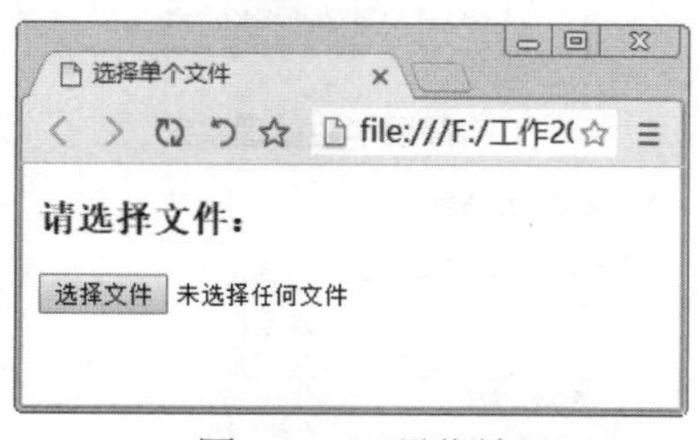

图11-11　预览效果

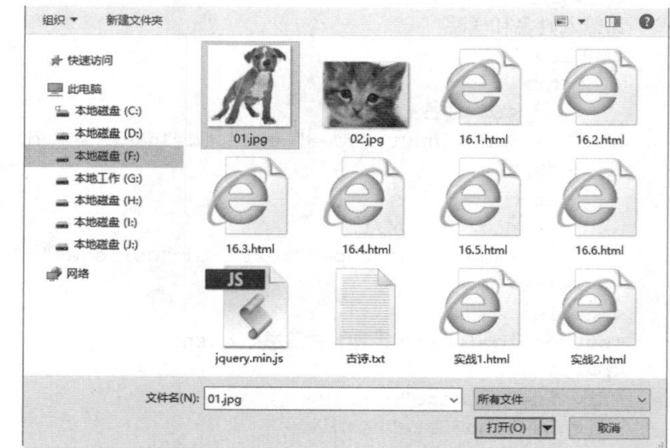

图11-12　只能选择一个要加载的文件

11.8.2　选择多个文件

在HTML 5中，除了可以选择单个文件外，还可以通过添加元素的multiple属性，实现选择多个文件的功能。

实例 10：通过 file 对象选择多个文件

```
<!DOCTYPE html>
<html>
<head>
<meta charset="UTF-8">
<title>选择多个文件</title>
</head>
<body>
<form>
    选择文件：<input type="file" multiple="multiple" />
</form>
<p>在浏览文件时可以选取多个文件。</p>
</body>
</html>
```

运行效果如图 11-13 所示，在其中单击“选择文件”按钮，打开“打开”对话框，在其中可以选择多个要加载的文件，如图 11-14 所示。

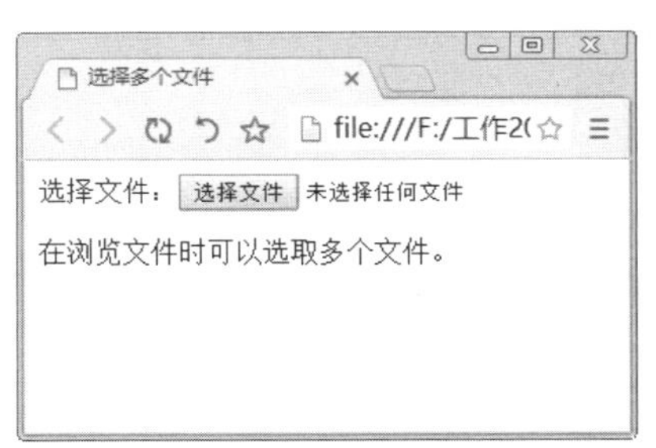

图 11-13　预览效果

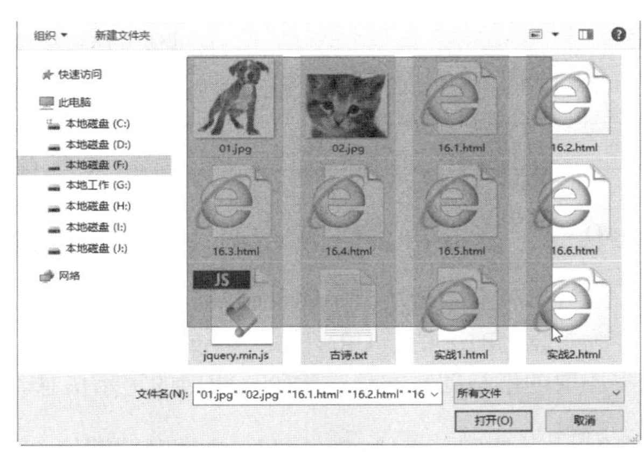

图 11-14　可以选择多个要加载的文件

11.9　使用 FileReader 接口读取文件

使用 Blob 接口可以获取文件的相关信息，如文件名称、大小、类型；但如果想要读取或浏览文件，则需要通过 FileReader 接口。该接口不仅可以读取图片文件，还可以读取文本或二进制文件；同时，根据该接口提供的事件与方法，可以动态侦测文件读取时的详细状态。

11.9.1　检测浏览器是否支持 FileReader 接口

FileReader 接口主要用来把文件读入内存，并且读取文件中的数据。FileReader 接口提供了一个异步 API，使用该 API 可以在浏览器主线程中异步访问文件系统，读取文件中的数据。到目前为止，并不是所有浏览器都实现了 FileReader 接口。这里提供一种方法可以检查浏览器是否对 FileReader 接口提供支持，具体的代码如下：

```
if(typeof FileReader == 'undefined'){
    result.InnerHTML="<p>你的浏览器不支持FileReader接口！</p>";
```

```
        //使选择控件不可操作
        file.setAttribute("disabled","disabled");
    }
```

11.9.2 FileReader 接口的方法

FileReader 接口有 4 个方法，其中 3 个用来读取文件，另 1 个用来中断读取。无论读取成功或失败，方法并不会返回读取结果，这一结果存储在 result 属性中。FileReader 接口的方法及描述如表 11-3 所示。

表 11-3　FileReader 接口的方法及描述

方 法 名	参 数	描 述
readAsText	File，[encoding]	将文件以文本方式读取，读取的结果即是这个文本文件中的内容
readAsBinaryString	File	这个方法将文件读取为二进制字符串，通常我们将它送到后端，后端可以通过这段字符串存储文件
readAsDataUrl	File	该方法将文件读取为一串 Data Url 字符串，该方法事实上是将小文件以一种特殊格式的 URL 地址形式直接读入页面。这里的小文件通常是指图像与 HTML 等格式的文件
abort	(none)	终端读取操作

11.9.3 使用 readAsDataURL 方法预览图片

通过 FileReader 接口中的 readAsDataURL() 方法，可以获取 API 异步读取的文件数据，另存为数据 URL。将该 URL 绑定 <img> 元素的 src 属性值，就可以实现图片文件预览的效果；如果读取的不是图片文件，将给出相应的提示信息。

实例 11：使用 readAsDataURL 方法预览图片

```
<!DOCTYPE html>
<html>
<head>
    <meta charset="UTF-8">
    <title>使用readAsDataURL方法预览图片</title>
</head>
<body>
<script type="text/javascript">
    var result=document.getElementById("result");
    var file=document.getElementById("file");

    //判断浏览器是否支持FileReader接口
    if(typeof FileReader == 'undefined'){
        result.InnerHTML="<p>你的浏览器不支持FileReader接口！</p>";
        //使选择控件不可操作
        file.setAttribute("disabled","disabled");
    }

    function readAsDataURL(){
        //检验是否为图像文件
        var file = document.getElementById("file").files[0];
        if(!/image\/\w+/.test(file.type)){
```

```
            alert("这个不是图片文件，请重新选择！");
            return false;
        }
        var reader = new FileReader();
        //将文件以Data URL形式读入页面
        reader.readAsDataURL(file);
        reader.onload=function(e){
            var result=document.getElementById("result");
        //显示文件
            result.innerHTML='<img src="' + this.result +'" alt="" />';
        }
    }
</script>
<p>
    <label>请选择一个文件：</label>
    <input type="file" id="file" />
    <input type="button" value="读取图像" onclick="readAsDataURL()" />
</p>
<div id="result" name="result"></div>
</body>
</html>
```

运行效果如图 11-15 所示，在其中单击“选择文件”按钮，打开“打开”对话框，在其中选择需要预览的图片文件，如图 11-16 所示。

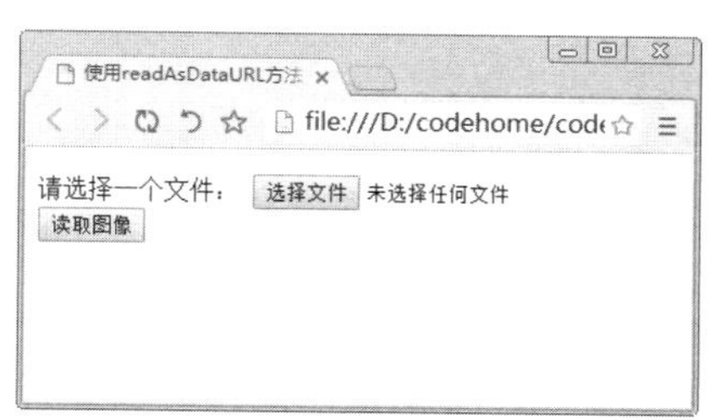

图 11-15 预览效果

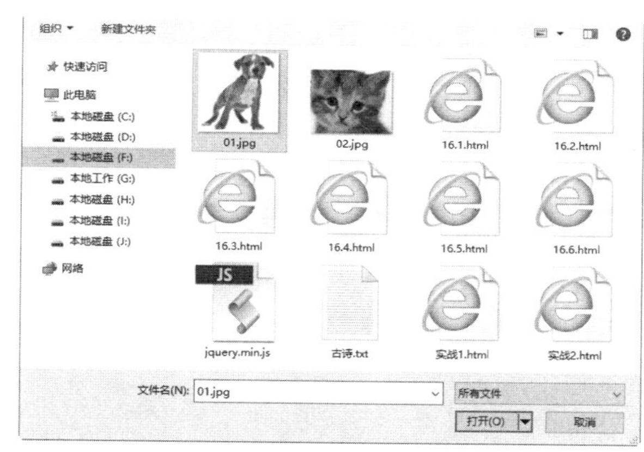

图 11-16 选择要加载的文件

选择完毕后，单击“打开”按钮，返回到浏览器窗口中，然后单击“读取图像”按钮，即可在页面的下方显示添加的图片，如图 11-17 所示。

如果选择的文件不是图片文件，当在浏览器窗口中单击“读取图像”按钮后，就会给出相应的提示信息，如图 11-18 所示。

图 11-17 显示图片

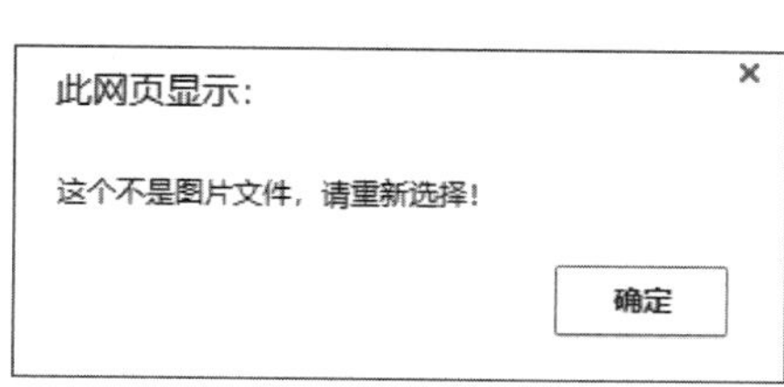

图 11-18 信息提示框

11.9.4 使用 readAsText 方法读取文本文件

使用 FileReader 接口中的 readAsText() 方法，可以将文件以文本编码的方式进行读取，即可以读取上传文本文件的内容。其实现的方法与读取图片基本相似，只是读取文件的方式不一样。

实例 12：使用 readAsText 方法读取文本文件

```
<!DOCTYPE html>
<html>
<head>
<meta charset="UTF-8">
<title>使用readAsText方法读取文本文件</title>
</head>
<body>
<script type="text/javascript">
    var result=document.getElementById("result");
    var file=document.getElementById("file");

    //判断浏览器是否支持FileReader接口
    if(typeof FileReader == 'undefined'){
        result.InnerHTML="<p>你的浏览器不支持FileReader接口！</p>";
        //使选择控件不可操作
        file.setAttribute("disabled","disabled");
    }
    function readAsText(){
        var file = document.getElementById("file").files[0];
        var reader = new FileReader();
        //将文件以文本形式读入页面
        reader.readAsText(file,"gb2312");
        reader.onload=function(f){
            var result=document.getElementById("result");
            //显示文件
            result.innerHTML=this.result;
        }
    }
</script>
<p>
    <label>请选择一个文件：</label>
    <input type="file" id="file" />
    <input type="button" value="读取文本文件" onclick="readAsText()" />
</p>
<div id="result" name="result"></div>
</body>
</html>
```

运行效果如图 11-19 所示，在其中单击“选择文件”按钮，打开“打开”对话框，在其中选择需要读取的文件“古诗 .txt”，如图 11-20 所示。

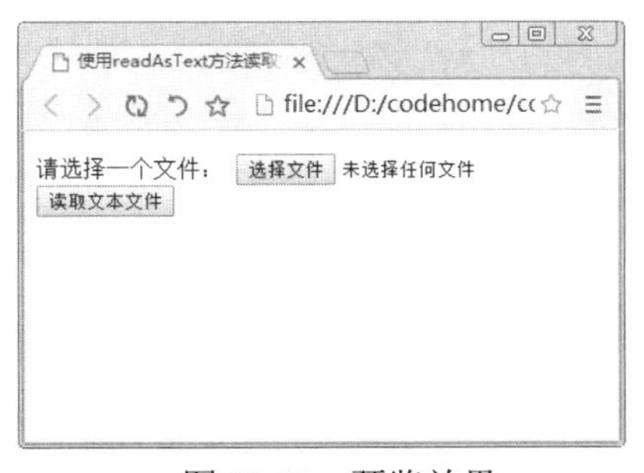

图 11-19　预览效果

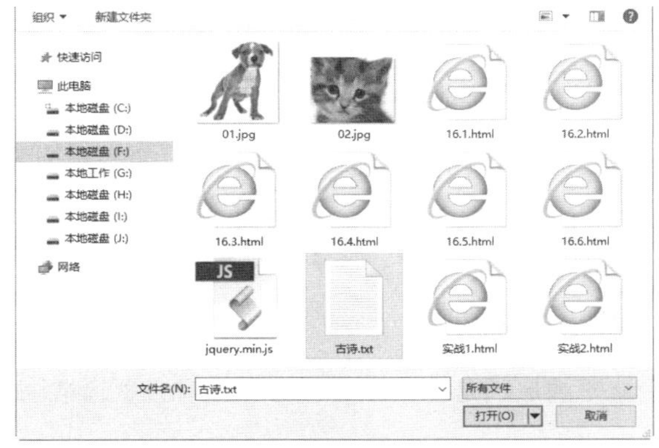

图 11-20　选择要读取的文本文件

选择完毕后，在对话框中单击“打开”按钮，返回到浏览器窗口中，然后单击“读取文本文件”按钮，即可在页面的下方读取文本文件中的信息，如图 11-21 所示。

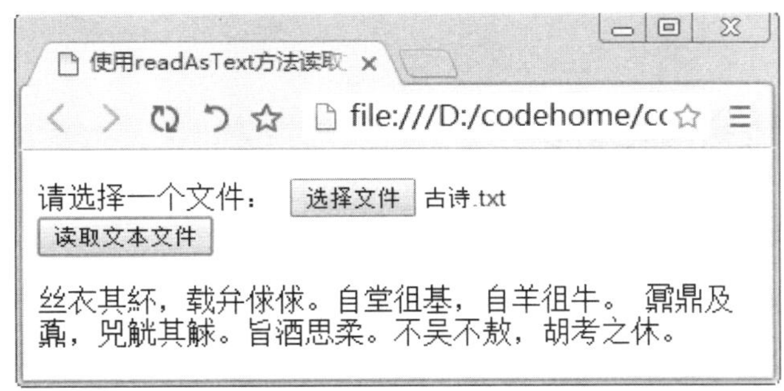

图 11-21　读取文本信息

11.10　新手常见疑难问题

疑问 1：不同的浏览器可以读取同一个 Web 中存储的数据吗？

在应用 Web 存储时，不同的浏览器将存储在不同的 Web 存储库中。例如，如果用户使用的是 IE 浏览器，那么 Web 存储工作时，所有数据将存储在 IE 的 Web 存储库中；如果用户再次使用 Firefox 浏览器访问该站点，将不能读取 IE 浏览器存储的数据。可见每个浏览器的存储是分开并独立工作的。

疑问 2：离线存储站点时是否需要浏览者同意？

和地理定位类似，在网站使用 manifest 文件时，浏览器会提供一个权限提示，提示用户是否将离线设为可用，但是不是每一个浏览器都支持这样的操作。

疑问 3：在 HTML 5 中，读取记事本文件中的中文内容时，显示乱码怎么办呢？

读者需要特别注意的是，读取文件内容显示乱码，如图 11-22 所示。

图 11-22　读取文件内容时显示乱码

这里的原因是在读取文件时，没有设置读取的编码方式。例如，下面用代码：

```
reader.readAsText(file);
```

设置读取的格式，如果是中文内容，则修改如下：

```
reader.readAsText(file,"gb2312");
```

11.11　实战技能训练营

实战 1：使用 Web Storage 设计一个页面计数器

通过 Web Storage 中的 sessionStorage 和 localStorage 两种方法存储和读取页面的数据并记录页面被打开的次数，运行结果如图 11-23 所示。输入要保存的数据后，单击“session 保存”按钮，然后反复刷新几次页面，单击“session 读取”按钮，页面就会显示用户输入的内容和刷新页面的次数。

图 11-23　页面计数器

实战 2：创建一个企业员工管理系统

创建一个企业员工管理系统，该系统将实现数据库和数据表的创建，数据的新增，查看和删除等功能。运行程序，输入姓名、部门和工资后，单击“新增员工信息”按钮，即可看到新增加的数据，如图 11-24 所示。单击“删除”按钮，即可删除选中的数据。

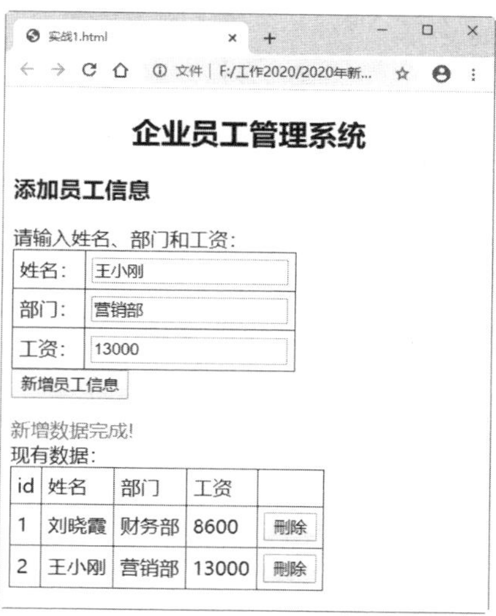

图 11-24　企业员工管理系统

实战 3：制作一个图片上传预览器

制作一个图片上传预览器，运行效果如图 11-25 所示。单击“选择文件”按钮，在打开的对话框中选择需要上传的图片，接着单击“上传文件”按钮和“显示图片”按钮，即可查看上传的图片。重复操作，可以上传多个图片，如图 11-26 所示。

图 11-25　图片上传预览器

图 11-26　多图片的显示效果

第12章　响应式网页设计

本章导读

响应式网站设计是目前非常流行的一种网络页面设计布局，其主要优势是设计布局可以智能地根据用户行为以及不同的设备（台式电脑、平板电脑或智能手机）让内容适应性展示，从而让用户在不同的设备上都能够友好地浏览网页的内容。本章将重点学习响应式网页设计的原理和设计方法。

知识导图

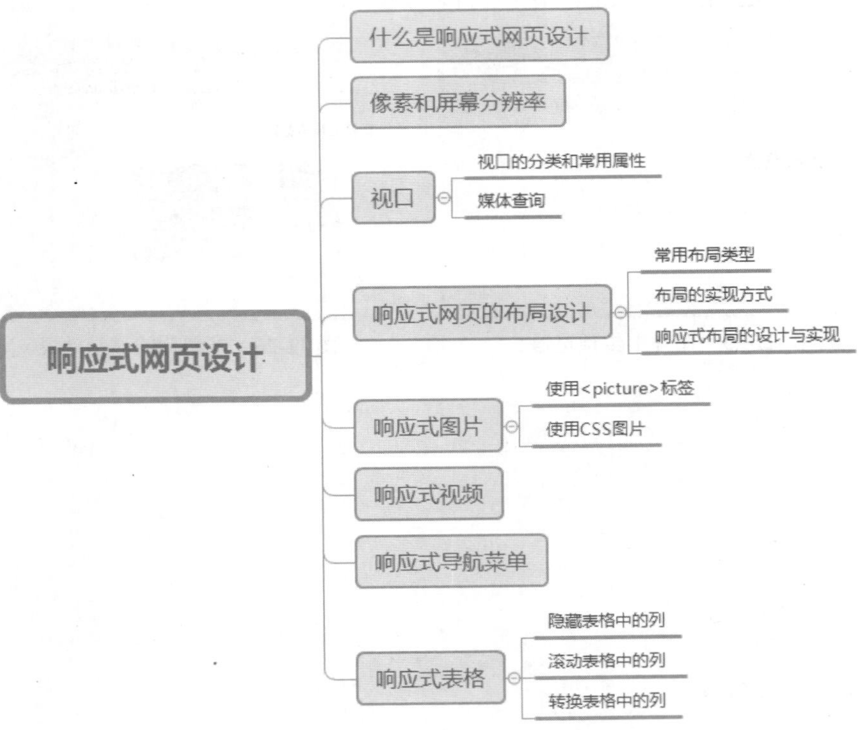

12.1 什么是响应式网页设计

现在，智能手机和平板电脑等移动上网已经非常流行。而为电脑端开发的网站在移动端浏览时页面内容会变形，从而影响预览效果。解决上述问题的常见方法有以下3种。

（1）创建一个单独的移动版网站，然后配备独立的域名。移动用户需要用移动网站的域名进行访问。

（2）在当前的域名内创建一个单独的网站，专门服务于移动用户。

（3）利用响应式网页设计技术，使页面自动切换分辨率、图片尺寸等，以适应不同的设备，并可以在不同浏览终端实现网站数据的同步更新，从而为不同终端的用户提供更加美好的体验。

例如清华大学出版社的官网，通过电脑端访问该网站主页时，预览效果如图12-1所示。通过手机端访问该网站主页时，预览效果如图12-2所示。

图12-1 电脑端浏览主页效果

图12-2 手机端浏览主页效果

响应性网页设计的技术原理如下。

（1）通过<meta>标签来实现。该标签可以涉足页面格式、内容、关键字和刷新页面等，从而帮助浏览器精准地显示网页的内容。

（2）通过媒体查询适配对应的样式。通过不同的媒体类型和条件定义样式表规则获取的值，可以设置设备的手持方向——水平方向还是垂直方向，设备的分辨率等。

（3）通过第三方框架来实现。例如目前比较流行的 Bootstrap 和 Vue 框架，都可以更高效地实现网页的响应式设计。

12.2 像素和屏幕分辨率

1. 像素

在响应式设计中，像素是一个非常重要的概念。像素是计算机屏幕中显示特定颜色的最小区域。屏幕中的像素越多，同一范围内能看到的内容就越多。或者说，当设备尺寸相同时，像素越密集，画面就越精细。

在设计网页元素的属性时，通常是通过 width 属性来设置宽度。当不同的设备显示同一个设定的宽度时，到底显示的宽度是多少像素呢？

要解决这个问题，首先理解两个基本概念，那就是设备像素和 CSS 像素。

（1）设备像素：设备像素指的是设备屏幕的物理像素，任何设备的物理像素数量都是固定的。

（2）CSS 像素：CSS 像素是 CSS 中使用的一个抽象概念。它和物理像素之间的比例取决于屏幕的特性以及用户进行的缩放，由浏览器自行换算。

由此可知，设备具体显示的像素数目，是和设备像素密切相关的。

2. 屏幕分辨率

屏幕分辨率是指纵横方向上的像素个数。屏幕分辨率确定计算机屏幕上显示信息的多少，以水平和垂直像素来衡量。就相同大小的屏幕而言，当屏幕分辨率低时（例如 640×480），在屏幕上显示的像素少，单个像素尺寸比较大。屏幕分辨率高时（例如 1600×1200），在屏幕上显示的像素多，单个像素尺寸比较小。

显示分辨率就是屏幕上显示的像素个数，分辨率 160×128 的意思是水平方向含有像素数为 160 个，垂直方向含有像素数为 128 个。屏幕尺寸相同的情况下，分辨率越高，显示效果就越精细和细腻。

12.3 视口

视口（viewport）和窗口（window）是两个不同的概念。在电脑端，视口指的是浏览器的可视区域，其宽度和浏览器窗口的宽度保持一致。而在移动端，视口较为复杂，它是与移动设备相关的一个矩形区域，坐标单位与设备有关。

12.3.1 视口的分类和常用属性

移动端浏览器通常宽度是 240~640 像素，而大多数为电脑端设计的网站宽度至少为 800 像素。如果仍以浏览器窗口作为视口的话，网站内容在手机上看起来会非常窄。

因此，引入了布局视口、视觉视口和理想视口 3 个概念，使得移动端中的视口与浏览器宽度不再相关联。

1. 布局视口

一般移动设备的浏览器都默认设置了一个 viewport 元标签，定义一个虚拟的布局视口，用于解决早期的页面在手机上显示的问题。iOS 和 Android 基本都将这个视口分辨率设置为 980 像素，所以 PC 上的网页基本能在手机上呈现，只不过元素看上去很小，一般默认可以手动缩放网页。

布局视口使视口与移动端浏览器屏幕宽度完全独立开。CSS 布局将会根据它来进行计算，并被它约束。

2. 视觉视口

视觉视口是用户当前看到的区域，用户可以缩放操作视觉视口，而不会影响布局视口。

3. 理想视口

布局视口的默认宽度并不是一个理想的宽度，于是浏览器厂商引入了理想视口（ideal viewport）的概念，它对设备而言是最理想的布局视口尺寸。显示在理想视口中的网站具有最理想的宽度，用户无须进行缩放。

理想视口的值其实就是屏幕分辨率的值，它对应的像素叫作设备逻辑像素。设备逻辑像素和设备的物理像素无关，一个设备逻辑像素在任意像素密度的设备屏幕上都占据相同的空间。如果用户没有进行缩放，那么一个 CSS 像素就等于一个设备逻辑像素。

用下面的方法可以使布局视口与理想视口的宽度一致，代码如下：

```
<meta name="viewport" content="width=device-width">
```

这里的 viewport 属性对响应式设计起了非常重要的作用，该属性中常用的属性值和含义如下。

（1）with：设置布局视口的宽度。该属性可以设置为数值或 device-width，单位为像素。

（2）height：设置布局视口的高度。该属性可以设置为数值或 device- height，单位为像素。

（3）initial-scale：设置页面初始缩放比例。

（4）minimum-scale：设置页面最小缩放比例。

（5）maximum-scale：设置页面最大缩放比例。

（6）user-scalable：设置用户是否可以缩放。yes 表示可以缩放，no 表示禁止缩放。

12.3.2 媒体查询

媒体查询的核心就是根据设备显示器的特征（视口宽度、屏幕比例和设备方向）来设定 CSS 的样式。媒体查询由媒体类型和一个或多个检测媒体特性的条件表达式组成。通过媒体查询，可以实现同一个 HTML 页面，根据不同的输出设备，显示不同的外观效果。

媒体查询的使用方法是在 <head> 标签中添加 viewport 属性，具体代码如下：

```
    <meta  name="viewport"  content="width=device-width",initial-scale=1,maxinum-
scale=1.0,user-scalable="no">
```

然后使用 @media 关键字编写 CSS 媒体查询内容，例如以下代码：

```
/*当设备宽度在450像素和650像素之间时，显示背景图片为m1.gif*/
@media screen and (max-width:650px) and (min-width:450px){
     header{
         background-image: url(m1.gif);
     }
}
/*当设备宽度小于或等于450像素时，显示背景图片为m2.gif*/
@media screen and (max-width:450px){
     header{
         background-image: url(m2.gif);
```

```
        }
    }
```

上述代码实现的功能是根据屏幕的大小不同而显示不同的背景图片。当设备屏幕宽度为 450 ～ 650 像素时，媒体查询中设置背景图片为 m1.gif；当设备屏幕宽度小于或等于 450 像素时，媒体查询中设置背景图片为 m2.gif。

12.4 响应式网页的布局设计

响应式网页布局设计的主要特点是根据不同的设备显示不同的页面布局效果。

12.4.1 常用布局类型

根据网页的列数，将网页布局类型可以分为单列布局或多列布局，多列布局又可以分为均分多列布局和不均分多列布局。

1. 单列布局

网页单列布局模式是最简单的一种布局形式，也被称为“网页 1-1-1 型布局模式”。如图 12-3 所示为网页单列布局模式示意图。

图 12-3　网页单列布局

2. 均分多列布局

列数大于或等于 2 列的布局类型。每列宽度相同，列与列间距相同，如图 12-4 所示。

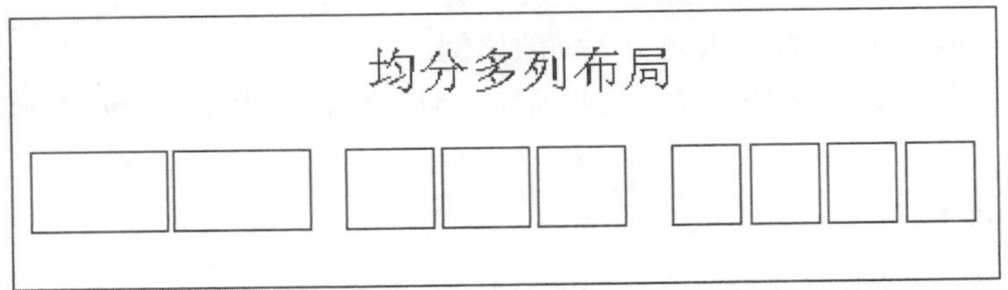

图 12-4　均分多列布局

3. 不均分多列布局

列数大于或等于 2 列的布局类型。每列宽度不相同，列与列间距不同，如图 12-5 所示。

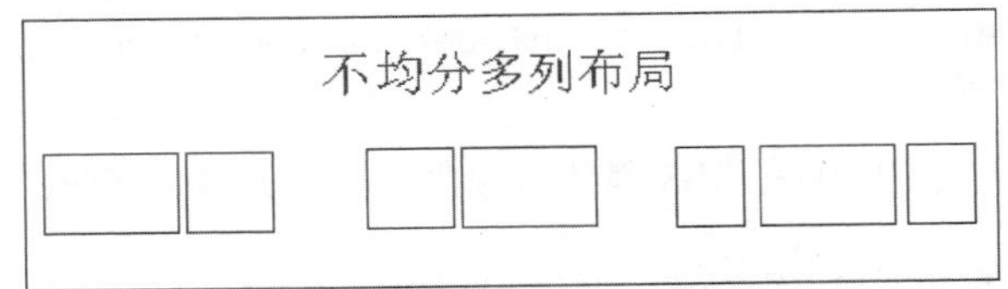

图 12-5　不均分多列布局

12.4.2 布局的实现方式

实现布局设计有不同的方式。这里基于页面的实现单位（像素或百分比），分为四种类型：固定布局、可切换的固定布局、弹性布局、混合布局。

（1）固定布局：以像素作为页面的基本单位，不管设备屏幕及浏览器宽度，只设计一套固定宽度的页面布局，如图 12-6 所示。

（2）可切换的固定布局：同样以像素作为页面单位，参考主流设备尺寸，设计几套不同宽度的布局。通过媒体查询技术设置不同的屏幕尺寸或浏览器宽度，选择最合适的宽度布局，如图 12-7 所示。

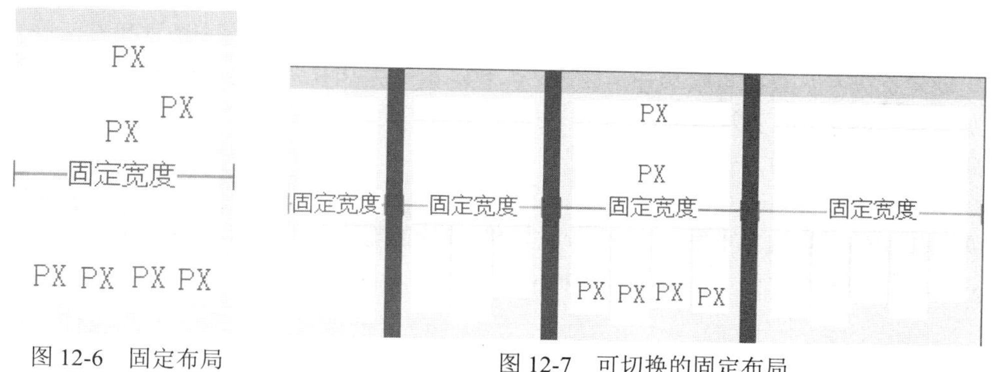

图 12-6　固定布局

图 12-7　可切换的固定布局

（3）弹性布局：以百分比作为页面的基本单位，可以适应一定范围内所有尺寸的设备屏幕及浏览器宽度，并能完美利用有效空间展现最佳效果，如图 12-8 所示。

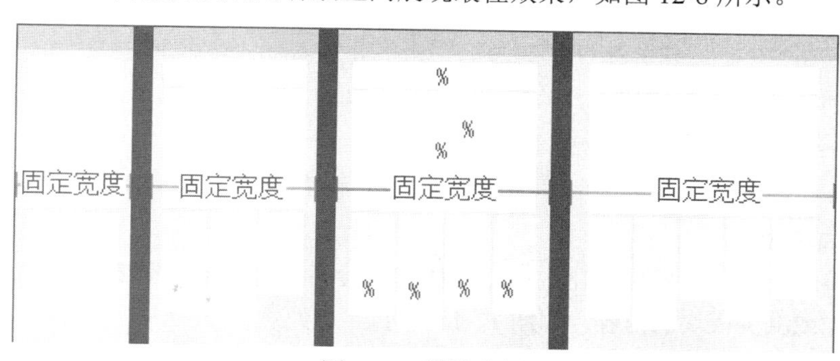

图 12-8　弹性布局

（4）混合布局：同弹性布局类似，可以适应一定范围内所有尺寸的设备屏幕及浏览器宽度，并能完美利用有效空间展现最佳效果，只是它混合像素和百分比两种单位作为页面单位，如图 12-9 所示。

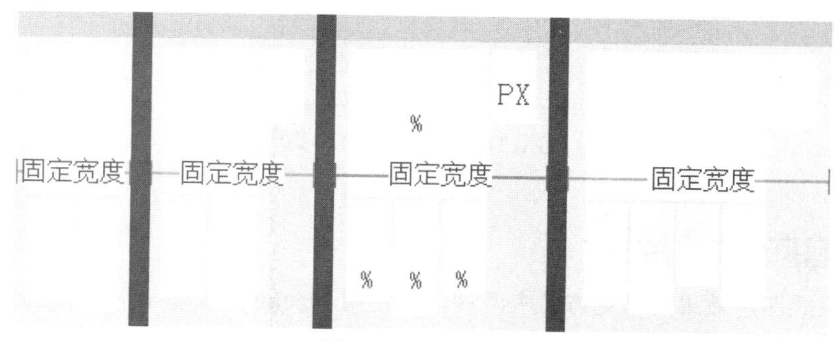

图 12-9　混合布局

可切换的固定布局、弹性布局、混合布局都是目前可被采用的响应式布局方式。其中可切换的固定布局的实现成本最低，但拓展性比较差；而弹性布局与混合布局效果具有响应性，都是比较理想的响应式布局实现方式。只是对于不同类型的页面排版布局实现响应式设计，需要采用不用的实现方式。通栏、等分结构的布局适合采用弹性布局方式，而对于非等分的多栏结构，往往需要采用混合布局的实现方式。

12.4.3 响应式布局的设计与实现

对页面进行响应式的设计，需要对相同内容进行不同宽度的布局设计。这里有两种方式：桌面电脑端优先（从桌面电脑端开始设计）；移动端优先（首先从移动端开始设计）。无论基于哪种模式的设计，要兼容所有设备，布局响应时不可避免地需要对模块布局做一些变化。

常见的响应式布局方式有以下两种。

1. 模块内容不变

页面中整体模块内容不发生变化，通过调整模块的宽度，可以将模块内容从挤压调整到拉伸，从平铺调整到换行，如图 12-10 所示。

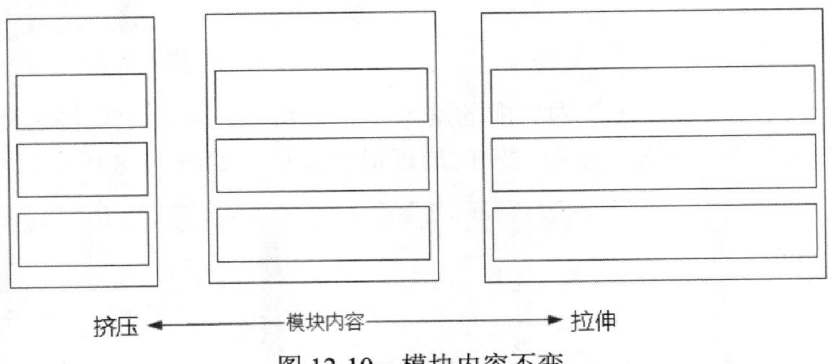

图 12-10　模块内容不变

2. 模块内容改变

页面中整体模块内容发生变化，通过媒体查询检测当前设备的宽度，动态隐藏或显示模块内容，增加或减少模块的内容，如图 12-11 所示。

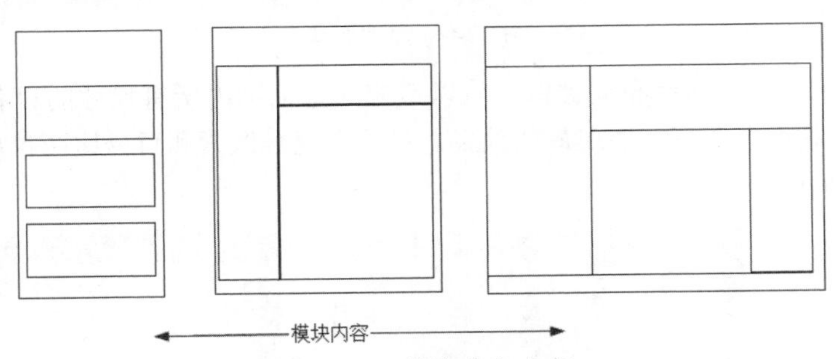

图 12-11　模块内容改变

12.5 响应式图片

实现响应式图片效果的常见方法有两种，即使用 <picture> 标签和使用 CSS 图片。

12.5.1 使用 <picture> 标签

使用 <picture> 标签，可以在不同的设备上显示不同的图片，从而实现响应式图片的效果。

语法格式如下：

```
<picture>
  <source media="(max-width: 600px)" srcset="m1.jpg">
  <img src="m2.jpg">
</picture>
```

<picture> 标签包含 <source> 属性和 <img> 属性，根据不同设备屏幕的宽度，显示不同的图片。上述代码的功能是，当屏幕的宽度小于 600 像素时，将显示 m1.jpg 图片，否则将显示默认图片 m2.jpg。

> **提示：**<picture> 标签可根据屏幕匹配的不同尺寸显示不同图片，如果没有匹配到或浏览器不支持 <picture> 标签，则使用 <img> 属性内的图片。

实例 1：使用 <picture> 标签实现响应式图片布局

本实例将通过使用 <picture> 标签、<source> 属性和 <img> 属性，根据不同设备屏幕的宽度，显示不同的图片。当屏幕的宽度大于 800 像素时，将显示 m1.jpg 图片，否则将显示默认图片 m2.jpg。

```
<!DOCTYPE html>
<html>
<head>
<title>使用<picture>标签</title>
</head>
<body>
<h1>使用<picture>标签实现响应式图片</h1>
<picture>
  <source media="(min-width: 800px)" srcset="m1.jpg">
  <img src="m2.jpg">
</picture>
</body>
</html>
```

电脑端运行效果如图 12-12 所示。使用 Opera Mobile Emulator 模拟手机端运行的效果如图 12-13 所示。

图 12-12　电脑端预览效果

图 12-13　模拟手机端预览效果

12.5.2 使用 CSS 图片

大尺寸图片可以显示在大屏幕上，但在小屏幕上却不能很好地显示。没有必要在小屏幕上去加载大图片，这样很影响加载速度。所以可以利用媒体查询技术，使用 CSS 中的 media 关键字，根据不同的设备显示不同的图片。

语法格式如下：

```
@media screen and (min-width: 600px) {
CSS样式
    }
```

上述代码的功能是，当屏幕大于 600 像素时，将应用大括号内的 CSS 样式。

实例 2：使用 CSS 图片实现响应式图片布局

本实例使用媒体查询技术中的 media 关键字，实现响应式图片布局。当屏幕宽度大于 800 像素时，显示图片 m3.jpg；当屏幕宽度小于 799 像素时，显示图片 m4.jpg。

```
<!DOCTYPE html>
<html>
<head>
<meta name="viewport" content="width=device-width",initial-scale=1,maxinum-
scale=1.0,user-scalable="no">
<!--指定页头信息-->
<title>使用CSS图片</title>
<style>
    /*当屏幕宽度大于800像素时*/
    @media screen and (min-width: 800px) {
        .bcImg {
            background-image:url(m3.jpg);
            background-repeat: no-repeat;
            height: 500px;
        }
    }
    /*当屏幕宽度小于799像素时*/
    @media screen and (max-width: 799px) {
        .bcImg {
            background-image:url(m4.jpg);
            background-repeat: no-repeat;
            height: 500px;
        }
    }
</style>
</head>
<body>
<div class="bcImg"></div>
</body>
</html>
```

电脑端运行效果如图 12-14 所示。使用 Opera Mobile Emulator 模拟手机端运行的效果如图 12-15 所示。

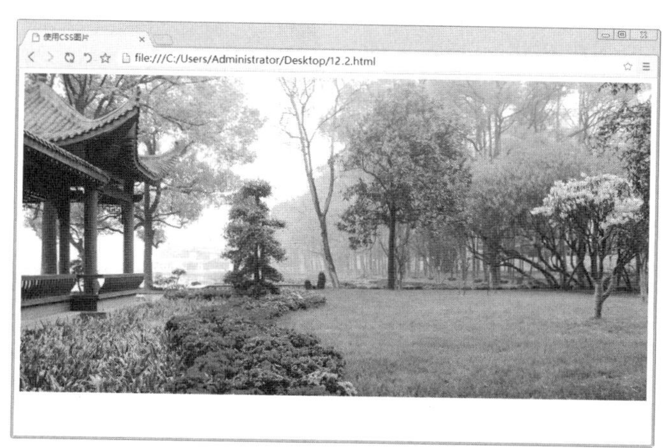

图 12-14 电脑端使用 CSS 图片预览效果

图 12-15 模拟手机端使用 CSS 图片预览效果

12.6 响应式视频

相比于响应式图片，响应式视频的处理要稍微复杂一点。响应式视频不仅要处理视频播放器的尺寸，还要兼顾到视频播放器的整体效果和体验问题。下面讲述如何使用 <meta> 标签处理响应式视频。

<meta> 标签中的 viewport 属性可以设置网页设计宽度和实际屏幕宽度的大小关系。语法格式如下：

```
<meta name="viewport" content="width=device-width",initial-scale=1,maxinum-scale=1,user-scalable="no">
```

实例 3：使用 <meta> 标签播放手机视频

本实例使用 <meta> 标签实现一个视频在手机端正常播放。首先使用 <iframe> 标签引入测试视频，然后通过 <meta> 标签中的 viewport 属性设置网页设计宽度和实际屏幕的宽度大小关系。

```
<!DOCTYPE html>
<html>
<head>
<!--通过meta元标签，使网页宽度与设备宽度一致 -->
<meta name="viewport" content="width=device-width,initial-scale=1" maxinum-scale=1,user-scalable="no">
<!--指定页头信息-->
<title>使用<meta>标签播放手机视频</title>
</head>
```

```
<body>
<div align="center">
    <!--使用iframe标签，引入视频-->
    <iframe  src="精品课程.mp4" frameborder="0" allowfullscreen></iframe>
</div>
</body>
</html>
```

使用 Opera Mobile Emulator 模拟手机端运行的效果如图 12-16 所示。

图 12-16　模拟手机端预览视频的效果

12.7　响应式导航菜单

导航菜单是设计网站中最常用的元素，下面讲述响应式导航菜单的实现方法。利用媒体查询技术中的 media 关键字，可获取当前设备屏幕的宽度，根据不同的设备显示不同的 CSS 样式。

实例 4：使用 media 关键字设计网上商城的响应式菜单

本实例使用媒体查询技术中的 media 关键字，实现网上商城的响应式菜单。

```
<!DOCTYPE HTML>
<html>
<head>
<meta name="viewport" content="width=device-width, initial-scale=1">
<title>CSS3响应式菜单</title>
<style>
        .nav ul {
            margin: 0;
            padding: 0;
        }
        .nav li {
            margin: 0 5px 10px 0;
            padding: 0;
            list-style: none;
            display: inline-block;
            *display:inline; /* ie7 */
        }
        .nav a {
            padding: 3px 12px;
            text-decoration: none;
            color: #999;
            line-height: 100%;
        }
        .nav a:hover {
            color: #000;
        }
        .nav .current a {
            background: #999;
            color: #fff;
            border-radius: 5px;
        }

        /* right nav */
```

```
.nav.right ul {
    text-align: right;
}

/* center nav */
.nav.center ul {
    text-align: center;
}

@media screen and (max-width: 600px) {
    .nav {
        position: relative;
        min-height: 40px;
    }
    .nav ul {
        width: 180px;
        padding: 5px 0;
        position: absolute;
        top: 0;
        left: 0;
        border: solid 1px #aaa;

        border-radius: 5px;
        box-shadow: 0 1px 2px rgba(0,0,0,.3);
    }
    .nav li {
        display: none; /* hide all <li> items */
        margin: 0;
    }
    .nav .current {
        display: block; /* show only current <li> item */
    }
    .nav a {
        display: block;
        padding: 5px 5px 5px 32px;
        text-align: left;
    }
    .nav .current a {
        background: none;
        color: #666;
    }
    /* on nav hover */
    .nav ul:hover {
        background-image: none;
        background-color: #fff;
    }
    .nav ul:hover li {
        display: block;
        margin: 0 0 5px;
    }

    /* right nav */
    .nav.right ul {
        left: auto;
        right: 0;
    }
    /* center nav */
    .nav.center ul {
        left: 50%;
```

```
                margin-left: -90px;
            }

        }
    </style>
</head>

<body>
<h2>风云网上商城</h2>
<!--导航菜单区域-->
<nav class="nav">
    <ul>
        <li class="current"><a href="#">家用电器</a></li>
        <li><a href="#">电脑</a></li>
        <li><a href="#">手机</a></li>
        <li><a href="#">化妆品</a></li>
        <li><a href="#">服装</a></li>
        <li><a href="#">食品</a></li>
    </ul>
</nav>
<p>风云网上商城-专业的综合网上购物商城，销售超数万品牌、4020万种商品，囊括家电、手机、电脑、化妆品、服装等6大品类。秉承客户为先的理念，商城所售商品为正品行货、全国联保、机打发票。</p>
</body>
</html>
```

电脑端运行效果如图 12-17 所示。使用 Opera Mobile Emulator 模拟手机端运行的效果如图 12-18 所示。

图 12-17　电脑端预览导航菜单的效果

图 12-18　模拟手机端预览导航菜单的效果

12.8　响应式表格

表格在网页设计中非常重要，如网站中的商品采购信息表，就是使用表格技术创建的。响应式表格通常是通过隐藏表格中的列、滚动表格中的列和转换表格中的列来实现。

12.8.1　隐藏表格中的列

为了适配移动端的布局效果，可以隐藏表格中不需要的列。通过利用媒体查询技术中的 media 关键字，获取当前设备屏幕的宽度，可根据不同的设备将不重要的列设置为“display:

none”，从而隐藏指定的列。

实例 5：隐藏商品采购信息表中不重要的列

利用媒体查询技术中的 media 关键字，在移动端隐藏表格的第 4 列和第 6 列。

```
<!DOCTYPE html>
<html >
<head>
    <meta name="viewport" content="width=device-width, initial-scale=1">
    <title>隐藏表格中的列</title>
    <style>
        @media only screen and (max-width: 600px) {
            table td:nth-child(4),
            table th:nth-child(4),
            table td:nth-child(6),
            table th:nth-child(6){display: none;}
        }
    </style>
</head>
<body>
<h1 align="center">商品采购信息表</h1>
<table width="100%" cellspacing="1" cellpadding="5" border="1">
    <thead>
    <tr>
        <th>编号</th>
        <th>产品名称</th>
        <th>价格</th>
        <th>产地</th>
        <th>库存</th>
        <th>级别</th>
    </tr>
    </thead>
    <tbody align="center">
    <tr>
        <td>1001</td>
        <td>冰箱</td>
        <td>6800元</td>
        <td>上海</td>
        <td>4999</td>
        <td>1级</td>
    </tr>
    <tr>
        <td>1002</td>
        <td>空调</td>
        <td>5800元</td>
        <td>上海</td>
        <td>6999</td>
        <td>1级</td>
    </tr>
    <tr>
        <td>1003</td>
        <td>洗衣机</td>
        <td>4800元</td>
        <td>北京</td>
        <td>3999</td>
        <td>2级</td>
    </tr>
    <tr>
        <td>1004</td>
        <td>电视机</td>
        <td>2800元</td>
        <td>上海</td>
        <td>8999</td>
        <td>2级</td>
    </tr>
    <tr>
        <td>1005</td>
        <td>热水器</td>
        <td>320元</td>
        <td>上海</td>
        <td>9999</td>
        <td>1级</td>
    </tr>
    <tr>
        <td>1006</td>
        <td>手机</td>
        <td>1800元</td>
        <td>上海</td>
        <td>9999</td>
        <td>1级</td>
    </tr>
    </tbody>
</table>
</body>
</html>
```

电脑端运行效果如图 12-19 所示。使用 Opera Mobile Emulator 模拟手机端运行的效果如图 12-20 所示。

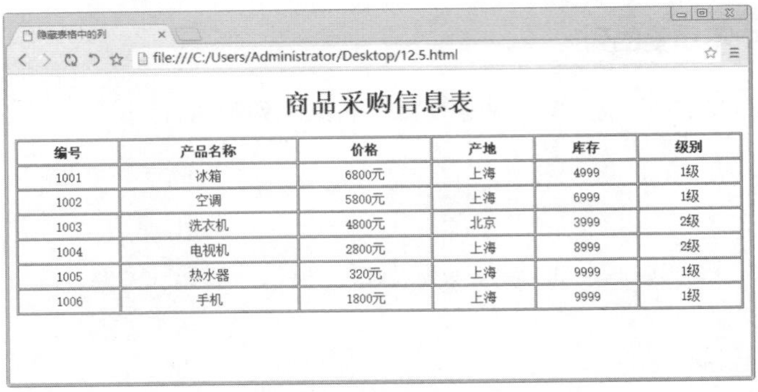
隐藏表格中的列
file:///C:/Users/Administrator/Desktop/12.5.html
商品采购信息表
编号 产品名称 价格 产地 库存 级别
1001 冰箱 6800元 上海 4999 1级
1002 空调 5800元 上海 6999 1级
1003 洗衣机 4800元 北京 3999 2级
1004 电视机 2800元 上海 8999 2级
1005 热水器 320元 上海 9999 1级
1006 手机 1800元 上海 9999 1级

图 12-19　电脑端预览效果

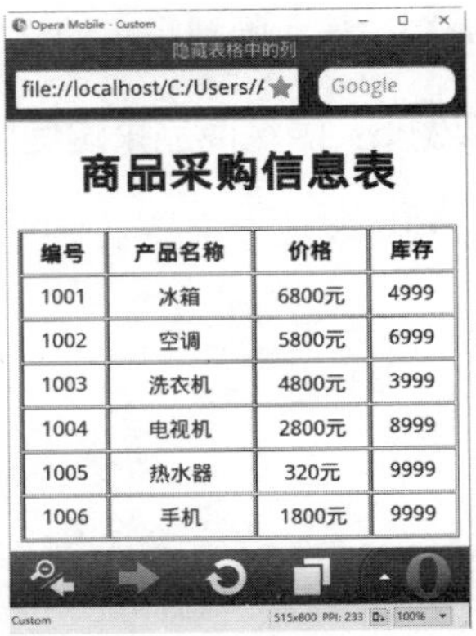
Opera Mobile - Custom
隐藏表格中的列
file://localhost/C:/Users/
Google
商品采购信息表
编号 产品名称 价格 库存
1001 冰箱 6800元 4999
1002 空调 5800元 6999
1003 洗衣机 4800元 3999
1004 电视机 2800元 8999
1005 热水器 320元 9999
1006 手机 1800元 9999

图 12-20　隐藏表格中的列

12.8.2　滚动表格中的列

通过滚动条的方式，可以将手机端看不到的信息，进行滚动查看。实现此效果主要是利用媒体查询技术中的 media 关键字，获取当前设备屏幕的宽度，并根据不同的设备宽度，改变表格的样式，将表头由横向排列变成纵向排列。

实例 6：滚动表格中的列

本案例将不改变表格的内容，通过滚动的方式查看表格中的所有信息。

```
<!DOCTYPE html>
<html>
<head>
    <meta name="viewport" content="width=device-width, initial-scale=1">
    <title>滚动表格中的列</title>

    <style>
        @media only screen and (max-width: 650px) {
              *:first-child+html .cf { zoom: 1; }
              table { width: 100%; border-collapse: collapse; border-spacing: 0;
}
              th,
              td { margin: 0; vertical-align: top; }
              th { text-align: left; }
              table { display: block; position: relative; width: 100%; }
              thead { display: block; float: left; }
              tbody { display: block; width: auto; position: relative;
                                       overflow-x: auto; white-space: nowrap; }
              thead tr { display: block; }
              th { display: block; text-align: right; }
              tbody tr { display: inline-block; vertical-align: top; }
              td { display: block; min-height: 1.25em; text-align: left; }
              th { border-bottom: 0; border-left: 0; }
              td { border-left: 0; border-right: 0; border-bottom: 0; }
              tbody tr { border-left: 1px solid #babcbf; }
              th:last-child,
              td:last-child { border-bottom: 1px solid #babcbf; }
        }
    </style>
```

```
</head>
<body>
<h1 align="center">商品采购信息表</h1>
<table width="100%" cellspacing="1" cellpadding="5" border="1">
    <thead>
    <tr>
        <th>编号</th>
        <th>产品名称</th>
        <th>价格</th>
        <th>产地</th>
        <th>库存</th>
        <th>级别</th>
    </tr>
    </thead>
    <tbody align="center">
    <tr>
        <td>1001</td>
        <td>冰箱</td>
        <td>6800元</td>
        <td>上海</td>
        <td>4999</td>
        <td>1级</td>
    </tr>
    <tr>
        <td>1002</td>
        <td>空调</td>
        <td>5800元</td>
        <td>上海</td>
        <td>6999</td>
        <td>1级</td>
    </tr>
    <tr>
        <td>1003</td>
        <td>洗衣机</td>
        <td>4800元</td>
        <td>北京</td>
        <td>3999</td>
        <td>2级</td>
    </tr>
    <tr>
        <td>1004</td>
        <td>电视机</td>
        <td>2800元</td>
        <td>上海</td>
        <td>8999</td>
        <td>2级</td>
    </tr>
    <tr>
        <td>1005</td>
        <td>热水器</td>
        <td>320元</td>
        <td>上海</td>
        <td>9999</td>
        <td>1级</td>
    </tr>
    <tr>
        <td>1006</td>
        <td>手机</td>
        <td>1800元</td>
        <td>上海</td>
        <td>9999</td>
        <td>1级</td>
    </tr>
    </tbody>
</table>
</body>
</html>
```

电脑端运行效果如图 12-21 所示。使用 Opera Mobile Emulator 模拟手机端运行的效果如图 12-22 所示。

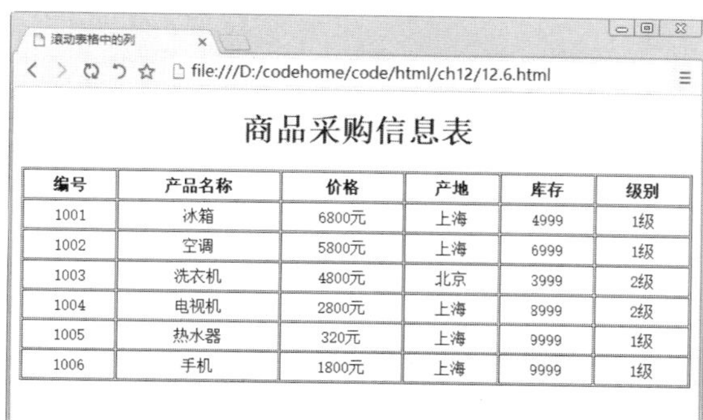

图 12-21　电脑端预览效果

图 12-22　滚动表格中的列

12.8.3 转换表格中的列

转换表格中的列就是将表格转化为列表。利用媒体查询技术中的 media 关键字，可获取当前设备屏幕的宽度，然后利用 CSS 技术将表格转化为列表。

实例 7：转换表格中的列

本实例将学生考试成绩表转换为列表。

```
<!DOCTYPE html>
<html>
<head>
    <meta name="viewport" content="width=device-width, initial-scale=1">
    <title>转换表格中的列</title>
    <style>
        @media only screen and (max-width: 800px) {
            /* 强制表格为块状布局 */
             table, thead, tbody, th, td, tr {
                display: block;
            }
            /* 隐藏表格头部信息 */
             thead tr {
                position: absolute;
                top: -9999px;
                left: -9999px;
            }
             tr { border: 1px solid #ccc; }
             td {
                /* 显示列 */
                border: none;
                border-bottom: 1px solid #eee;
                position: relative;
                padding-left: 50%;
                white-space: normal;
                text-align:left;
            }
             td:before {
                position: absolute;
                top: 6px;
                left: 6px;
                width: 45%;
                padding-right: 10px;
                white-space: nowrap;
                text-align:left;
                font-weight: bold;
            }
            /*显示数据*/
             td:before { content: attr(data-title); }
        }
    </style>
</head>
<body>
<h1 align="center">学生考试成绩表</h1>
<table width="100%" cellspacing="1" cellpadding="5" border="1">
    <thead>
    <tr>
        <th>学号</th>
        <th>姓名</th>
```

```
            <th>语文成绩</th>
            <th>数学成绩</th>
            <th>英语成绩</th>
            <th>文综成绩</th>
            <th>理综成绩</th>
        </tr>
        </thead>
        <tbody align="center">
        <tr>
            <td>1001</td>
            <td>张飞</td>
            <td>126</td>
            <td>146</td>
            <td>124</td>
            <td>146</td>
            <td>106</td>
        </tr>
        <tr>
            <td>1002</td>
            <td>王小明</td>
            <td>106</td>
            <td>136</td>
            <td>114</td>
            <td>136</td>
            <td>126</td>
        </tr>
        <tr>
            <td>1003</td>
            <td>蒙华</td>
            <td>125</td>
            <td>142</td>
            <td>125</td>
            <td>141</td>
            <td>109</td>
        </tr>
        <tr>
            <td>1004</td>
            <td>刘蓓</td>
            <td>126</td>
            <td>136</td>
            <td>124</td>
            <td>116</td>
            <td>146</td>
        </tr>
        <tr>
            <td>1005</td>
            <td>李华</td>
            <td>121</td>
            <td>141</td>
            <td>122</td>
            <td>142</td>
            <td>103</td>
        </tr>
        <tr>
            <td>1006</td>
            <td>赵晓</td>
            <td>116</td>
            <td>126</td>
            <td>134</td>
            <td>146</td>
            <td>116</td>
        </tr>
        </tbody>
    </table>
</body>
</html>
```

电脑端运行效果如图 12-23 所示。使用 Opera Mobile Emulator 模拟手机端运行的效果如图 12-24 所示。

转换表格中的列

file:///D:/codehome/code/html/ch12/12.7.html

学生考试成绩表

学号	姓名	语文成绩	数学成绩	英语成绩	文综成绩	理综成绩
1001	张飞	126	146	124	146	106
1002	王小明	106	136	114	136	126
1003	蒙华	125	142	125	141	109
1004	刘蓓	126	136	124	116	146
1005	李华	121	141	122	142	103
1006	赵晓	116	126	134	146	116

图 12-23　电脑端预览效果

图 12-24　转换表格中的列

12.9 新手常见疑难问题

疑问 1：设计移动设备端网站时，需要考虑的因素有哪些？

不管选择什么技术来设计移动网站，都需要考虑以下因素。

1. 屏幕尺寸小

需要了解常见的移动手机的屏幕尺寸，包括 320×240、320×480、480×800、640×960 以及 1136×640 等。

2. 流量问题

虽然 5G 网络已经开始广泛应用，但是很多用户仍然为流量付出不菲的费用，所以图片的大小在设计时仍然需要考虑。对于不必要的图片，可以进行舍弃。

3. 字体、颜色与媒体问题

移动设备上安装的字体数量可能很有限，因此建议用 em 单位或百分比来设置字号，并选择常见字体。部分早期的移动设备支持的颜色数量不多，在选择颜色时也要尽量提高对比度。此外，还有许多移动设备不支持 Adobe Flash 媒体。

疑问 2：响应式网页的优缺点是什么？

响应式网页的优点如下。

（1）跨平台上友好显示。无论是电脑、平板或手机，响应式网页都可以适应并显示友好的网页界面。

（2）数据同步更新。由于数据库是统一的，所以当后台数据库更新后，电脑端或移动端都将同步更新，这样数据管理起来就比较及时和方便。

（3）减少成本。通过响应式网页设计，可以不用再开发一个独立的电脑端网站和移动端网站，从而减低了开发成本，同时也降低了维护的成本。

响应式网页的缺点如下。

（1）前期开发考虑的因素较多，需要考虑不同设备的宽度和分辨率等因素，以及图片、视频等多媒体是否能在不同的设备上优化地展示。

（2）由于网页需要提前判断设备的特征，同时要下载多套 CSS 样式代码，在加载页面中就会增加读取时间和加载时间。

12.10 实战技能训练营

实战 1：使用 <picture> 标签实现响应式图片布局

本实例将通过使用 <picture> 标签、<source> 属性和 <img> 属性，根据不同设备屏幕的宽度，显示不同的图片。当屏幕的宽度大于 600 像素时，将显示 x1.jpg 图片，否则将显示默认图片 x2.jpg。

电脑端运行效果如图 12-25 所示。使用 Opera Mobile Emulator 模拟手机端运行的效果如图 12-26 所示。

图 12-25 电脑端预览效果

图 12-26 模拟手机端预览效果

实战 2：隐藏招聘信息表中指定的列

利用媒体查询技术中的 media 关键字，在移动端隐藏表格的第 4 列和第 5 列。

电脑端运行效果如图 12-27 所示。使用 Opera Mobile Emulator 模拟手机端运行的效果如图 12-28 所示。

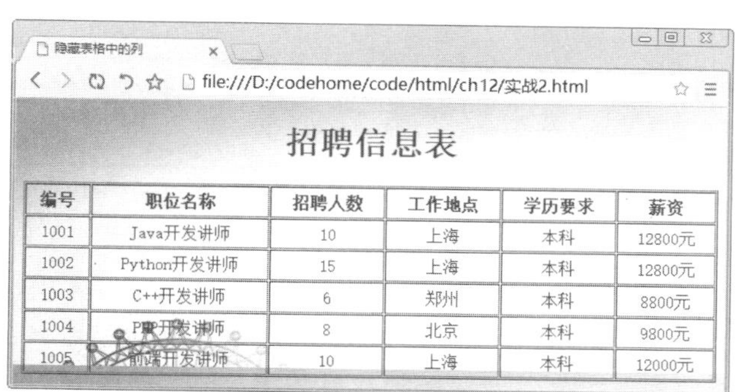

编号	职位名称	招聘人数	工作地点	学历要求	薪资
1001	Java开发讲师	10	上海	本科	12800元
1002	Python开发讲师	15	上海	本科	12800元
1003	C++开发讲师	6	郑州	本科	8800元
1004	PHP开发讲师	8	北京	本科	9800元
1005	前端开发讲师	10	上海	本科	12000元

图 12-27 电脑端预览效果

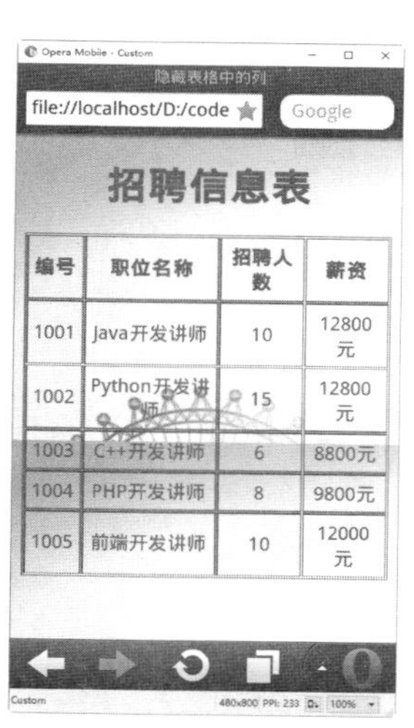

编号	职位名称	招聘人数	薪资
1001	Java开发讲师	10	12800元
1002	Python开发讲师	15	12800元
1003	C++开发讲师	6	8800元
1004	PHP开发讲师	8	9800元
1005	前端开发讲师	10	12000元

图 12-28 隐藏招聘信息表中指定的列

第13章　流行的响应式开发框架Bootstrap

本章导读

Bootstrap 是一款用于快速开发 Web 应用程序和网站的前端框架，它是基于 HTML、CSS 和 JavaScript 等技术开发的。本章将简单介绍 Bootstrap 的基本使用。

知识导图

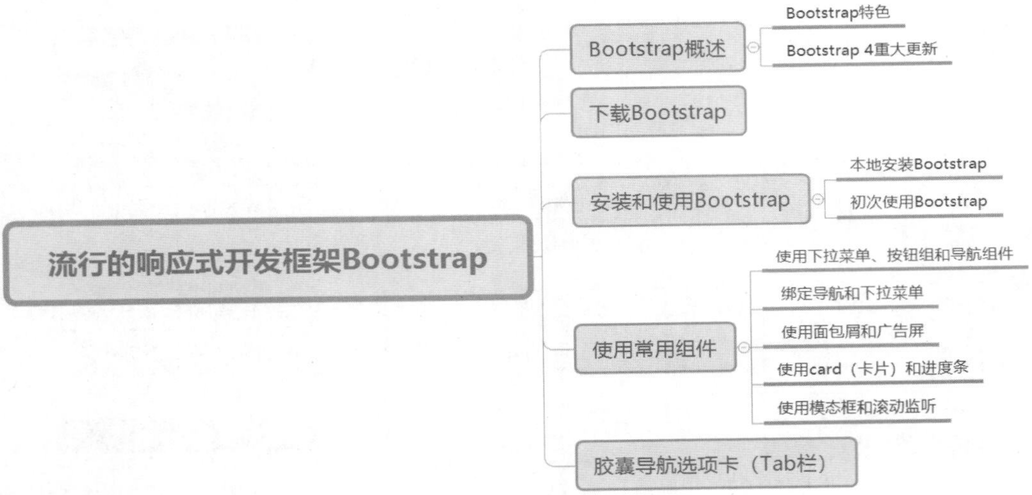

- 流行的响应式开发框架Bootstrap
  - Bootstrap概述
    - Bootstrap特色
    - Bootstrap 4重大更新
  - 下载Bootstrap
  - 安装和使用Bootstrap
    - 本地安装Bootstrap
    - 初次使用Bootstrap
  - 使用常用组件
    - 使用下拉菜单、按钮组和导航组件
    - 绑定导航和下拉菜单
    - 使用面包屑和广告屏
    - 使用card（卡片）和进度条
    - 使用模态框和滚动监听
  - 胶囊导航选项卡（Tab栏）

13.1 Bootstrap概述

Bootstrap是由Twitter公司主导设计研发的，是基于HTML、CSS、JavaScript开发的简洁、直观的前端开发框架，使得Web开发更加快捷。Bootstrap一经推出后颇受欢迎，一直是GitHub上的热门开源项目，可以说Bootstrap是目前最受欢迎的前端框架之一。

13.1.1 Bootstrap特色

Bootstrap是当前比较流行的前端框架，起源于Twitter，是Web开发人员的一个重要工具，它拥有下面一些特色。

1. 跨设备，跨浏览器

可以兼容所有现代主流浏览器，Bootstrap 3不兼容IE 7及其以下的版本，Bootstrap 4不再支持IE8。自Bootstrap 3起，框架包含了贯穿整个库的移动设备优先的样式，重点支持各种平板电脑和智能手机等移动设备。

2. 响应布局

从Bootstrap 2开始，便支持响应式布局，能够自适应台式机、平板电脑和手机，从而提供一致的用户体验。

3. 列网格布局

Bootstrap提供了一套响应式、移动设备优先的网格系统，随着屏幕或视口（viewport）尺寸的增加，系统会自动分为最多12列，也可以根据自己的需要定义列数。

4. 较全面的组件

Bootstrap提供了实用性很强的组件，如导航、按钮、下拉菜单、表单、列表、输入框等，供开发者使用。

5. 内置jQuery插件

Bootstrap提供了很多实用的jQuery插件，如模态框、旋转木马等，这些插件方便开发者实现Web中各种常规特效。

6. 支持HTML 5和CSS3

Bootstrap的使用要求在HTML 5文档类型的基础上，所以支持HTML 5标签和语法；Bootstrap支持CSS3的属性和标准，并不断完善。

7. 容易上手

只要具备HTML和CSS的基础知识，就可以开始学习Bootstrap并且使用它。

8. 开源的代码

Bootstrap是完全开源的，不管是个人或者是企业都可以免费使用。Bootstrap全部托管于GitHub，并借助GitHub平台实现社区化的开发和共建。

13.1.2 Bootstrap 4重大更新

与Bootstrap 3相比较，Bootstrap 4有太多重大的更新，下面是其中一些更新的亮点。

（1）不再支持IE 8，使用rem和em单位：Bootstrap 4放弃对IE 8的支持，这意味着开发者可以放心地利用 CSS 的优点，不必再纠结 CSS hack 技巧或回退机制了。用 rem 和 em 代替 px 作为单位，更适合做响应式布局，控制组件大小。如果要支持 IE 8，只能继续用 Bootstrap 3。

（2）从 Less 到 Sass：现在，Bootstrap 已加入 Sass 的大家庭中，得益于 Libsass，Bootstrap 的编译速度比以前更快。

（3）支持选择弹性盒模型（Flexbox）：这是一项划时代的功能——只要修改一个变量的 Boolean 值，就可以让 Bootstrap 中的组件使用 Flexbox。

（4）废弃了 wells、thumbnails 和 panels，使用 cards（卡片）代替：cards 是一个全新概念，使用起来与 wells、thumbnails 和 panels 很像，但是更加方便。

（5）将所有 HTML 重置样式表整合到 Reboot 中：在一些地方用不了 Normalize.css 时，可以使用 Reboot 重置样式，它提供了更多选项。

（6）新的自定义选项：不再像上一个版本一样，将 Flexbox、渐变、圆角、阴影等效果分放在单独的样式表中，而是将所有选项都移到一个 Sass 变量中。如果想要改变默认效果，只需要更新变量值，重新编译就可以了。

（7）重写所有 JavaScript 插件：为了利用 JavaScript 的新特性，Bootstrap 4 用 ES6 重写了所有插件。现在提供 UMD 支持、泛型拆解方法、选项类型检查等特性。

（8）更多变化：支持自定义窗体控件、空白和填充类，此外还包括新的实用程序类等。

13.2 下载 Bootstrap

Bootstrap 4 是 Bootstrap 的最新版本，与之前的版本相比，拥有更强大的功能。本节将教大家如何下载 Bootstrap 4。

Bootstrap 4 有两个版本的压缩包：一个是源码文件，是供学习使用的；另一个是编译版，供直接引用的。

1. 下载源码版的 Bootstrap

Bootstrap 全部托管于 GitHub，并借助 GitHub 平台实现社区化的开发和共建，所以我们可以到 GitHub 上去下载 Bootstrap 压缩包。使用浏览器访问 https://github.com/twbs/bootstrap/ 页面，单击 Download ZIP 按钮，下载最新版的 Bootstrap 压缩包，如图 13-1 所示。

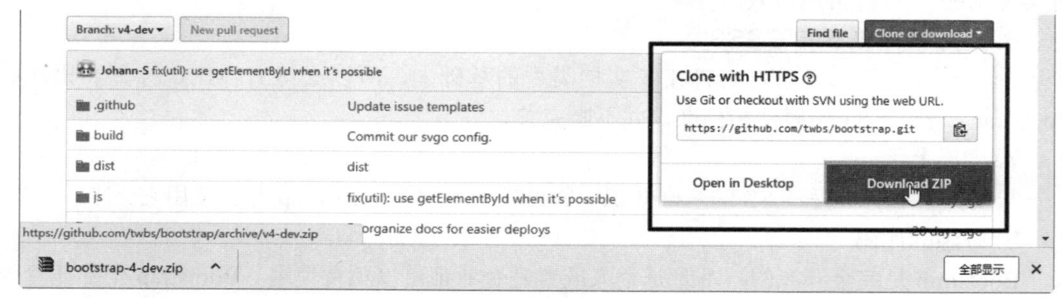

图 13-1　在 GitHub 上下载源码文件

Bootstrap 4 源码下载完成后并解压，目录结构如图 13-2 所示。

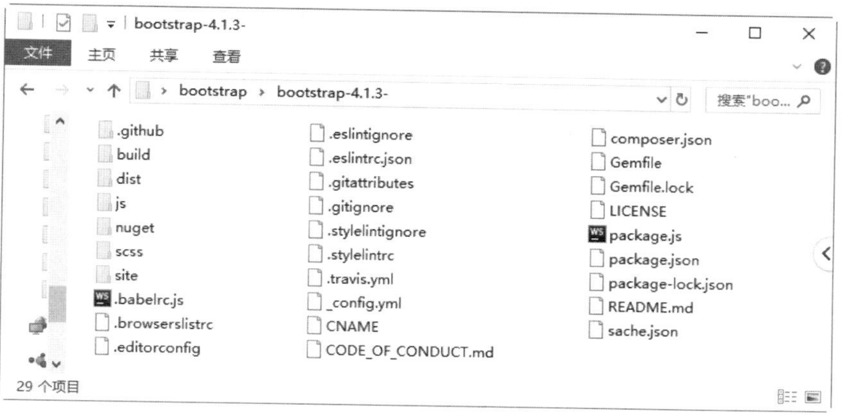

图 13-2　源码文件的目录结构

2. 下载编译版 Bootstrap

如果用户需要快速使用 Bootstrap 来开发网站，可以直接下载经过编译、压缩后的发布版本。使用浏览器访问 http://getbootstrap.com/docs/4.1/getting-started/download/ 页面，单击 Download 按钮，下载编译版本压缩文件，如图 13-3 所示。

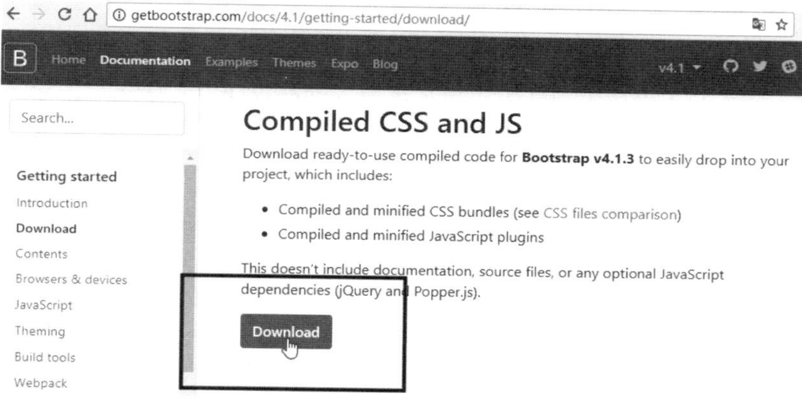

图 13-3　从官网下载编译版的 Bootstrap

编译版的压缩文件，仅包含编译好的 Bootstrap 应用文件，有 CSS 文件和 JS 文件，相比较于 Bootstrap 3 少了 fonts 字体文件，目录结构如图 13-4 所示。

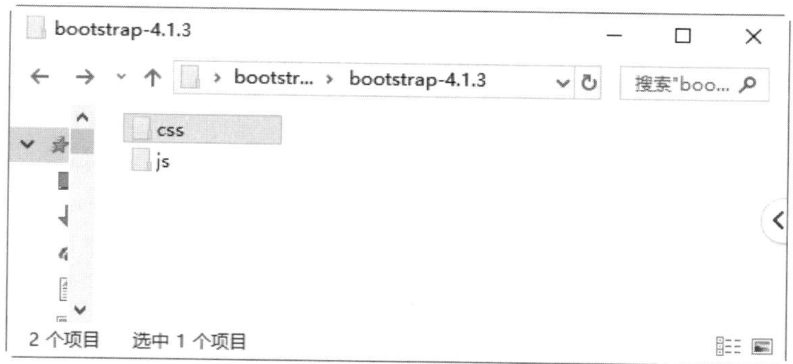

图 13-4　编译文件的目录结构

其中 CSS 文件的目录结构如图 13-5 所示，JS 文件的目录结构如图 13-6 所示。

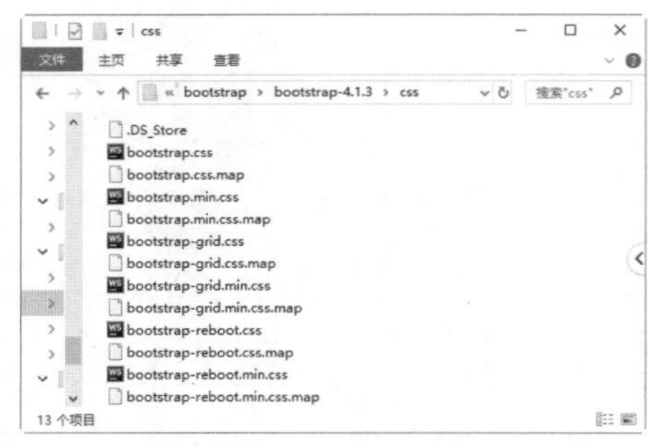

图 13-5　CSS 文件目录结构

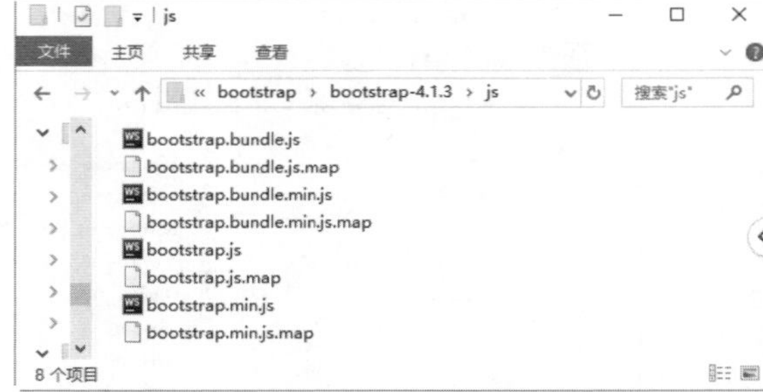

图 13-6　JS 文件目录结构

在网站目录中，导入相应的 CSS 文件和 JS 文件，便可以在项目中使用 Bootstrap 的效果和插件了。

13.3　安装和使用 Bootstrap

Bootstrap 下载完成后，需要安装才可以使用。

13.3.1　本地安装 Bootstrap

Bootstrap 是本着移动设备优先的策略开发的，所以优先为移动设备优化代码，根据每个组件的情况，利用 CSS 媒体查询技术为组件设置合适的样式。为了确保在所有设备上能够正确渲染并支持触控缩放，需要将设置 <meta> 标签的 viewport 属性添加到 <head> 标签中，具体代码如下所示：

```
<meta name="viewport" content="width=device-width, initial-scale=1, shrink-to-fit=no">
```

本地安装 Bootstrap 大致可以分为以下两步。

第一步：安装 Bootstrap 的基本样式，使用 <link> 标签引入 bootstrap.css 样式表文件，并且放在所有其他的样式表之前，代码如下所示：

```
<link rel="stylesheet" href="bootstrap-4.1.3/css/bootstrap.css">
```

第二步：调用 Bootstrap 的 JS 文件以及 jQuery 框架。注意，Bootstrap 中的许多组件需要依赖 JavaScript 才能运行，它们依赖的是 jQuery、Popper.js，其中 Popper.js 包含在我们引入的 bootstrap.bundle.js 中。具体的引入顺序是 jQuery.js 放在最前面，然后是 bundle.js，最后是 bootstrap.js，代码如下所示：

```
<script src="jquery.js"></script>
<script src="bootstrap-4.1.3/js/bootstrap.bundle.js"></script>
<script src="bootstrap-4.1.3/js/bootstrap.js"></script>
```

13.3.2　初次使用 Bootstrap

Bootstrap 安装后，下面使用它来完成一个简单的小案例。

首先需要在页面 <head> 标签中引入 Bootstrap 核心代码文件，代码如下：

```
    <meta name="viewport" content="width=device-width, initial-scale=1, shrink-to-fit=no">
    <link rel="stylesheet" href="bootstrap-4.1.3/css/bootstrap.css">
    <script src="jquery.js"></script>
    <script src="bootstrap-4.1.3/js/bootstrap.bundle.js"></script>
    <script src="bootstrap-4.1.3/js/bootstrap.js"></script>
```

然后在 <body> 中添加一个 <h1> 标签，并添加 Bootstrap 中的 bg-dark 和 text-white 类，其中 bg-dark 用于设置 <h1> 标签的背景色为黑色，text-white 设置 <h1> 标签的字体颜色为白色。具体代码如下所示：

```
<!DOCTYPE html>
<html>
<head>
<title></title>
    <meta name="viewport" content="width=device-width, initial-scale=1, shrink-to-fit=no">
    <link rel="stylesheet" href="bootstrap-4.1.3/css/bootstrap.css">
    <script src="jquery.js"></script>
    <script src="bootstrap-4.1.3/js/bootstrap.bundle.js"></script>
    <script src="bootstrap-4.1.3/js/bootstrap.js"></script>
</head>
<body>
<!--.bg-dark类用来设置背景颜色为黑色，text-white用来设置文本颜色为白色-->
<h1 class="bg-dark text-white">hello world!</h1>
</body>
</html>
```

在 IE 11.0 浏览器中显示效果如图 13-7 所示。

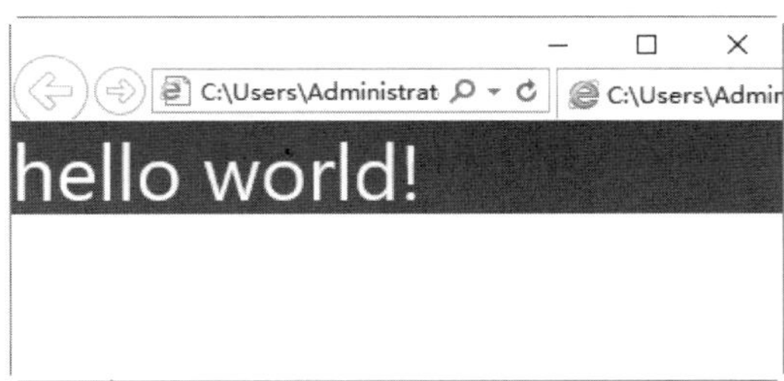

图 13-7 初始 Bootstrap

注意：在 <head> 中引入的核心代码，在后续的内容中将省略，读者务必加上。

13.4 使用常用组件

Bootstrap 提供了大量可复用的组件，下面简单介绍其中一些常用的组件，更详细的内容请参考官方文档。

13.4.1 使用下拉菜单

下拉菜单是网页中经常看到的效果之一，使用 Bootstrap 很容易就可以实现。

在 Bootstrap 中可以使用一个按钮或链接来打开下拉菜单，按钮或链接需要添加 .dropdown-toggle 类和 data-toggle="dropdown" 属性。

在菜单元素中，需要添加 .dropdown-menu 类来实现下拉，然后在下拉菜单的选项中添加 .dropdown-item 类。在下面的案例中使用一个列表来设计菜单。

▍实例 1：设计下拉菜单

```
<!DOCTYPE html>
<html>
<head>
<title> </title>
    <meta name="viewport" content="width=device-width, initial-scale=1, shrink-to-fit=no">
    <link rel="stylesheet" href="bootstrap-4.1.3/css/bootstrap.css">
    <script src="jquery.js"></script>
    <script src="bootstrap-4.1.3/js/bootstrap.bundle.js"></script>
    <script src="bootstrap-4.1.3/js/bootstrap.js"></script>
</head>
<body>
<div class="container">
    <div>
        <!--.btn类设置a标签为按钮，.dropdown-toggle类和data-toggle="dropdown" 属性
                                                类别 用来激活下拉菜单-->
        <a href="#" class="dropdown-toggle" data-toggle="dropdown">下拉菜单</a>
        <!--.dropdown-menu用来指定被激活的菜单-->
        <ul class="dropdown-menu">
            <!--.dropdown-item添加列表元素的样式-->
            <li><a href="#" class="dropdown-item">新闻</a></li>
            <li><a href="#" class="dropdown-item">电视</a></li>
            <li><a href="#" class="dropdown-item">电影</a></li>
        </ul>
    </div>
</div>
</body>
</html>
```

运行的结果如图 13-8 所示。

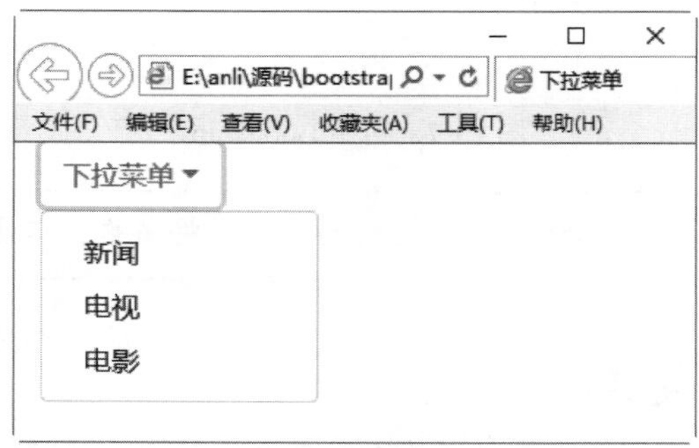

图 13-8　下拉菜单

13.4.2　使用按钮组

用含有 .btn-group 类的容器把一系列含有 .btn 类的按钮包裹起来，便形成了一个页面组件——按钮组。

实例 2：设计按钮组

```
<!DOCTYPE html>
<html>
<head>
<title></title>
    <meta name="viewport" content="width=device-width, initial-scale=1, shrink-to-fit=no">
    <link rel="stylesheet" href="bootstrap-4.1.3/css/bootstrap.css">
    <script src="jquery.js"></script>
    <script src="bootstrap-4.1.3/js/bootstrap.bundle.js"></script>
    <script src="bootstrap-4.1.3/js/bootstrap.js"></script>
</head>
<body>
<div class="container">
    <!--使用含有.btn-group类的div来包裹按钮元素-->
    <div class="btn-group">
      <!--.btn btn-primary设置按钮为浅蓝色; .btn btn-info设置为按钮深蓝色; .btn btn-success设置按钮为绿色; .btn btn-warning设置按钮为黄色; .btn btn-danger设置按钮为红色; -->
        <button class="btn btn-primary">首页</button>
        <button class="btn btn-success">新闻</button>
        <button class="btn btn-info">电视</button>
        <button class="btn btn-warning">电影</button>
        <button class="btn btn-danger">动漫</button>
    </div>
</div>
</body>
</html>
```

程序运行结果如图 13-9 所示。

图 13-9　按钮组

13.4.3　使用导航组件

一个简单的导航栏，可以通过在 <ul> 元素上添加 .nav 类、每个 <li> 元素上添加 .nav-item 类、每个链接上添加 .nav-link 类来实现。

实例 3：设计简单导航

```
<!DOCTYPE html>
<html>
<head>
<title></title>
    <meta name="viewport" content="width=device-width, initial-scale=1, shrink-to-fit=no">
    <link rel="stylesheet" href="bootstrap-4.1.3/css/bootstrap.css">
    <script src="jquery.js"></script>
    <script src="bootstrap-4.1.3/js/bootstrap.bundle.js"></script>
    <script src="bootstrap-4.1.3/js/bootstrap.js"></script>
</head>
<body>
<div class="container">
    <p>基本的导航:</p>
    <!--在ul中添加.nav类创建导航栏-->
    <ul class="nav">
        <!--在li中添加.nav-item,在a中添加.nav-link设置导航的样式-->
```

```
        <li class="nav-item"><a class="nav-link" href="#">小说</a></li>
        <li class="nav-item"><a class="nav-link" href="#">音乐</a></li>
        <li class="nav-item"><a class="nav-link" href="#">视频</a></li>
        <li class="nav-item"><a class="nav-link" href="#">游戏</a></li>
    </ul>
</div>
</body>
</html>
```

运行结果如图 13-10 所示。

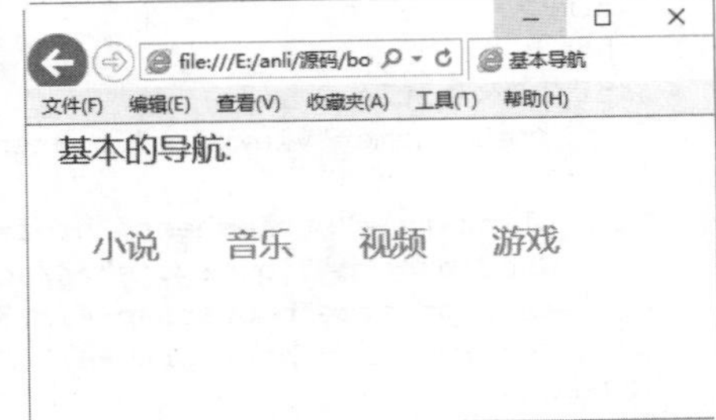

图 13-10 基本的导航

Bootstrap 的导航组件都是建立在基本的导航之上，可以通过扩展基础的 .nav 组件，来实现别样的导航样式。

1. 标签页导航

在基本导航中，为 <ul> 元素添加 .nav-tabs 类，为选中的选项使用 .active 类，并为每个链接添加 data-toggle= “tab” 属性，便可以实现标签页导航了。

实例 4：设计标签页导航

```
<!DOCTYPE html>
<html>
<head>
<title></title>
    <meta name="viewport" content="width=device-width, initial-scale=1, shrink-
to-fit=no">
    <link rel="stylesheet" href="bootstrap-4.1.3/css/bootstrap.css">
    <script src="jquery.js"></script>
    <script src="bootstrap-4.1.3/js/bootstrap.bundle.js"></script>
    <script src="bootstrap-4.1.3/js/bootstrap.js"></script>
</head>
<body>
<div class="container">
    <p>标签页导航</p>
    <!--在ul中添加.nav和.nav-tabs，.nav-tabs用来设置标签页导航-->
    <ul class="nav nav-tabs">
        <!--在li中添加.nav-item，在a中添加.nav-link，对于选中的选项添加.active类-->
        <!--添加data-toggle="tab"属性类别，是去掉a标签的默认行为，实现动态切换导航的
                                active属性效果-->
            <li class="nav-item"><a class="nav-link active" href="#" data-
toggle="tab">健康</a></li>
        <li class="nav-item"><a class="nav-link" href="#" data-toggle="tab">时
尚</a></li>
        <li class="nav-item"><a class="nav-link" href="#" data-toggle="tab">减
肥</a></li>
        <li class="nav-item"><a class="nav-link" href="#" data-toggle="tab">美
食</a></li>
        <li class="nav-item"><a class="nav-link" href="#" data-toggle="tab">交
友</a></li>
        <li class="nav-item"><a class="nav-link" href="#" data-toggle="tab">社
区</a></li>
    </ul>
</div>
</body>
</html>
```

运行结果如图 13-11 所示。

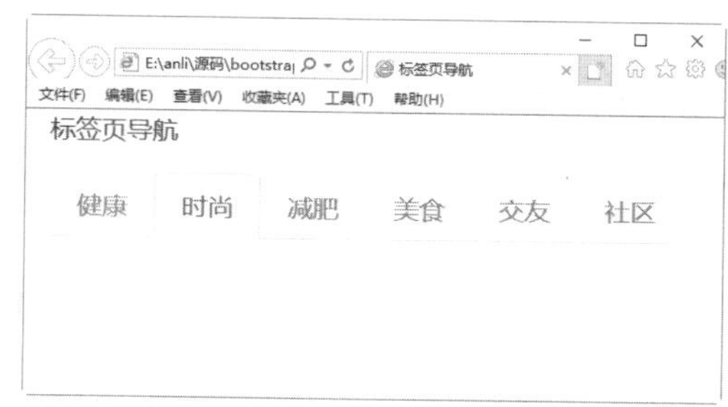

图 13-11　标签页导航

2. 胶囊导航

在基本导航中，为 <ul> 添加 .nav-pills 类，为选中的选项使用 .active 类，并为每个链接添加 data-toggle= “pill” 属性，便可以实现胶囊导航了。

实例 5：设计胶囊导航

```
<!DOCTYPE html>
<html>
<head>
<title></title>
    <meta name="viewport" content="width=device-width, initial-scale=1, shrink-to-fit=no">
    <link rel="stylesheet" href="bootstrap-4.1.3/css/bootstrap.css">
    <script src="jquery.js"></script>
    <script src="bootstrap-4.1.3/js/bootstrap.bundle.js"></script>
    <script src="bootstrap-4.1.3/js/bootstrap.js"></script>
</head>
<body>
<div class="container">
    <p>胶囊导航</p>
    <!--在ul中添加.nav和.nav-pills，.nav-pills类用来设置胶囊导航-->
    <ul class="nav nav-pills">
        <!--在li中添加.nav-item，在a中添加.nav-link，对于选中的选项添加.active类-->
        <!--添加data-toggle="pill"属性类别，是去掉a标签的默认行为，实现动态切换导航的
                        active属性效果-->
            <li class="nav-item"><a class="nav-link active" href="#" data-toggle="pill">健康</a></li>
        <li class="nav-item"><a class="nav-link" href="#" data-toggle="pill">时尚</a></li>
        <li class="nav-item"><a class="nav-link" href="#" data-toggle="pill">减肥</a></li>
        <li class="nav-item"><a class="nav-link" href="#" data-toggle="pill">美食</a></li>
        <li class="nav-item"><a class="nav-link" href="#" data-toggle="pill">交友</a></li>
        <li class="nav-item"><a class="nav-link" href="#" data-toggle="pill">社区</a></li>
    </ul>
</div>
</body>
</html>
```

运行结果如图 13-12 所示。

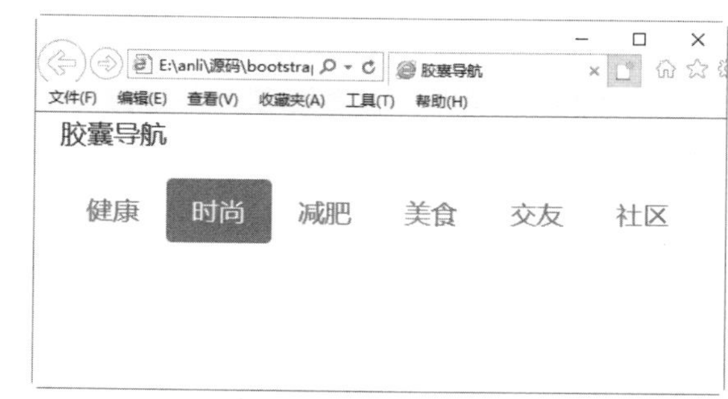

图 13-12　胶囊导航

13.4.4　绑定导航和下拉菜单

在 Bootstrap 中，下拉菜单可以与页面中的其他元素绑定使用，如导航、按钮等。本节将设计标签页导航下拉菜单。

标签页导航在前面介绍过，只需要在标签页导航选项中添加一个下拉菜单结构，为该标签选项添加 dropdown 类，为下拉菜单结构添加 dropdown-menu 类，便可以实现。

实例 6：绑定导航和下拉菜单

```
<!DOCTYPE html>
<html>
<head>
<title></title>
    <meta name="viewport" content="width=device-width, initial-scale=1, shrink-to-fit=no">
    <link rel="stylesheet" href="bootstrap-4.1.3/css/bootstrap.css">
    <script src="jquery.js"></script>
    <script src="bootstrap-4.1.3/js/bootstrap.bundle.js"></script>
    <script src="bootstrap-4.1.3/js/bootstrap.js"></script>
</head>
<body>
<div class="container">
    <p>绑定导航和下拉菜单</p>
    <!--在ul中添加.nav和.nav-tabs，.nav-tabs用来设置标签页导航-->
    <ul class="nav nav-tabs">
        <!--在li中添加.nav-item，在a中添加.nav-link，对于选中的选项添加.active类-->
        <!--添加data-toggle="tab"属性类别，是去掉a标签的默认行为，实现动态切换导航的
                            active属性效果-->
        <li class="nav-item"><a class="nav-link" href="#">新闻</a></li>
        <!--.dropdown-toggle类和data-toggle="dropdown" 属性类别 用来激活下拉菜单-->
         <li class="nav-item"><a class="nav-link active dropdown-toggle" data-toggle="dropdown" href="#">教育</a>
         <!--.dropdown-menu用来指定被激活的菜单-->
         <ul class="dropdown-menu">
                <li><a href="#" class="dropdown-item">初中</a></li>
                <li><a href="#" class="dropdown-item">高中</a></li>
                <li><a href="#" class="dropdown-item">大学</a></li>
            </ul>
        </li>
        <li class="nav-item"><a class="nav-link" href="#">旅游</a></li>
        <li class="nav-item"><a class="nav-link" href="#">美食</a></li>
        <li class="nav-item"><a class="nav-link" href="#">理财</a></li>
        <li class="nav-item"><a class="nav-link" href="#">招聘</a></li>
    </ul>
</div>
</body>
</html>
```

运行结果如图 13-13 所示。

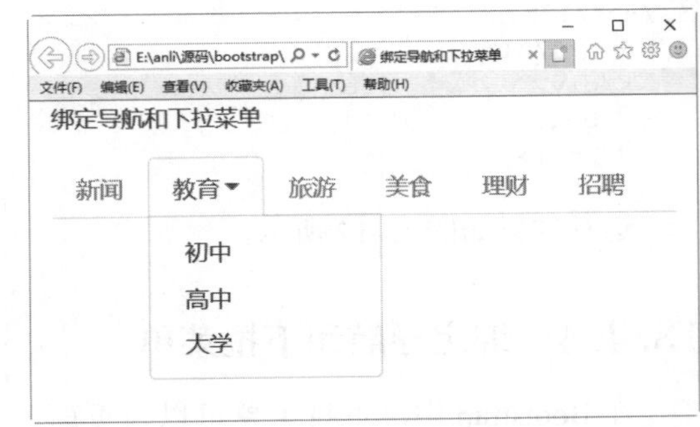

图 13-13　导航和下拉菜单绑定

13.4.5　使用面包屑

面包屑导航（Breadcrumbs）是一种基于网站层次信息的显示方式，它表示当前页面在导航层次结构内的位置。在 CSS 中可利用 ::before 和 content 来添加分隔线。

实例 7：设计面包屑导航

```
<!DOCTYPE html>
<html>
<head>
<title> </title>
    <meta name="viewport" content="width=device-width, initial-scale=1, shrink-to-fit=no">
    <link rel="stylesheet" href="bootstrap-4.1.3/css/bootstrap.css">
    <script src="jquery.js"></script>
    <script src="bootstrap-4.1.3/js/bootstrap.bundle.js"></script>
    <script src="bootstrap-4.1.3/js/bootstrap.js"></script>
<style>
        /*利用::before 和content添加分隔线*/
        li::before {
            padding-right: 0.5rem;
            padding-left: 0.5rem;
            color: #6c757d;
            content: ">";          /*添加分隔线为">"*/
        }
        /*去掉第一个li前面的分隔线*/
        li:first-child::before {
            content: "";           /*设置第一个li元素前面为空*/
        }
</style>
</head>
<body>
<div class="container">
    <!--在ul中添加.breadcrumb类，设置面包屑-->
    <ul class="breadcrumb">
        <li><a href="#">学校</a></li>
        <li><a href="#">图书馆</a></li>
    </ul>
    <ul class="breadcrumb">
        <li><a href="#">学校</a></li>
        <li><a href="#">图书馆</a></li>
        <li><a href="#">图书</a></li>
    </ul>
    <ul class="breadcrumb">
        <li><a href="#">学校</a></li>
        <li><a href="#">图书馆</a></li>
        <li><a href="#">图书</a></li>
        <li><a href="#">编程类</a></li>
    </ul>
</div>
</body>
</html>
```

运行结果如图 13-14 所示。

图 13-14　面包屑导航

13.4.6　使用广告屏

通过在 <div> 元素中添加 .jumbotron 类可创建 jumbotron（超大屏幕），它是一个大的灰色背景框，里面可以设置一些特殊的内容和信息。里面可以放一些 HTML 标签，也可以是 Bootstrap 的元素。如果创建一个没有圆角的 jumbotron，可以在 .jumbotron-fluid 类里的 div 中添加 .container 或 .container-fluid 类来实现。

实例 8：设计广告屏

```
<!DOCTYPE html>
<html>
<head>
<title> </title>
    <meta name="viewport" content="width=device-width, initial-scale=1, shrink-to-fit=no">
    <link rel="stylesheet" href="bootstrap-4.1.3/css/bootstrap.css">
    <script src="jquery.js"></script>
    <script src="bootstrap-4.1.3/js/bootstrap.bundle.js"></script>
    <script src="bootstrap-4.1.3/js/bootstrap.js"></script>
</head>
<body>
<!--添加.jumbotron类创建广告屏-->
<div class="jumbotron">
    <h1>北京欢迎你!</h1>
    <p>北京，简称"京"，是中华人民共和国的首都，文化中心、科技创新中心。</p>
    <hr>
      <p>Beijing,  or "jing" for short，It is the capital of the People’s Republic of China，cultural center、Technology innovation center.</p>
    <p>
        <!--.btn类为按钮添加基本样式，.btn-primary表示原始按钮样式（未被操作）-->
        <button class="btn btn-primary">了解更多</button>
    </p>
</div>
</body>
</html>
```

运行结果如图 13-15 所示。

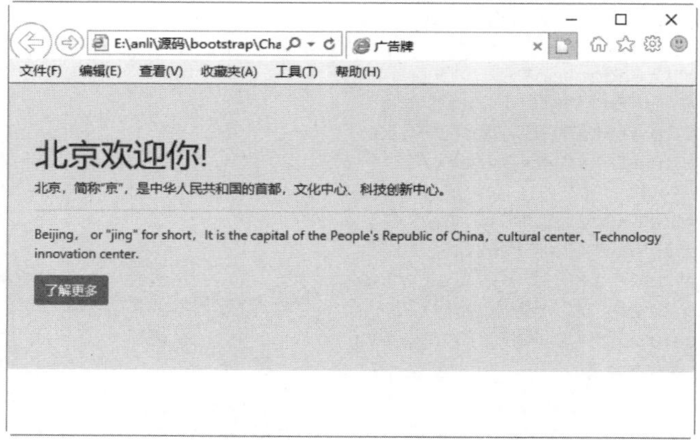

图 13-15 广告屏效果

13.4.7 使用 card（卡片）

通过 Bootstrap 4 的 .card 与 .card-body 类可创建一个简单的卡片，代码如下所示：

```
<!DOCTYPE html>
<html>
<head>
<title></title>
```

```
        <meta name="viewport" content="width=device-width, initial-scale=1, shrink-
to-fit=no">
        <link rel="stylesheet" href="bootstrap-4.1.3/css/bootstrap.css">
        <script src="jquery.js"></script>
        <script src="bootstrap-4.1.3/js/bootstrap.bundle.js"></script>
        <script src="bootstrap-4.1.3/js/bootstrap.js"></script>
    </head>
    <body>
    <div class="container">
    <div class="card">
    <div class="card-body">简单的卡片</div>
    </div>
    </div>
    </body>
    </html>
```

运行结果如图 13-16 所示。

图 13-16　简单的卡片

卡片是一个灵活的、可扩展的内容窗口。它包含了可选的卡片头和卡片脚、一个大范围的内容、上下文背景色以及强大的显示选项。卡片代替了 Bootstrap 3 中的 panel、well 和 thumbnail 等组件。

实例 9：设计卡片

```
    <!DOCTYPE html>
    <html>
    <head>
    <title></title>
        <meta name="viewport" content="width=device-width, initial-scale=1, shrink-
to-fit=no">
        <link rel="stylesheet" href="bootstrap-4.1.3/css/bootstrap.css">
        <script src="jquery.js"></script>
        <script src="bootstrap-4.1.3/js/bootstrap.bundle.js"></script>
        <script src="bootstrap-4.1.3/js/bootstrap.js"></script>
    </head>
    <body>
    <div class="container">
        <!--添加.card类创建卡片，.bg-success类设置卡片的背景颜色，.text-white设置卡片的文
                本颜色-->
        <div class="card bg-success text-white">
            <!--.card-header类用于创建卡片的头部样式-->
            <div class="card-header">卡片头</div>
            <div class="card-body">
                <!--给 <img> 添加 .card-img-top可以设置图片在文字上方，或添加.card-img-
                            bottom设置图片在文字下方。-->
                <img src="004.jpg" alt="" width="100%" height="200px">
                <h4 class="card-title">乡间小路</h4>
                <p class="card-text">太阳西下，黄昏下的乡村小路，弯弯曲曲延伸到村子的尽头，
高低起伏的路面变幻莫测，只有叽叽喳喳在田间嬉闹的麻雀，此时也飞得无影无踪，大地只留下一片清凉。</p>
            </div>
            <!--.card-footer 类用于创建卡片的底部样式-->
            <div class="card-footer">卡片脚</div>
        </div>
    </div>
    </body>
    </html>
```

运行结果如图 13-17 所示。

图 13-17　卡片效果

13.4.8　使用进度条

进度条主要用来表示用户的任务进度，如下载、删除、复制等。

创建一个基本的进度条有以下 3 个步骤。

（1）添加一个含有 .progress 类的 <div>。

（2）在添加的 <div> 中，再添加一个含有 .progress-bar 的空的 <div>。

（3）为含有 .progress-bar 类的 <div> 添加一个用百分比表示宽度的 style 属性，如 style=“50%”，表示进度条在 50% 的位置。

实例 10：设计简单的进度条

```
<!DOCTYPE html>
<html>
<head>
<title></title>
    <meta name="viewport" content="width=device-width, initial-scale=1, shrink-to-fit=no">
    <link rel="stylesheet" href="bootstrap-4.1.3/css/bootstrap.css">
    <script src="jquery.js"></script>
    <script src="bootstrap-4.1.3/js/bootstrap.bundle.js"></script>
    <script src="bootstrap-4.1.3/js/bootstrap.js"></script>
</head>
<body>
<div class="container">
    <p>基本的进度条</p>
    <div class="progress">
        <div class="progress-bar " style="width:50%"></div>
    </div>
</div>
</body>
</html>
```

运行结果如图 13-18 所示。

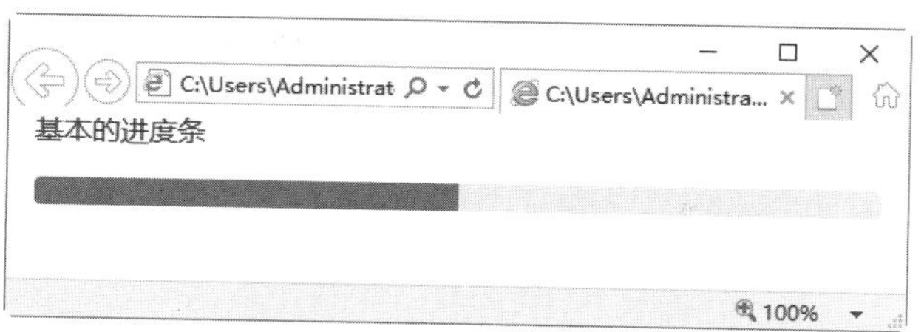

图 13-18　基本的进度条

1. 设置高度和添加文本

读者可以在基本滚动条的基础上设置高度和添加文本，即在含有 .progress 类的 <div> 中设置高度，在含有 .progress-bar 类的 <div> 中添加文本内容。

实例 11：为进度条设置高度和添加文本

```
<!DOCTYPE html>
<html>
<head>
<title></title>
    <meta name="viewport" content="width=device-width, initial-scale=1, shrink-to-fit=no">
    <link rel="stylesheet" href="bootstrap-4.1.3/css/bootstrap.css">
    <script src="jquery.js"></script>
    <script src="bootstrap-4.1.3/js/bootstrap.bundle.js"></script>
    <script src="bootstrap-4.1.3/js/bootstrap.js"></script>
</head>
<body>
<div class="container">
    <p>设置高度和文本的滚动条</p>
    <!--设置滚动条高度20px，文本内容为--60%-->
    <div class="progress" style="height:20px">
        <div class="progress-bar " style="width:60%">60%</div>
    </div><br>
    <!--设置滚动条高度30px，文本内容为--80%-->
    <div class="progress" style="height:30px">
        <div class="progress-bar " style="width:80%">80%</div>
    </div>
</div>
</body>
</html>
```

运行结果如图 13-19 所示。

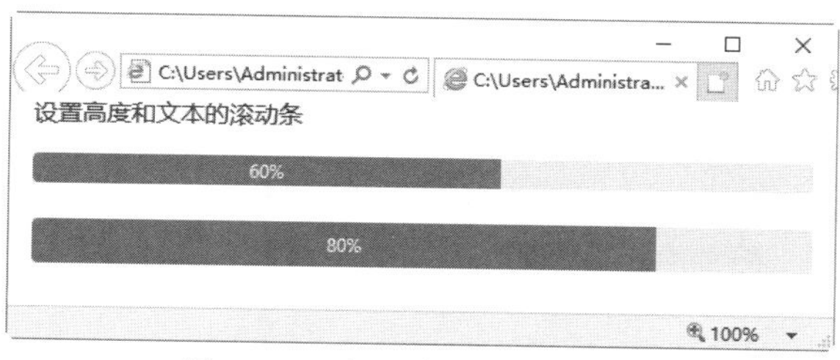

图 13-19　设置高度和添加文本

2. 设置不同的背景颜色

滚动条的默认背景颜色是蓝色，为了能给用户一个更好的体验，进度条和警告信息框一样，也根据不同的状态配置了不同的进度条颜色。我们可以通过添加 bg-success、bg-info、bg-warning 和 bg-danger 类来改变默认背景颜色，它们分别表示浅绿色、浅蓝色、浅黄色和浅红色。

实例 12：设置进度条的不同背景颜色

```
<!DOCTYPE html>
<html>
<head>
<title></title>
    <meta name="viewport" content="width=device-width, initial-scale=1, shrink-to-fit=no">
    <link rel="stylesheet" href="bootstrap-4.1.3/css/bootstrap.css">
    <script src="jquery.js"></script>
    <script src="bootstrap-4.1.3/js/bootstrap.bundle.js"></script>
    <script src="bootstrap-4.1.3/js/bootstrap.js"></script>
</head>
<body>
<div class="container">
    <p>不同颜色的滚动条</p>
    <div class="progress">
        <div class="progress-bar" style="width:30%">默认</div>
    </div>
    <br>
    <div class="progress">
        <div class="progress-bar bg-success" style="width:40%">bg-success</div>
    </div>
    <br>
    <div class="progress">
        <div class="progress-bar bg-info" style="width:50%">bg-info</div>
    </div>
    <br>
    <div class="progress">
        <div class="progress-bar bg-warning" style="width:60%">bg-warning</div>
    </div>
    <br>
    <div class="progress">
        <div class="progress-bar bg-danger" style="width:70%">bg-danger</div>
    </div>
</div>
</body>
</html>
```

运行结果如图 13-20 所示。

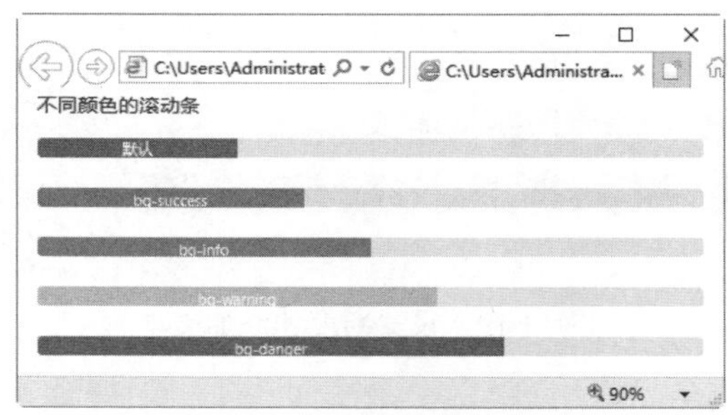

图 13-20　不同背景的进度条

3. 设置动画条纹进度条

还可以为滚动条添加 progress-bar-striped 类和 progress-bar-animated 类，分别为滚动条添加彩色条纹和动画效果。

实例 13：设置动画条纹进度条

```
<!DOCTYPE html>
<html>
<head>
<title></title>
    <meta name="viewport" content="width=device-width, initial-scale=1, shrink-to-fit=no">
    <link rel="stylesheet" href="bootstrap-4.1.3/css/bootstrap.css">
    <script src="jquery.js"></script>
    <script src="bootstrap-4.1.3/js/bootstrap.bundle.js"></script>
    <script src="bootstrap-4.1.3/js/bootstrap.js"></script>
</head>
<body>
<div class="container">
    <p>设置滚动条纹效果</p>
    <!--添加.progress类，创建滚动条-->
    <div class="progress">
        <!--.progress-bar-striped类设置滚动条条纹效果，.progress-bar-animated类设置
                                条纹滚动条的动画效果-->
        <div class="progress-bar progress-bar-striped progress-bar-animated"
                      style="width:60%"></div>
    </div>
</div>
</body>
</html>
```

运行结果如图 13-21 所示。

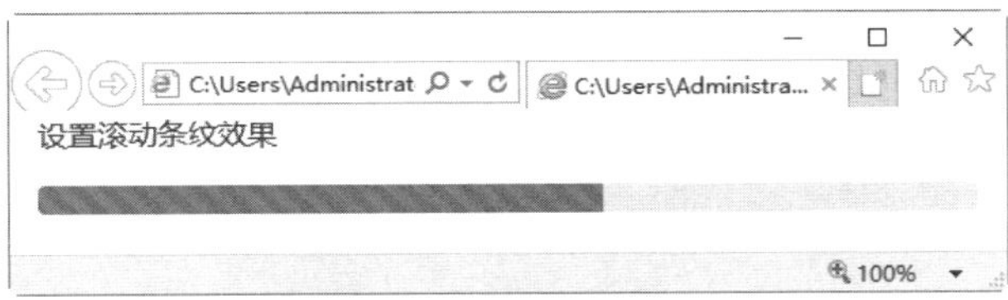

图 13-21　带条纹的进度条

4. 设计混合色彩的进度条

在进度条中，我们可以在含有 .progress 类的 <div> 中添加多个含有 .progress-bar 类的 <div>，然后分别为每个含有 .progress-bar 类的 <div> 设置不同的背景颜色，来实现混合色彩的进度条。

实例 14：设计混合色彩的进度条

```
<!DOCTYPE html>
<html>
<head>
<title></title>
    <meta name="viewport" content="width=device-width, initial-scale=1, shrink-
```

```
to-fit=no">
        <link rel="stylesheet" href="bootstrap-4.1.3/css/bootstrap.css">
        <script src="jquery.js"></script>
        <script src="bootstrap-4.1.3/js/bootstrap.bundle.js"></script>
        <script src="bootstrap-4.1.3/js/bootstrap.js"></script>
    </head>
    <body>
    <div class="container">
        <p>混合色彩的进度条</p>
        <div class="progress" style="height:30px">
          <div class="progress-bar bg-success" style="width:20%">bg-success</div>
          <div class="progress-bar bg-info" style="width:20%">bg-info</div>
          <div class="progress-bar bg-warning" style="width:20%">bg-warning</div>
          <div class="progress-bar bg-danger" style="width:20%">bg-danger</div>
        </div>
    </div>
    </body>
    </html>
```

运行结果如图 13-22 所示。

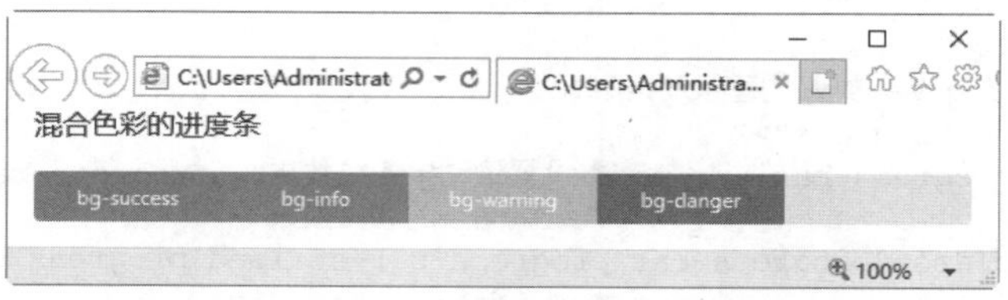

图 13-22　混合色彩的进度条

13.4.9　使用模态框

模态框是一种灵活的、对话框式的提示，它是页面的一部分，是覆盖在父窗体上的子窗体。通常，模态框显示来自一个单独的源的内容，可以在不离开父窗体的情况下实现一些互动。

模态框的基本结构代码如下所示：

```
<!--按钮——用于打开模态框-->
<button type="button" data-toggle="modal" data-target="#myModal">...</button>
<!--定义模态框-->
<div class="modal fade" id="myModal">
        <div class="modal-dialog">
            <div class="modal-content">
                <div class="modal-header">...</div>
                <div class="modal-body">...</div>
                <div class="modal-footer">...</div>
            </div>
        </div>
    </div>
</div>
```

在上面的结构中，button 中的属性类别分析如下。

（1）data-toggle= “modal”：用于打开模态框。

（2）data-target= “#myModal”：指定打开的模态框目标（使用哪个模态框，就把哪个模态框的 id 写在其中）。

定义模态框中的属性类别分析如下。

（1）.modal 类：用来把 <div> 的内容识别为模态框。

（2）.fade 类：当模态框被切换时，设置模态框的淡入淡出。

（3）id= “myModal”：被指定打开的目标 id。

（4）.modal-dialog：定义模态对话框层。

（5）.modal-content：定义模态对话框的样式。

（6）.modal-header：为模态框的头部定义样式的类。

（7）.modal-body：为模态框的主体定义样式的类。

（8）.modal-footer：为模态框的底部定义样式的类。

（9）data-dismiss= “modal”：用于关闭模态窗口。

实例 15：设计模态框

```
<!DOCTYPE html>
<html>
<head>
<title></title>
    <meta name="viewport" content="width=device-width, initial-scale=1, shrink-
to-fit=no">
    <link rel="stylesheet" href="bootstrap-4.1.3/css/bootstrap.css">
    <script src="jquery.js"></script>
    <script src="bootstrap-4.1.3/js/bootstrap.bundle.js"></script>
    <script src="bootstrap-4.1.3/js/bootstrap.js"></script>
</head>
<body>
<div class="container">
<h3>模态框</h3>
<!-- 按钮：用于打开模态框 -->
<button type="button" class="btn btn-primary" data-toggle="modal" data-
target="#myModal">
        打开模态框
 </button>
<!-- 模态框 -->
<div class="modal fade" id="myModal">
    <div class="modal-dialog">
        <div class="modal-content">
            <!-- 模态框头部 -->
            <div class="modal-header">
                <!--modal-title用于设置标题在模态框头部垂直居中-->
                <h4 class="modal-title">用户注册</h4>
                <button type="button" class="close" data-
                                        dismiss="modal">&times;</button>
            </div>
            <!-- 模态框主体 -->
            <div class="modal-body">
                <form action="#">
                    <p>姓名：<input type="text"></p>
                    <p>密码：<input type="password"></p>
                    <p>邮箱：<input type="email"></p>
                </form>
            </div>
            <!-- 模态框底部 -->
            <div class="modal-footer">
```

```
                <button type="button" class="btn btn-primary">提交</button>
                <button type="button" class="btn btn-secondary" data-
                                               dismiss="modal">
                    关闭
                </button>
            </div>
        </div>
    </div>
</div>
</div>
</body>
</html>
```

运行结果如图 13-23 所示。单击“打开模态框”按钮，将激活模态框，效果如图 13-24 所示。

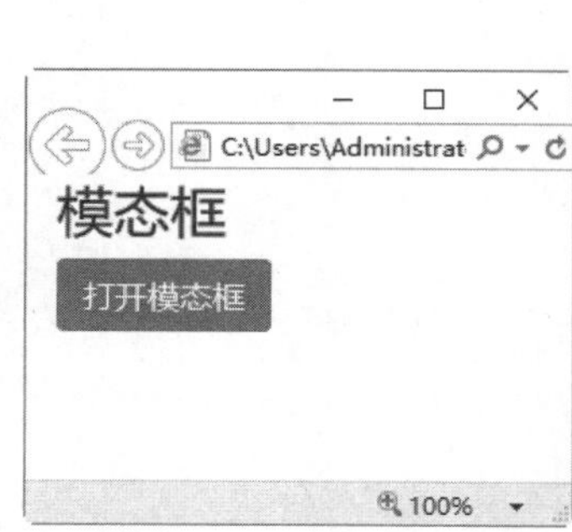

图 13-23　模态框组件

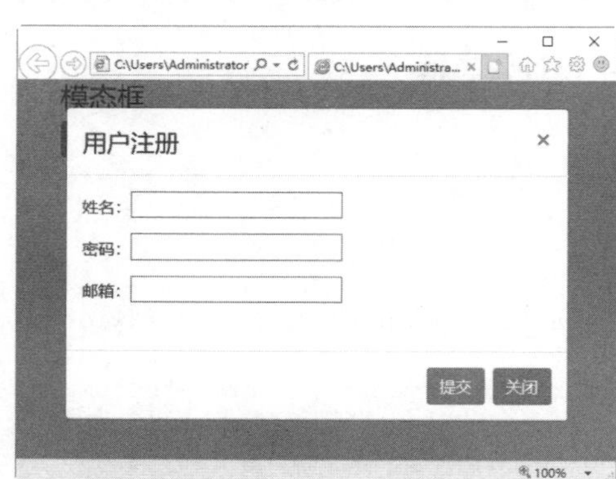

图 13-24　打开模态框效果

13.4.10　使用滚动监听

滚动监听，即根据滚动条的位置自动更新对应的导航目标。

实现滚动监听可以分为以下三步。

（1）设计导航栏以及可滚动的元素，可滚动元素上的 id 值要匹配导航栏上的超链接的 href 属性，如可滚动元素的 id 属性值为 a，导航栏上的超链接的 href 属性值应该为 #a。

（2）为想要监听的元素添加 data-spy=“scroll”属性，然后添加 data-target 属性，它的值为导航栏的 id 或者 class 值，这样才可以联系上可滚动区域。监听的元素通常是 <body>。

（3）设置相对定位：使用 data-spy=“scroll”的元素需要将其 CSS 的 position 属性设置为 relative。

data-offset 属性用于计算滚动位置时距离顶部的偏移像素，默认为 10px。

实例 16：设计滚动监听

```
<!DOCTYPE html>
<html>
<head>
<title></title>
    <meta name="viewport" content="width=device-width, initial-scale=1, shrink-
to-fit=no">
    <link rel="stylesheet" href="bootstrap-4.1.3/css/bootstrap.css">
    <script src="jquery.js"></script>
```

```
        <script src="bootstrap-4.1.3/js/bootstrap.bundle.js"></script>
        <script src="bootstrap-4.1.3/js/bootstrap.js"></script>
    <style>
    body {
         position: relative;
    }
    #navbar{
           position: fixed;
           top:200px;
            right: 50px;
    }
    </style>
    </head>
    <!--添加data-spy="scroll" 属性类别，设置监听元素-->
    <!--data-target="#navbar"属性类别指定导航栏的id（navbar）-->
    <body data-spy="scroll" data-target="#navbar" data-offset="50">
    <!--.navbar设置导航，.bg-dark类和.nav-dark类设置黑色背景、白色文字-->
    <nav class="navbar bg-dark navbar-dark" id="navbar">
        <!--.navbar-nav是在导航.nav的基础上重新调整了菜单项的浮动与内外边距。-->
        <ul class="navbar-nav">
            <!--在li中添加.nav-item ,在a中添加.nav-link设置导航的样式-->
            <li class="nav-item">
                <a class="nav-link" href="#s1">Section 1</a>
            </li>
            <li class="nav-item">
                <a class="nav-link" href="#s2">Section 2</a>
            </li>
            <li class="nav-item">
            <!--.dropdown-toggle类和data-toggle="dropdown" 属性类别用来激活下拉菜单-->
                        <a class="nav-link dropdown-toggle" data-toggle="dropdown"
href="#">
                    Section 3
                </a>
                <!--.dropdown-menu用来指定被激活的菜单-->
                <div class="dropdown-menu">
                    <!--.dropdown-item添加列表元素的样式-->
                    <a class="dropdown-item" href="#s3">3.1</a>
                    <a class="dropdown-item" href="#s4">3.2</a>
                </div>
            </li>
        </ul>
    </nav>
    <div id="s1">
        <h1>Section 1</h1>
        <p><img src="005.jpg" alt="" width="300px" height="300px"></p>
    </div>
    <div id="s2">
        <h1>Section 2</h1>
        <p><img src="006.jpg" alt="" width="300px" height="300px"></p>
    </div>
    <div id="s3">
        <h1>Section 3.1</h1>
        <p><img src="007.jpg" alt="" width="300px" height="300px"></p>
    </div>
    <div id="s4">
        <h1>Section 3.2</h1>
        <p><img src="008.jpg" alt="" width="300px" height="300px"></p>
    </div>
    </body>
```

```
</html>
```

运行结果如图 13-25 所示；当滚动滚动条时，导航条会一直监听并更新当前被激活的菜单项，效果如图 13-26 所示。

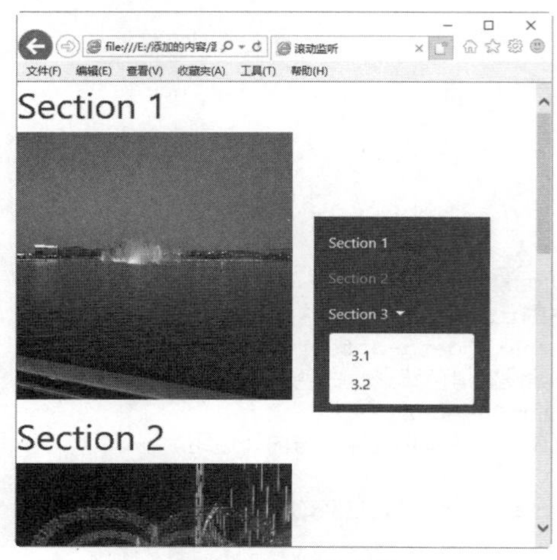

图 13-25　滚动前

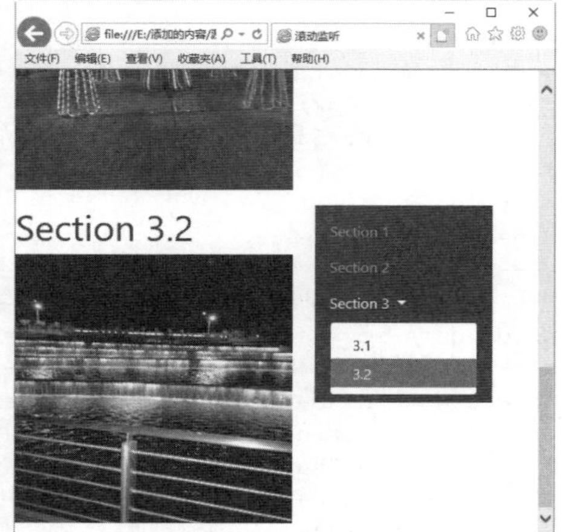

图 13-26　滚动后

13.5　胶囊导航选项卡（Tab 栏）

选项卡是网页中一种常用的功能，用户点击或悬浮对应的菜单项，能切换出对应的内容。

使用 Bootstrap 框架来实现胶囊导航选项卡，只需要添加以下两部分内容。

（1）胶囊导航组件：对应的是 Bootstrap 中的 nav-pills。

（2）可以切换的选项卡面板：对应的是 Bootstrap 中的 tab-pane 类。选项卡面板的内容统一放在 tab-content 容器中，而且每个内容面板 tab-pane 都需要设置一个独立的选择符（ID），与选项卡中的 data-target 或 href 的值匹配。

> **注意**：选项卡中链接的锚点要与对应的面板内容容器的 ID 相匹配。

实例 17：设计胶囊导航选项卡

```
<!DOCTYPE html>
<html>
<head>
<title></title>
    <meta name="viewport" content="width=device-width, initial-scale=1, shrink-to-fit=no">
    <link rel="stylesheet" href="bootstrap-4.1.3/css/bootstrap.css">
    <script src="jquery.js"></script>
    <script src="bootstrap-4.1.3/js/bootstrap.bundle.js"></script>
    <script src="bootstrap-4.1.3/js/bootstrap.js"></script>
</head>
<body>
<div class="container">
    <h2>胶囊导航选项卡</h2>
```

```
<!--在ul中添加.nav和.nav-pills，.nav-pills类用来设置胶囊导航-->
<ul class="nav nav-pills">
    <!--在li中添加.nav-item，在a中添加.nav-link，对于选中的选项添加.active类-->
    <!--添加data-toggle="pill"属性类别，是去掉a标签的默认行为，实现动态切换导航的
                            active属性效果-->
    <!--给每个a标签的href属性添加属性值，用于绑定下面选项卡面板中对应的元素，当导航切
                            换时，显示对应的内容-->
        <li class="nav-item"><a class="nav-link active" data-toggle="pill"
href="#tab1">图片1</a></li>
         <li class="nav-item"><a class="nav-link" data-toggle="pill"
href="#tab2">图片2</a></li>
         <li class="nav-item"><a class="nav-link" data-toggle="pill"
href="#tab3">图片3</a></li>
         <li class="nav-item"><a class="nav-link" data-toggle="pill"
href="#tab4">图片4</a></li>
</ul>
<!--选项卡面板-->
 <!-- 选项卡面板中tab-content类和.tab-pane类 与data-toggle="pill"一同使用， 设置
标签页对应的内容随胶囊导航的切换而更改-->
<div class="tab-content">
    <!--.active类用来设置胶囊导航默认情况下激活的选项所对应的元素-->
    <div id="tab1" class="tab-pane active">
        <img src="01.png" alt="景色1" class="img-fluid">
    </div>
    <div id="tab2" class="tab-pane fade">
        <img src="02.png" alt="景色2" class="img-fluid">
    </div>
    <div id="tab3" class="tab-pane fade">
        <img src="03.png" alt="景色3" class="img-fluid">
    </div>
    <div id="tab4" class="tab-pane fade">
        <img src="04.png" alt="景色4" class="img-fluid">
    </div>
</div>
</div>
</body>
</html>
```

运行结果如图 13-27 所示；单击 nav4 选项卡，面板内容切换，效果如图 13-28 所示。

图 13-27　页面加载完成后效果

图 13-28　单击 nav4 后的效果

13.6 新手常见疑难问题

疑问 1：如何使用 Bootstrap 创建缩略图?

使用 Bootstrap 创建缩略图的步骤如下。

（1）在图像周围添加带有 class .thumbnail 的 <a> 标签。

（2）这会添加 4px 的内边距（padding）和一个灰色的边框。

（3）当鼠标悬停在图像上时，会动画显示出图像的轮廓。

疑问 2：如何使用 Bootstrap 实现轮播效果?

Bootstrap 轮播（Carousel）插件是一种灵活的响应式的向站点添加滑块的方式。除此之外，内容也足够灵活，可以是图像、内嵌框架、视频或者其他想要放置的任何类型的内容。

例如以下代码实现一个简单的图片轮播效果：

```
<div id="myCarousel" class="carousel slide">
   <!-- 轮播（Carousel）指标 -->
   <ol class="carousel-indicators">
      <li data-target="#myCarousel" data-slide-to="0" class="active"></li>
      <li data-target="#myCarousel" data-slide-to="1"></li>
      <li data-target="#myCarousel" data-slide-to="2"></li>
   </ol>
   <!-- 轮播（Carousel）项目 -->
   <div class="carousel-inner">
      <div class="item active">
            <img src="01.png" alt="第1幅图">
      </div>
      <div class="item">
            <img src="02.png" alt="第2幅图">
      </div>
      <div class="item">
            <img src="03.png" alt="第3幅图">
      </div>
   </div>
   <!-- 轮播（Carousel）导航 -->
   <a class="left carousel-control" href="#myCarousel" role="button" data-
slide="prev">
      <span class="glyphicon glyphicon-chevron-left" aria-hidden="true"></span>
      <span class="sr-only">Previous</span>
   </a>
   <a class="right carousel-control" href="#myCarousel" role="button" data-
slide="next">
      <span class="glyphicon glyphicon-chevron-right" aria-hidden="true"></
span>
      <span class="sr-only">Next</span>
   </a>
</div>
```

效果如图 13-29 所示。

图 13-29　图片轮播效果

13.7　实战技能训练营

实战 1：设计网上商城导航菜单

本实例设计标签页导航下拉菜单，运行效果如图 13-30 所示。

图 13-30　网上商城导航菜单

实战 2：为商品添加采购信息页面

本实例使用模块框为商品添加采购信息页面。单击任意商品名称，即可弹出提示输入信息页面，如图 13-31 所示。

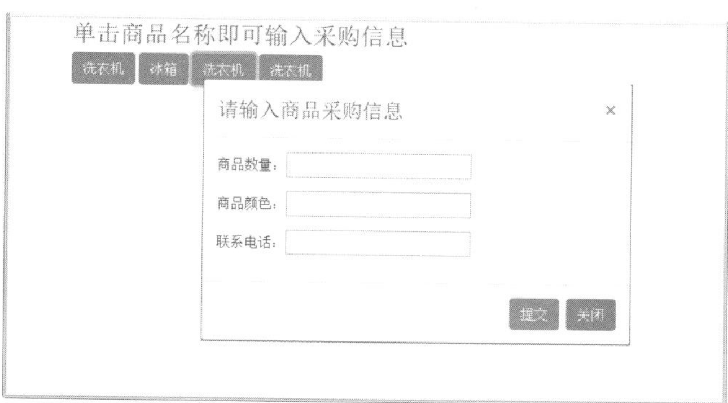

图 13-31　为商品添加采购信息页面

第14章　App的打包和测试

本章导读

Apache Cordova 是免费而且开源代码的移动开发框架，提供了一组与移动设备相关的 API，通过这组 API，可以将 HTML 5+CSS3+JavaScript 开发的移动网站封装成跨平台的 App。本章重点讲述 Apache Cordova 将移动网页程序封装成 Android App 的方法和技巧。

知识导图

14.1 配置 Android 开发环境

在 Apache Cordova 之前，需要配置 Android 开发环境，主要需要安装 3 个工具，包括 Java JDK、Android SDK 和 Apache Ant。

14.1.1 安装 Java JDK

进入 Java 的 JDK 下载地址为 http://www.oracle.com/technetwork/java/javase/downloads/index.html。如图 14-1 所示，单击页面中的 JDK Download 链接。

Java SE 8u261

Java SE 8u261 includes important bug fixes. Oracle strongly recommends that all Java SE 8 users upgrade to this release.

- Documentation
- Installation Instructions
- Release Notes
- Oracle License
  - Binary License
  - Documentation License
  - BSD License
- Java SE Licensing Information User Manual
  - Includes Third Party Licenses
- Certified System Configurations

Oracle JDK

JDK Download

Server JRE Download

JRE Download

Documentation Download

Demos and Samples Download

图 14-1 Java JDK 下载页面

进入下载页面，根据用户的操作系统选择不同的安装平台。例如，选择 Windows x86 平台，表示安装在 32 位的 Windows 操作系统上，单击 jdk-8u261-windows-i586.exe 链接，如图 14-2 所示。

Windows x86	154.52 MB	jdk-8u261-windows-i586.exe
Windows x64	166.28 MB	jdk-8u261-windows-x64.exe

图 14-2 选择不同的版本

在打开的页面中选中接受协议的复选框，然后单击 Download jdk-8u261-windows-i586.exe 链接即可下载，如图 14-3 所示。

You must accept the Oracle Technology Network License Agreement for Oracle Java SE to download this software.

I reviewed and accept the Oracle Technology Network License Agreement for Oracle Java SE

You will be redirected to the login screen in order to download the file.

Download jdk-8u261-windows-i586.exe

图 14-3 下载 jdk 安装文件

下载完成后，按照提示步骤安装即可。安装的过程中要注意安装路径，本书的安装路径为 D:\jdk\。

下面需要将 Java JDK 的路径添加到系统环境变量中，具体操作步骤如下。

01 右击桌面上的“计算机”图标，在弹出的快捷菜单中选择“属性”菜单命令，打开“系统”窗口，如图 14-4 所示。

图 14-4 “系统”窗口

02 单击“高级系统设置”按钮，打开“系统属性”对话框，如图 14-5 所示。

03 单击“环境变量”按钮，打开“环境变量”对话框。在“Administrator 的用户变量”区域单击“新建”按钮，如图 14-6 所示。

图 14-5 “系统属性”对话框

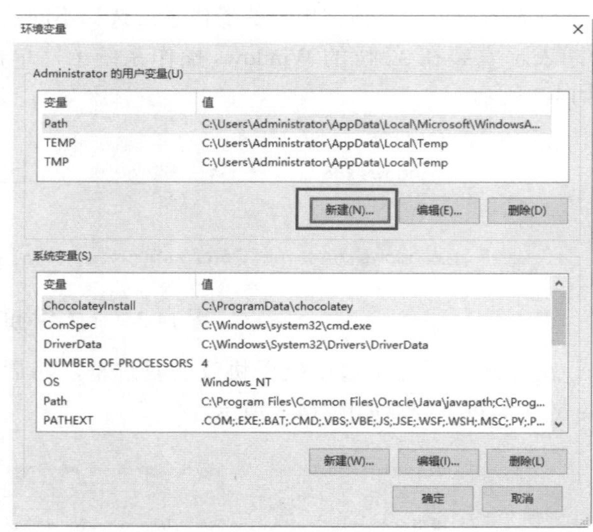

图 14-6 “环境变量”对话框

04 打开“新建用户变量”对话框，在“变量名”文本框中输入“JAVA_HOME”，在“变量值”文本框中输入“D:\jdk”，单击“确定”按钮即可，如图 14-7 所示。

图 14-7　“新建用户变量”对话框

05 返回到“环境变量”对话框，在“Administrator 的用户变量”列表框选择 Path 环境变量，单击“编辑”按钮，即可打开“编辑环境变量”对话框。单击“新建”按钮，然后输入“%JAVA_HOME%\bin; %JAVA_HOME%\jre\bin”，最后单击“确定”按钮，如图 14-8 所示。

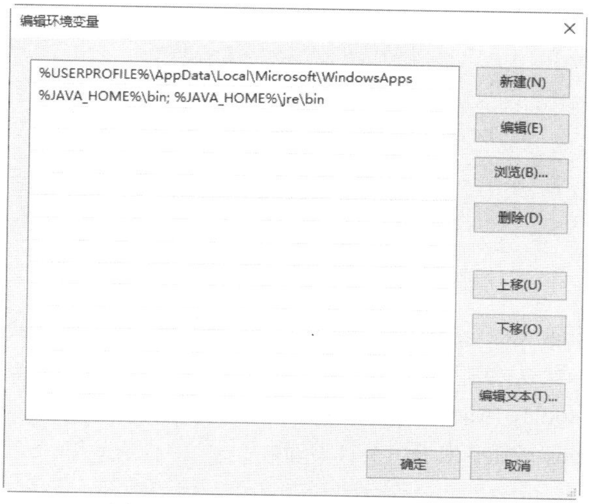

图 14-8　“编辑环境变量”对话框

环境变量配置完成后，可以检验是否配置成功，命令如下：

```
java -version
```

在命令提示符窗口中输入以上命令，检验结果如图 14-9 所示。

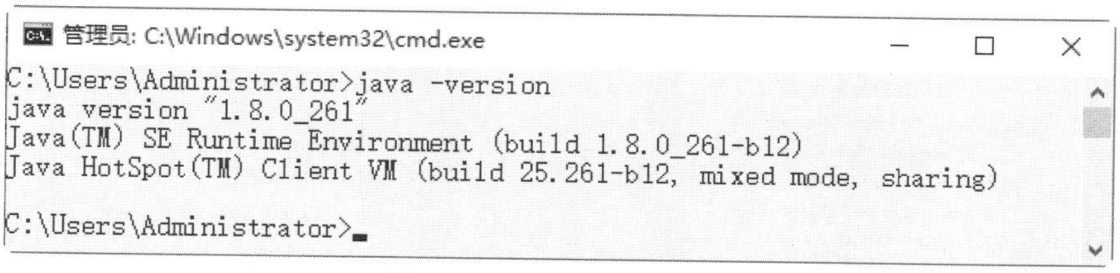

图 14-9　命令提示符窗口

14.1.2　安装 Android SDK

Android SDK 的下载地址为 https://www.androiddevtools.cn。进入下载页面后，单击“Android SDK 工具”按钮，然后选择 SDK Tools 选项，在更新的页面中选择 installer_r24.4.1-windows.exe 即可下载 Android SDK，如图 14-10 所示。

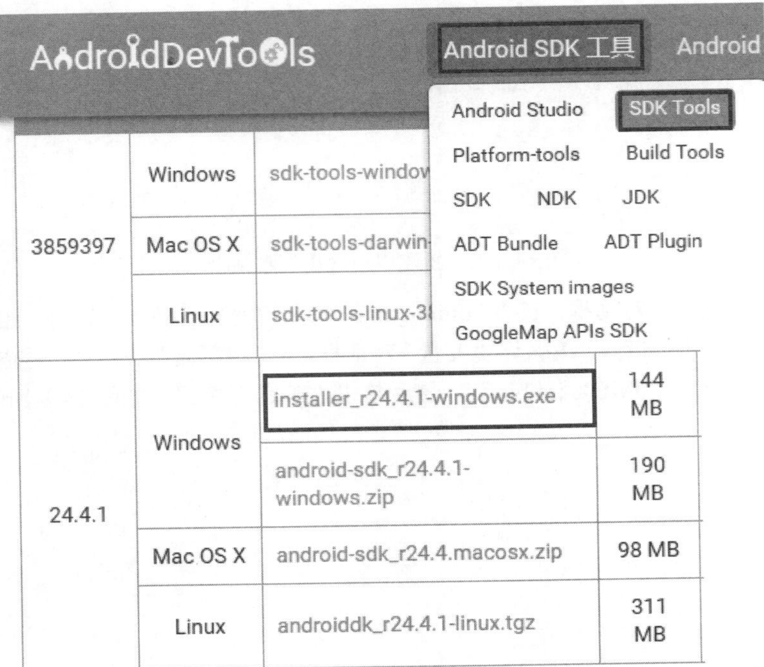

图 14-10　Android SDK 的下载页面

installer_r24.4.1-windows.exe 下载完成后，即可进行安装操作。安装时设置安装路径为 D:\sdk。安装完成后，默认会打开 Android SDK Manager 窗口，选择 Android SDK Tools、Android SDK Platform-tools、Android SDK Build-tools 和 Android 7.0 （API 24）复选框，然后单击 Install 19 packages 按钮，如图 14-11 所示。

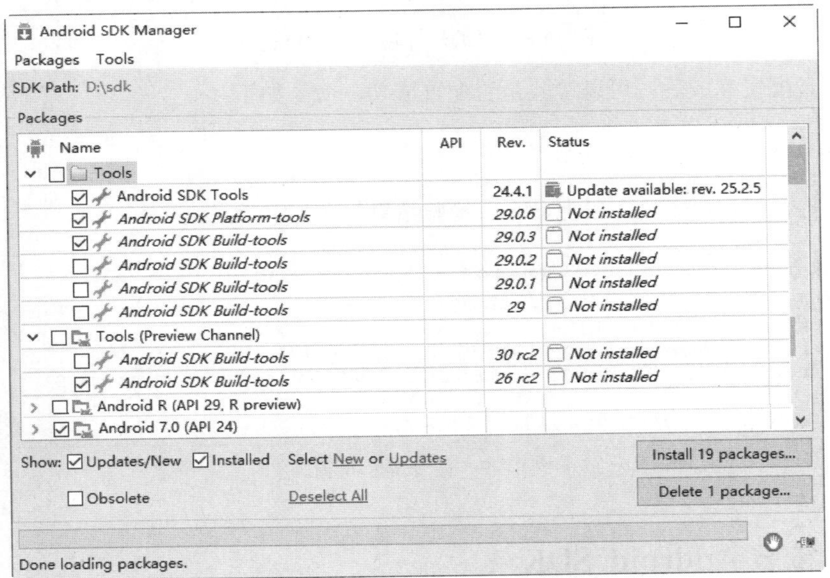

图 14-11　Android SDK Manager 窗口

打开选择安装包的窗口，选中 Accept License 单选按钮，然后单击 Install 按钮开始安装，如图 14-12 所示。

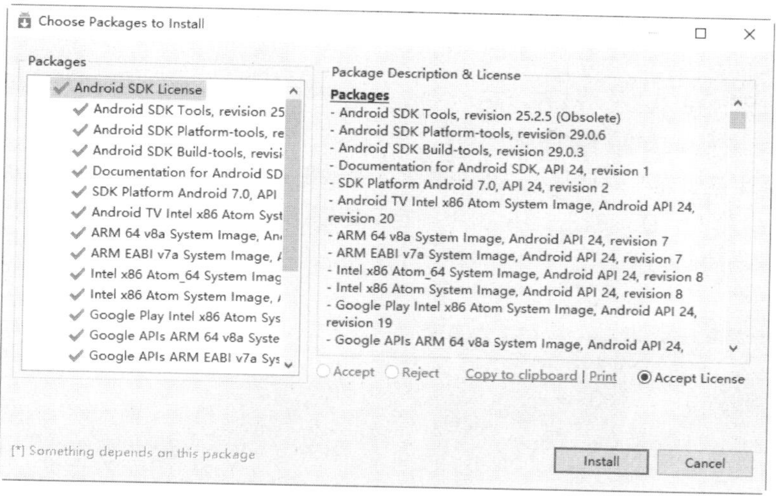

图 14-12　选择安装包的窗口

14.1.3　安装 Apache Ant

Apache Ant 的下载地址为 http://ant.apache.org/bindownload.cgi，进入下载页面后单击 apache-ant-1.9.15-bin.zip 链接即可下载文件，如图 14-13 所示。

1.9.15 release – requires minimum of Java 5 at runtime

- 1.9.15 .zip archive: apache-ant-1.9.15-bin.zip [PGP] [SHA512]
- 1.9.15 .tar.gz archive: apache-ant-1.9.15-bin.tar.gz [PGP] [SHA512]
- 1.9.15 .tar.bz2 archive: apache-ant-1.9.15-bin.tar.bz2 [PGP] [SHA512]

1.10.8 release – requires minimum of Java 8 at runtime

- 1.10.8 .zip archive: apache-ant-1.10.8-bin.zip [PGP] [SHA512]
- 1.10.8 .tar.gz archive: apache-ant-1.10.8-bin.tar.gz [PGP] [SHA512]
- 1.10.8 .tar.bz2 archive: apache-ant-1.10.8-bin.tar.bz2 [PGP] [SHA512]
- 1.10.8 .tar.xz archive: apache-ant-1.10.8-bin.tar.xz [PGP] [SHA512]

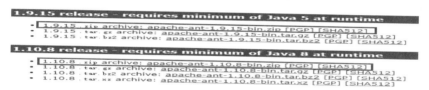

图 14-13　Apache Ant 下载页面

将下载的文件 apache-ant-1.9.15-bin.zip 解压到与 Android SDK 同一目录下，也就是 D:\apache-ant-1.9.15-bin\apache-ant-1.9.15\ 目录下，如图 14-14 所示。

图 14-14　解压 Apache Ant 到指定目录下

Android SDK 和 Apache Ant 安装完成后，即可在系统环境变量中设置工具的路径。具体操作步骤如下。

01 参照 14.1.1 节中的方法，打开“环境变量”对话框。在“Administrator 的用户变量”区域单击“新建”按钮，如图 14-15 所示。

02 打开“新建用户变量”对话框，在“变量名”文本框中输入“ANDROID_HOME”，在“变量值”文本框中输入“D:\ sdk”， 单击“确定”钮即可，如图 14-16 所示。

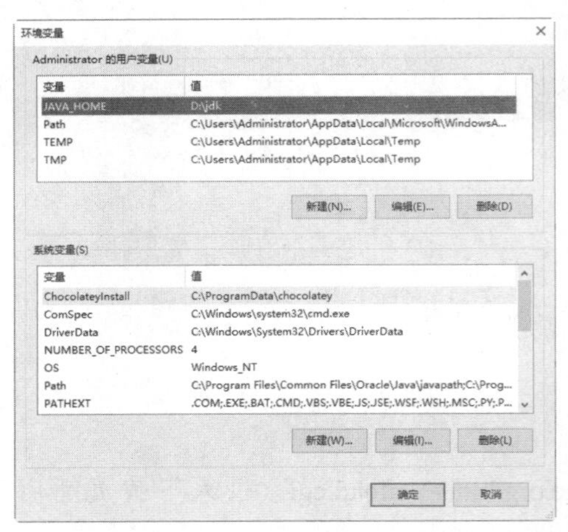

图 14-15 “环境变量”对话框

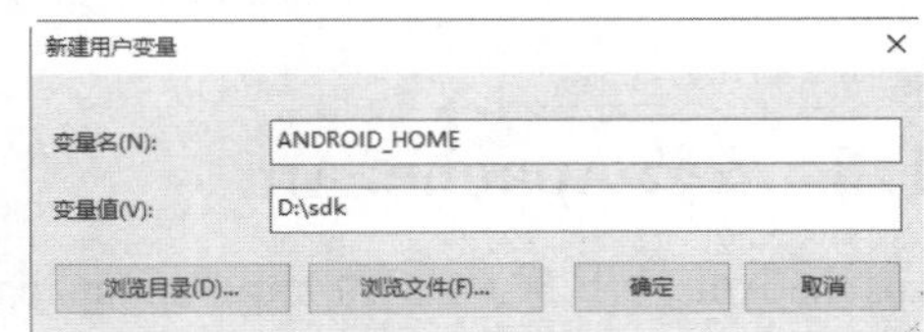

图 14-16 “新建用户变量”对话框

03 重复上一步操作，添加变量 ANT_HOME，变量值为“D:\apache-ant-1.9.15-bin\apache-ant-1.9.15”，如图 14-17 所示。

图 14-17 添加变量 ANT_HOME

04 单击“确定”按钮，返回到“环境变量”对话框，在“Administrator 的用户变量”列表中选择 Path 环境变量，单击“编辑”按钮，即可打开“编辑环境变量”对话框。单击“新建”按钮，然后输入“%ANDROID_HOME%\tools\;%ANDROID_HOME%\platform-tools\”。使用同样的方法再次添加“%ANT_HOME%\bin\”，最终结果如图 14-18 所示。

图 14-18 “编辑环境变量”对话框

环境变量配置完成后，可以检验是否配置成功，命令如下：

```
ant -version
adb version
```

在命令提示符窗口中输入以上命令，检验结果如图 14-19 所示。

```
管理员: C:\Windows\system32\cmd.exe
C:\Users\Administrator>ant -version
Apache Ant(TM) version 1.9.15 compiled on May 10 2020

C:\Users\Administrator>adb version
Android Debug Bridge version 1.0.41
Version 29.0.6-6198805
Installed as D:\sdk\platform-tools\adb.exe

C:\Users\Administrator>
```

图 14-19　命令提示符窗口

14.2 下载与安装 Apache Cordova

Apache Cordova 包含了很多移动设备的 API 接口，通过调用这些 API，制作出的 App 与原生 App 没有区别，甚至更加美观，客户普遍接受度比较高。本节主要讲述下载与安装 Apache Cordova 的方法。

在安装 Apache Cordova 之前，首先需要安装 NodeJS，下载地址为 https://nodejs.org/。进入下载页面后，单击 14.9.0 Current 图标即可下载 NodeJS, 如图 14-20 所示。

Download for Windows (x86)

12.18.3 LTS Recommended For Most Users	14.9.0 Current Latest Features
Other Downloads | Changelog | API Docs	Other Downloads | Changelog | API Docs

图 14-20　下载 NodeJS

NodeJS 下载完成后，即可进行安装。安装完成后，就可以使用 npm 命令安装 Apache Cordova 了。具体操作步骤如下。

01 单击“开始”按钮，然后搜索“命令提示符”，右击“命令提示符”选项并在弹出的快捷菜单中选择“以管理员身份运行”菜单命令，如图 14-21 所示。

02 打开命令提示符窗口，输入安装 Apache Cordova 的命令：

```
npm install -g cordova
```

03 NodeJS 安装完成后，会自动增加环境变量。如果上述命令运行错误，检查用户变量或系统变量的 Path 变量是否已经设置正确，默认值为 C:\Program Files\nodejs\。

04 Apache Cordova 安装完成后，仍然需要将其安装目录添加的环境变量中。本例的安装目录为 C:\Users\Administrator\AppData\Roaming\npm，为此将其目录添加 Path 变量中，如图 14-22 所示。

图 14-21　启动“命令提示符”

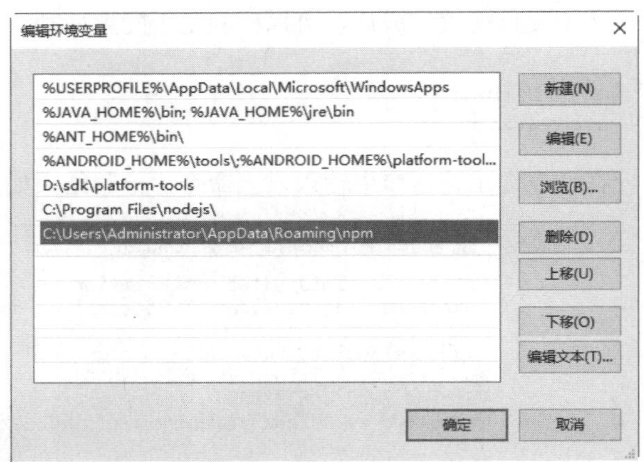

图 14-22　“编辑环境变量”对话框

14.3　设置 Android 模拟器

Android 模拟器可以模拟移动设备的大部分功能。在 sdk 文件夹中找到 AVD Manager.exe 文件并运行，在打开的窗口中单击 Create 按钮，如图 14-23 所示。

在打开的对话框中设置模拟设备所需要的软硬件参数，如图 14-24 所示。

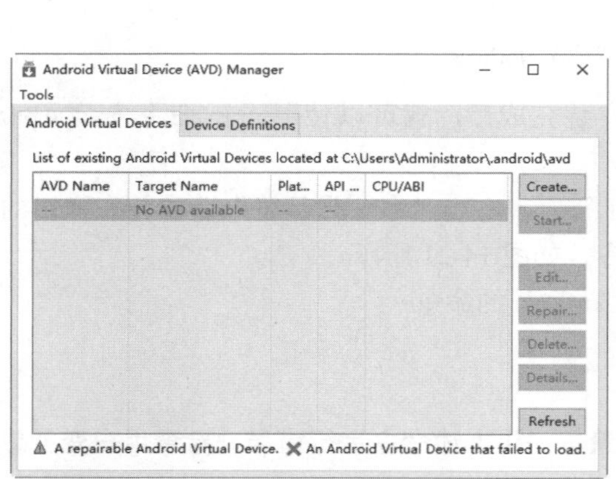

图 14-23　AVD Virtual Device Manager 主窗口

图 14-24　设置模拟设备的软硬件参数

对话框中各个参数的含义如下。

（1）AVD Name：自定义模拟器的名称，方便识别。

（2）Device：选择要模拟的设备。

（3）Target：默认的 Android 操作系统版本。这里会显示 SDK Manager 已安装的版本。

（4）CPU/ABI：处理区规格。

（5）Keyboard：是否显示键盘

（6）Skin：设置模拟设备的屏幕分辨率。

（7）Front Camera：模拟前置摄像头功能。

（8）Back Camera：模拟后置摄像头功能。

（9）Memory Options：RAM 用于设置内存大小，VM Heap 用于限制 App 运行时分配的内存最大值。

（10）SD Card：模拟 SD 存储卡。

（11）Snapshot：是否需要存储模拟器的快照。如果存储快照，则下次打开模拟器就能缩短打开时间。

设置完成后，单击 OK 按钮，即可产生一个 Android 模拟器，如图 14-25 所示。单击 Start 按钮，即可启动模拟器；单击 Edit 按钮，还可以重新设置模拟器的软硬件参数。

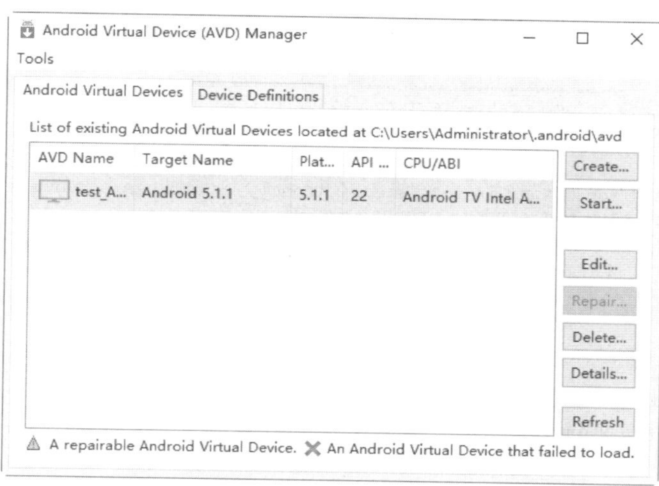

图 14-25　新增的模拟器

14.4　将网页转换为 Android App

当需要的工具安装和设置完成后，就可以在 DOS 窗口中使用命令调用 Cordova，把网页转换为 App。基本思路如下。

（1）创建项目。

（2）添加 Android 平台。

（3）导入网页程序。

（4）转化为 App。

具体操作步骤如下。

01 首先切换到放置项目的文件夹中，例如，项目放置在 D:\APP 目录下，则输入命令如下：

```
D:
cd APP
```

运行结果如图 14-26 所示。

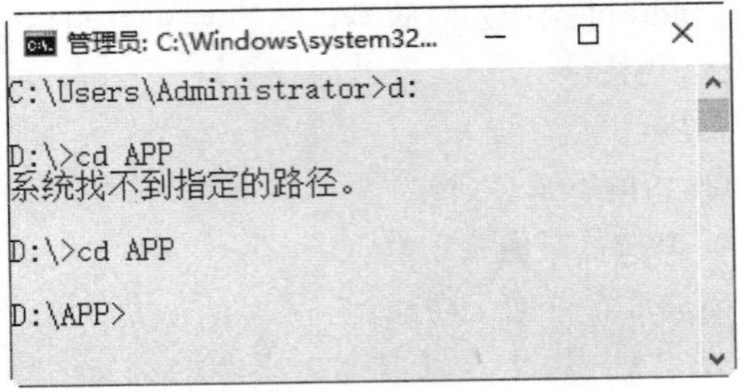

图 14-26 进入项目的目录下

02 创建项目名称为 MyTest，命令如下：

```
cordova create test com.example.test MyTest
```

其中参数 test 表示文件夹的名称；参数 com.example.test 为 App 的 id；参数 MyTest 为项目的名称，也是 App 的名称。根据提示输入 Y 确认，执行结果如图 14-27 所示。

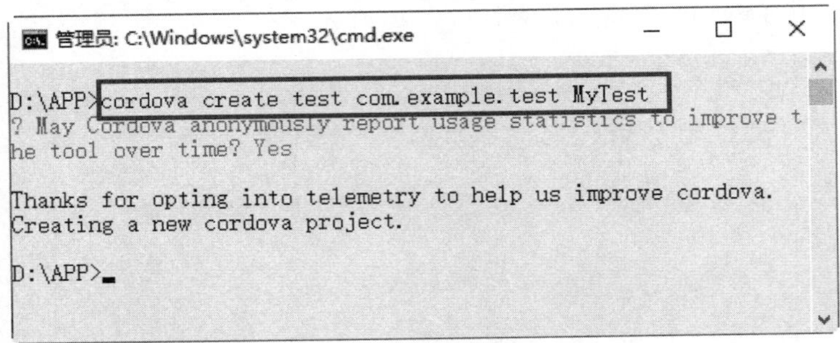

图 14-27 创建项目

创建好的项目文件和文件夹如图 14-28 所示。其中 config.xml 为项目参数配置文件，www 文件夹是网页放置的文件夹。

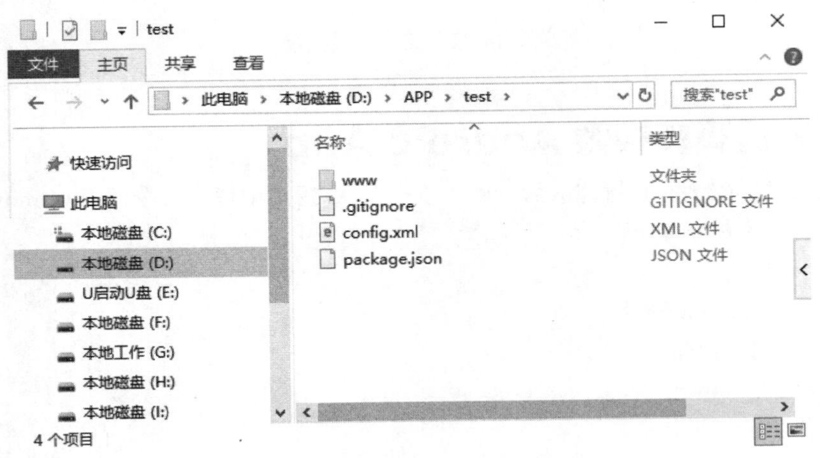

图 14-28 项目的文件和文件夹

03 项目创建完成后，必须指定使用的平台，例如 Android 平台或 iOS 平台。首先切换到项目所在的文件夹，命令如下：

```
cd test
```

然后创建项目运行平台，命令如下：

```
cordova platform add android
```

执行结果如图 14-29 所示。

```
管理员: C:\Windows\system32\cmd.exe
D:\APP\test>cordova platform add android
Using cordova-fetch for cordova-android@ 9.0.0
Adding android project...
Creating Cordova project for the Android platform:
        Path: platforms\android
        Package: com.example.test
        Name: MyTest
        Activity: MainActivity
        Android target: android-29
Subproject Path: CordovaLib
Subproject Path: app
Android project created with cordova-android@9.0.0
Discovered plugin "cordova-plugin-whitelist". Adding it to the pr
oject
Installing "cordova-plugin-whitelist" for android
Adding cordova-plugin-whitelist to package.json

D:\APP\test>_
```

图 14-29　添加项目运行平台

04 接着把制作好的移动网站复制到 www 文件夹下，首页文件名称默认为 indexl.html。用户也可以打开项目文件夹中的 config.xml 文件，将 index.html 修改为首页文件名，修改语句如下：

```
<content src="index.html" />
```

05 执行以下命令，创建 App：

```
cordova build
```

如果想创建 App，同时在模拟器中运行 App，可以执行以下命令：

```
cordova run android
```

运行完成后，在项目文件夹的 platforms/android/ant-build 文件夹下可以找到 MyTest-debug.apk 文件，该文件就是 App 的安装文件包，将它发送到移动设备进行安装即可。

14.5　新手常见疑难问题

疑问 1：配置环境时，如果 Path 变量已经存在怎么办？

如果 Path 环境已经存在，则在“环境变量”对话框中选择 Path 变量，然后单击“编辑”按钮，保留原来的变量值，直接添加新增的变量值，并用分号分隔即可。

疑问 2：已经创建好的 App，如何修改项目名称？

App 已经创建完成，如果此时还想修改项目名称和 APK 文件夹，可以打开项目文件 paltforms/android 文件夹下的 build.xml 文件和 www 文件夹下的 config.xml 文件。

第15章 项目实训1——开发连锁咖啡响应式网站

本章导读

本案例设计一个咖啡销售网站，通过网站呈现咖啡的理念和咖啡的文化，页面布局设计独特，采用两栏的布局形式；页面风格设计简洁，为浏览者提供一个简单、时尚的设计风格，浏览时让人心情舒畅。

知识导图

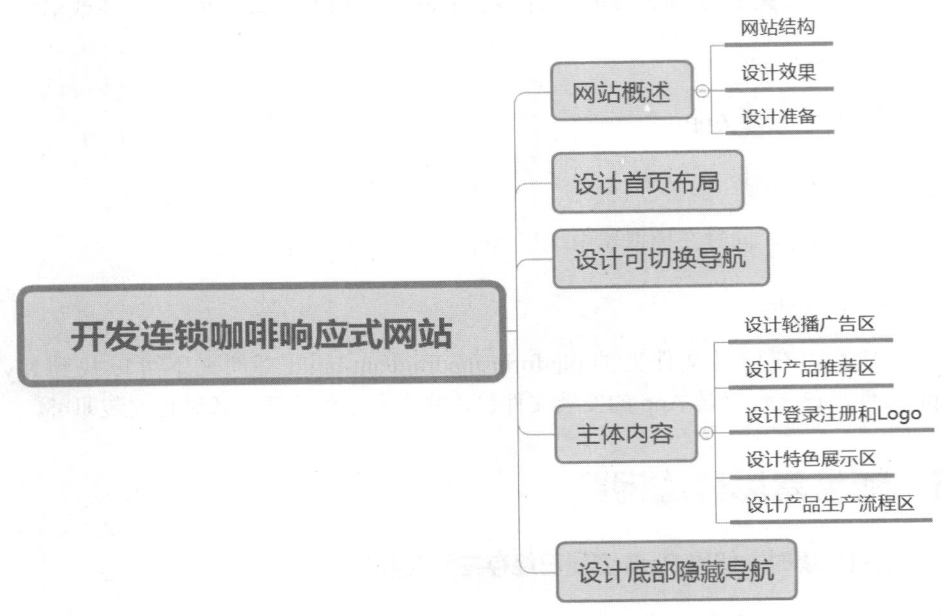

15.1 网站概述

本网站主要设计首页效果。网站的设计思路和设计风格与 Bootstrap 框架风格完美融合，下面就来具体地介绍实现的步骤。

15.1.1 网站结构

本案例目录文件说明如下。

（1）bootstrap-4.2.1-dist：Bootstrap 框架文件夹。

（2）font-awesome-4.7.0：图标字体库文件。下载地址为 http://www.fontawesome.com.cn/。

（3）css：样式表文件夹。

（4）js：JavaScript 脚本文件夹，包含 index.js 文件和 jQuery 库文件。

（5）images：图片素材。

（6）index.html：首页。

15.1.2 设计效果

本案例是咖啡网站应用，主要设计首页效果，其他页面设计可以套用首页模板。首页在大屏（≥ 992px）设备中显示，效果如图 15-1、图 15-2 所示。

图 15-1　大屏上首页上半部分效果

图 15-2　大屏上首页下半部分效果

在小屏设备（<992px）上时，底边栏导航将显示，效果如图 15-3 所示。

图 15-3　小屏上首页效果

15.1.3　设计准备

应用 Bootstrap 框架的页面建议为 HTML 5 文档类型。同时在页面头部区域导入框架的基本样式文件、脚本文件、jQuery 文件和自定义的 CSS 样式及 JavaScript 文件。本项目的配置文件如下：

```
<!DOCTYPE html>
<html>
<head>
    <meta charset="UTF-8">
    <title>Title</title>
    <meta name="viewport" content="width=device-width,initial-scale=1, shrink-to-fit=no">
    <link rel="stylesheet" href="bootstrap-4.2.1-dist/css/bootstrap.css">
    <script src="jquery-3.3.1.slim.js"></script>
    <script src="https://cdn.staticfile.org/popper.js/1.14.6/umd/popper.js"></script>
    <script src="bootstrap-4.2.1-dist/js/bootstrap.min.js"></script>
    <!--css文件-->
    <link rel="stylesheet" href="style.css">
    <!--js文件-->
    <script src="js/index.js"></script>
    <!--字体图标文件-->
    <link rel="stylesheet" href="font-awesome-4.7.0/css/font-awesome.css">
</head>
<body>
</body>
</html>
```

15.2 设计首页布局

本案例首页分为三个部分：左侧可切换导航、右侧主体内容和底部隐藏导航栏，如图 15-4 所示。

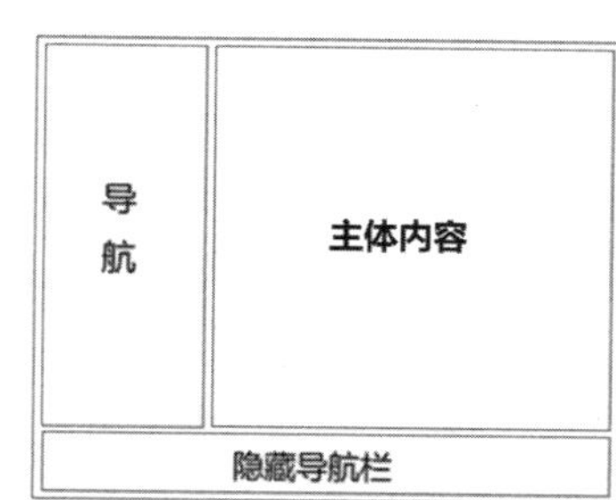

图 15-4　首页布局效果

左侧可切换导航和右侧主体内容使用 Bootstrap 框架的网格系统进行设计，在大屏设备（≥ 992px）中，左侧可切换导航占网格系统的 3 份，右侧主体内容占 9 份；在中、小屏设备（<992px）中，左侧可切换导航和右侧主体内容各占一行。

底部隐藏导航栏使用无序列表进行设计，添加了 d-block d-sm-none 类，只在小屏设备上显示。

```
<div class="row">
    <!--左侧导航-->
    <div class="col-12 col-lg-3 left "></div>
    <!--右侧主体内容-->
    <div class="col-12 col-lg-9 right"></div>
</div>
<!--隐藏导航栏-->
<div >
    <ul>
```

```
            <li><a href="index.html"></a></li>
        </ul>
    </div>
```

还添加了一些自定义样式来调整页面布局，代码如下：

```
@media (max-width: 992px){
    /*在小屏设备中，设置外边距，上下外边距为1rem，左右为0*/
    .left{
        margin:1rem 0;
    }
}
@media (min-width: 992px){
    /*在大屏设备中，左侧导航设置固定定位，右侧主体内容设置左边外边距25%*/
    .left {
        position: fixed;
        top: 0;
        left: 0;
    }
    .right{
        margin-left:25% ;
    }
}
```

15.3 设计可切换导航

本案例左侧导航设计很复杂，在不同宽度的设备上有 3 种显示效果。

第 1 步：设计切换导航的布局。可切换导航使用网格系统进行设计，在大屏（>992px）设备上占网格系统的 3 份，如图 15-5 所示；在中、小屏（<992px）设备上占满整行，如图 15-6 所示。

图 15-5　大屏设备布局效果

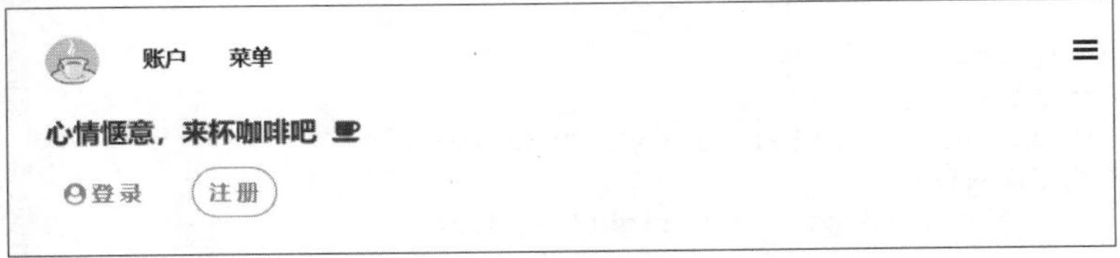

图 15-6　中、小屏设备布局效果

```
<div class="col -12 col-lg-3"></div>
```

第 2 步：设计导航展示内容。导航展示内容包括导航条和登录注册两部分。导航条用网格系统布局，嵌套 Bootstrap 导航组件进行设计，使用 <ul class= “nav” > 定义；登录注册按钮使用了 Bootstrap 的按钮组件进行设计，使用 <a href= “#” class= “btn” > 定义。在小屏上隐藏登录注册按钮，如图 15-7 所示，将其包裹在 <div class= “d-none d-sm-block” > 容器中。

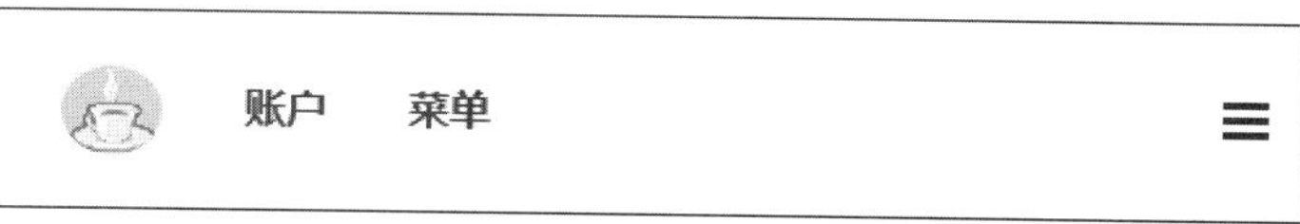

图 15-7　小屏设备上隐藏登录注册

```
<div class="col-sm-12 col-lg-3 left ">
<div id="template1">
<div class="row">
    <div class="col-10">
        <!--导航条-->
        <ul class="nav">
            <li class="nav-item">
                <a class="nav-link active" href="index.html">
                    <img width="40" src="images/logo.png" alt=""
                                                    class="rounded-circle">
                </a>
            </li>
            <li class="nav-item mt-1">
                <a class="nav-link" href="javascript:void(0);">账户</a>
            </li>
            <li class="nav-item mt-1">
                <a class="nav-link" href="javascript:void(0);">菜单</a>
            </li>
        </ul>
    </div>
    <div class="col-2 mt-2 font-menu text-right">
        <a id="a1" href="javascript:void(0); "><i class="fa fa-bars"></i></a>
    </div>
</div>
<div class="margin1">
    <h5 class="ml-3 my-3 d-none d-sm-block text-lg-center">
        <b>心情惬意，来杯咖啡吧</b>  <i class="fa fa-coffee"></i>
    </h5>
    <div class="ml-3 my-3 d-none d-sm-block text-lg-center">
        <a href="#" class="card-link btn  rounded-pill text-success"><i
                        class="fa fa-user-circle"></i> 登 录</a>
        <a href="#" class="card-link btn btn-outline-success rounded-pill text-
                                                    success">注 册</a>
    </div>
</div>
</div>
</div>
```

第 3 步：设计隐藏导航内容。隐藏导航内容包含在 id 为 #template2 的容器中，在默认情况下是隐藏的，用 Bootstrap 隐藏样式 d-none 来设置。内容包括导航条、菜单栏和登录注册按钮。

导航栏用网格系统布局，嵌套 Bootstrap 导航组件进行设计，使用 <ul class=“nav”> 定义。菜单栏使用 h6 标签和超链接进行设计，使用 <h6><a href= “a.html” > 定义。登录注册按钮使用按钮组件进行设计用 <a href= “#” class= “btn” > 定义。

```
<div class="col-sm-12 col-lg-3 left ">
<div id="template2" class="d-none">
    <div class="row">
    <div class="col-10">
          <ul class="nav">
                      <li class="nav-item">
                         <a class="nav-link active" href="index.html">
                            <img width="40" src="images/logo.png" alt=""
                                                 class="rounded-circle">
                         </a>
                      </li>
                      <li class="nav-item">
                         <a class="nav-link mt-2" href="index.html">
                             咖啡俱乐部
                         </a>
                      </li>
                  </ul>
              </div>
              <div class="col-2 mt-2 font-menu text-right">
                  <a id="a2" href="javascript:void(0);"><i class="fa fa-
                                                                  times"></i></a>
              </div>
          </div>
          <div class="margin2">
              <div class="ml-5 mt-5">
                  <h6><a href="a.html">门店</a></h6>
                  <h6><a href="b.html">俱乐部</a></h6>
                  <h6><a href="c.html">菜单</a></h6>
                  <hr/>
                  <h6><a href="d.html">移动应用</a></h6>
                  <h6><a href="e.html">甄选精品</a></h6>
                  <h6><a href="f.html">专星送</a></h6>
                  <h6><a href="g.html">咖啡讲堂</a></h6>
                  <h6><a href="h.html">烘焙工厂</a></h6>
                  <h6><a href="i.html">帮助中心</a></h6>
                  <hr/>
                  <a href="#" class="card-link btn rounded-pill text-success
                   pl-0"><i class="fa fa-user-circle"></i> 登 录</a>
                  <a href="#" class="card-link btn btn-outline-success
                                     rounded-pill text-success">注 册</a>
         </div>
     </div>
</div>
</div>
```

第 4 步：设计自定义样式，使页面更加美观。

```
.left{
    border-right: 2px solid #eeeeee;
}
.left a{
    font-weight: bold;
    color: #000;
}
@media (min-width: 992px){
    /*使用媒体查询定义导航的高度，当屏幕宽度大于992px时，导航高度为100vh*/
    .left{
        height:100vh;
```

```
        }
    }
    @media (max-width: 992px){
        /*使用媒体查询定义字体大小*/
        /*当屏幕尺寸小于992px时，页面的根字体大小为14px*/
        .left{
            margin:1rem 0;
        }
    }
    @media (min-width: 992px){
        /*当屏幕尺寸大于992px时，页面的根字体大小为15px*/
        .left {
            position: fixed;
            top: 0;
            left: 0;
        }
        .margin1{
            margin-top:40vh;
        }
    }
    .margin2 h6{
        margin: 20px 0;
        font-weight:bold;
    }
```

第 5 步：添加交互行为。在可切换导航中，为 <i class= “fa fa-bars” > 图标和 <i class= “fa fa-times” > 图标添加单击事件。在大屏设备中，为了页面更友好，在大屏设备上切换导航时，显示右侧主体内容，当单击 <i class= “fa fa-bars” > 图标时，如图 15-8 所示，切换隐藏的导航内容；在隐藏的导航内容中，单击 <i class= “fa fa-times” > 图标时，如图 15-9 所示，可切回导航展示内容。在中、小屏（<992px）设备上，隐藏右侧主体内容，单击 <i class= “fa fa-bars” > 图标时，如图 15-10、图 15-11 所示，切换隐藏的导航内容；在隐藏的导航内容中，单击 <i class= “fa fa-times” > 图标时，如图 15-12、图 15-13 所示，可切回导航展示内容。

实现导航展示内容和隐藏内容交互行为的脚本代码如下所示：

```
$(function(){
    $("#a1").click(function () {
        $("#template1").addClass("d-none");
        $(".right").addClass("d-none d-lg-block");
        $("#template2").removeClass("d-none");
    })
    $("#a2").click(function () {
        $("#template2").addClass("d-none");
        $(".right").removeClass("d-none");
        $("#template1").removeClass("d-none");
    })
})
```

> **提示：** 其中 d-none 和 d-lg-block 类是 Bootstrap 框架中的样式。Bootstrap 框架中的样式，在 JavaScript 脚本中可以直接调用。

图 15-8　大屏设备切换隐藏的导航内容

图 15-9　大屏设备切回导航展示的内容

图 15-10　中屏设备切换隐藏的导航内容

图 15-11　小屏设备切换隐藏的导航内容

图 15-12　中屏设备切回导航展示的内容

图 15-13　小屏设备切回导航展示的内容

15.4　主体内容

页面排版具有可读性、可理解性、清晰明了至关重要。一方面，好的排版可以让网站感觉清爽而令人眼前一亮；另一方面，糟糕的排版则令人分心。排版是为了内容更好地呈现，应以不增加用户认知负荷的方式来显示内容。

本案例主体内容包括轮播广告、产品推荐区、Logo 展示、特色展示区和产品生产流程 5 个部分，页面排版如图 15-14 所示。

图 15-14　主体内容排版设计

15.4.1 设计轮播广告区

Bootstrap 轮播插件结构比较固定，轮播包含框需要指明 ID 值和 carousel、slide 类。框内包含三部分组件：标签框（carousel-indicators）、图文内容框（carousel-inner）和左右导航按钮（carousel-control-prev、carousel-control-next）。这里通过 data-target= “#carousel” 属性启动轮播，使用 data-slide-to= “0” 、data-slide = “pre” 、data-slide = “next” 定义交互按钮的行为。完整的代码如下：

```
<div id="carousel" class="carousel slide">
     <!—标签框-->
    <ol class="carousel-indicators">
        <li data-target="#carousel" data-slide-to="0" class="active"></li>
    </ol>
     <!—图文内容框-->
    <div class="carousel-inner">
        <div class="carousel-item active">
            <img src="images " class="d-block w-100" alt="...">
            <!—文本说明框-->
            <div class="carousel-caption d-none d-sm-block">
                <h5> </h5>
                <p> </p>
            </div>
        </div>
    </div>
     <!—左右导航按钮-->
    <a class="carousel-control-prev" href="#carousel" data-slide="prev">
        <span class="carousel-control-prev-icon"></span>
    </a>
    <a class="carousel-control-next" href="#carousel" data-slide="next">
        <span class="carousel-control-next-icon"></span>
    </a>
</div>
```

本案例轮播广告位结构中，没有添加标签框和文本说明框（<div class= “carousel-caption” >）。代码如下：

```
<div class="col-sm-12 col-lg-9 right p-0 clearfix">
   <div id="carouselExampleControls" class="carousel slide" data-
                                                                ride="carousel">
     <div class="carousel-inner max-h">
         <div class="carousel-item active">
             <img src="images/001.jpg" class="d-block w-100" alt="...">
         </div>
         <div class="carousel-item">
             <img src="images/002.jpg" class="d-block w-100" alt="...">
         </div>
         <div class="carousel-item">
             <img src="images/003.jpg" class="d-block w-100" alt="...">
         </div>
      </div>
    <a class="carousel-control-prev" href="#carouselExampleControls" data-
                                                                   slide="prev">
            <span class="carousel-control-prev-icon"></span>
         </a>
         <a class="carousel-control-next" href="#carouselExampleControls" data-
                                                                   slide="next">
```

```
                <span class="carousel-control-next-icon" ></span>
            </a>
        </div>
</div>
```

为了避免轮播中的图片因过大而影响整体页面，这里为轮播区设置一个最大高度 max-h 类：

```
.max-h{
    max-height:300px;                /*居中对齐*/
}
```

在 IE 浏览器中运行，轮播效果如图 15-15 所示。

图 15-15　轮播效果

15.4.2　设计产品推荐区

产品推荐区使用 Bootstrap 中的卡片组件进行设计。卡片组件中有 3 种排版方式，分别为卡片组、卡片阵列和多列卡片浮动排版。本案例使用多列卡片浮动排版，它使用 <div class= “card-columns” > 进行定义：

```
<div class="p-4 list">
<h5 class="text-center my-3">咖啡推荐</h5>
<h5 class="text-center mb-4 text-secondary">
<small>在购物旗舰店可以发现更多咖啡心意</small>
</h5>
<!—多列卡片浮动排版-->
<div class="card-columns">
<div class="my-4 my-sm-0">
<img class="card-img-top" src="images/006.jpg" alt="">
</div>
<div class="my-4 my-sm-0">
<img class="card-img-top" src="images/004.jpg" alt="">
</div>
<div class="my-4 my-sm-0">
<img class="card-img-top" src="images/005.jpg" alt="">
</div>
</div>
</div>
```

为推荐区添加自定义样式，包括颜色和圆角效果：

```
.list{
    background: #eeeeee;                    /*定义背景颜色*/
}
.list-border{
    border: 2px solid #DBDBDB;              /*定义边框*/
    border-top:1px solid #DBDBDB ;          /*定义顶部边框*/
}
```

在 IE 浏览器中运行，产品推荐区效果如图 15-16 所示。

图 15-16　产品推荐区效果

15.4.3　设计登录注册和 Logo

登录注册和 Logo 使用网格系统布局，并添加响应式设计。在中、大屏（≥ 768px）设备中，左侧是登录注册按钮，右侧是公司 Logo，如图 15-17 所示；在小屏（<768px）设备中，登录注册按钮和 Logo 将各占一行显示，如图 15-18 所示。

图 15-17　中、大屏设备显示效果

图 15-18　小屏设备显示效果

对于左侧的登录注册按钮，使用卡片组件进行设计，并且添加了响应式的对齐方式：text-center 和 text-sm-left。在小屏（<768px）设备中，内容居中对齐；在中、大屏（≥ 768px）设备中，内容居左对齐。代码如下：

```
<div class="row py-5">
    <div class="col-12 col-sm-6 pt-2">
    <div class="card border-0 text-center text-sm-left">
    <div class="card-body ml-5">
    <h4 class="card-title">咖啡俱乐部</h4>
    <p class="card-text">开启您的星享之旅，星星越多、会员等级越高、好礼越丰富。</p>
    <a href="#" class="card-link btn btn-outline-success">注册</a>
    <a href="#" class="card-link btn btn-outline-success">登录</a>
    </div>
    </div>
    </div>
    <div class="col-12 col-sm-6 text-center mt-5">
    <a href=""><img src="images/007.png" alt="" class="img-fluid"></a>
    </div>
</div>
```

15.4.4 设计特色展示区

特色展示内容使用网格系统进行设计，并添加响应类。在中、大屏（≥ 768px）设备显示为一行四列，如图 15-19 所示；在小屏（<768px）设备显示为一行两列，如图 15-20 所示；在超小屏（<576px）设备显示为一行一列，如图 15-21 所示。

特色展示区实现代码如下：

```
<div class="p-4 list">
<h5 class="text-center my-3">咖啡精选</h5>
<h5 class="text-center mb-4 text-secondary">
<small>在购物旗舰店可以发现更多咖啡心意</small>
</h5>
<div class="row">
    <div class="col-12 col-sm-6 col-md-3 mb-3 mb-md-0">
    <div class="bg-light p-4 list-border rounded">
       <img class="img-fluid" src="images/008.jpg" alt="">
       <h6 class="text-secondary text-center mt-3">套餐一</h6>
    </div>
    </div>
    <div class="col-12 col-sm-6 col-md-3 mb-3 mb-md-0">
        <div class="bg-white p-4 list-border rounded">
        <img class="img-fluid" src="images/009.jpg" alt="">
        <h6 class="text-secondary text-center mt-3">套餐二</h6>
        </div>
    </div>
    <div class="col-12 col-sm-6 col-md-3 mb-3 mb-md-0">
    <div class="bg-light p-4 list-border rounded">
    <img class="img-fluid" src="images/010.jpg" alt="">
    <h6 class="text-secondary text-center mt-3">套餐三</h6>
    </div>
    </div>
    <div class="col-12 col-sm-6 col-md-3 mb-3 mb-md-0">
        <div class="bg-light p-4 list-border rounded">
           <img class="img-fluid" src="images/011.jpg" alt="">
```

```
                <h6 class="text-secondary text-center mt-3">套餐四</h6>
            </div>
        </div>
        </div>
</div>
```

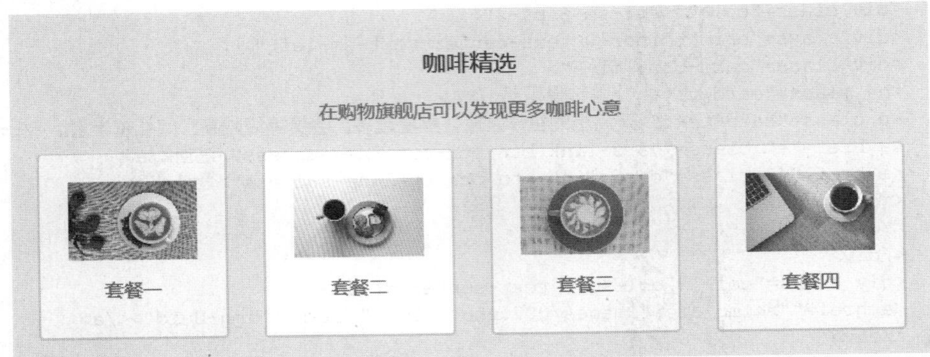

图 15-19　中、大屏设备显示效果

图 15-20　小屏设备显示效果

图 15-21　超小屏设备显示效果

15.4.5　设计产品生产流程区

第 1 步：设计结构。产品生产流程区主要由标题和图片展示组成。标题使用 h 标签设计，图片展示使用 ul 标签设计。在图片展示部分，还添加了左右两个箭头，使用 font-awesome 字体图标进行设计。代码如下：

```
<div class="p-4">
            <h5 class="text-center my-3">咖啡讲堂</h5>
            <h5 class="text-center mb-4 text-secondary"><small>了解更多咖啡文化</
small></h5>
            <div class="box">
                <ul id="ulList" class="clearfix">
                    <li class="list-border rounded">
                        <img src="images/015.jpg" alt="" width="300">
                        <h6 class="text-center mt-3">咖啡种植</h6>
                    </li>
                    <li class="list-border rounded">
                        <img src="images/014.jpg" alt="" width="300">
                        <h6 class="text-center mt-3">咖啡调制</h6>
                    </li>
                    <li class="list-border rounded">
                        <img src="images/014.jpg" alt="" width="300">
                        <h6 class="text-center mt-3">咖啡烘焙</h6>
                    </li>
                    <li class="list-border rounded">
                        <img src="images/012.jpg" alt="" width="300">
                        <h6 class="text-center mt-3">手冲咖啡</h6>
```

```
                </li>
            </ul>
            <div id="left">
             <i class="fa fa-chevron-circle-left fa-2x text-success"></i>
            </div>
            <div id="right">
                <i class="fa fa-chevron-circle-right fa-2x text-success"></
i>
            </div>
        </div>
    </div>
```

第 2 步：设计自定义样式。

```
.box{
    width:100%;                /*定义宽度*/
    height: 300px;             /*定义高度*/
    overflow: hidden;          /*超出隐藏*/
    position: relative;        /*相对定位*/
}
#ulList{
    list-style: none;          /*去掉无序列表的项目符号*/
    width:1400px;              /*定义宽度*/
    position: absolute;        /*定义绝对定位*/
}
#ulList li{
    float: left;               /*定义左浮动*/
    margin-left: 15px;         /*定义左边外边距*/
    z-index: 1;                /*定义堆叠顺序*/
}
#left{
    position:absolute;         /*定义绝对定位*/
    left:20px;top: 30%;        /*距离左侧和顶部的距离*/
    z-index: 10;               /*定义堆叠顺序*/
    cursor:pointer;            /*定义鼠标指针显示形状*/
}
#right{
    position:absolute;         /*定义绝对定位*/
    right:20px; top: 30%;      /*距离右侧和顶部的距离*/
    z-index: 10;               /*定义堆叠顺序*/
    cursor:pointer;            /*定义鼠标指针显示形状*/
 }
.font-menu{
    font-size: 1.3rem;         /*定义字体大小*/
}
```

第 3 步：添加用户行为。

```
<script src="jquery-1.8.3.min.js"></script>
<script>
    $(function(){
        var nowIndex=0;                                 /*定义变量nowIndex*/
        var liNumber=$("#ulList li").length;            /*计算li的个数*/
        function change(index){
            var ulMove=index*300;                       /*定义移动距离*/
            $("#ulList").animate({left:"-"+ulMove+"px"},500);
                                                  /*定义动画,动画时间为0.5秒*/
        }
```

```
        $("#left").click(function(){
            nowIndex = (nowIndex > 0) ? (--nowIndex) :0;
                                              /*使用三元运算符判断nowIndex*/
            change(nowIndex);                 /*调用change()方法*/
        })
        $("#right").click(function(){
      nowIndex=(nowIndex<liNumber-1) ? (++nowIndex) :(liNumber-1);
                                              /*使用三元运算符判断nowIndex*/
            change(nowIndex);                 /*调用change()方法*/
        });
    })
</script>
```

在 IE 浏览器中运行，效果如图 15-22 所示；单击右侧箭头，#ulList 向左移动，效果如图 15-23 所示。

图 15-22　生产流程页面效果

图 15-23　滚动后效果

15.5　设计底部隐藏导航

第 1 步：设计底部隐藏导航布局。首先定义一个容器 <div id= “footer” >，用来包裹导航。在该容器上添加一些 Bootstrap 通用样式，使用 fixed-bottom 固定在页面底部，使用 bg-light 设置高亮背景，使用 border-top 设置上边框，使用 d-block 和 d-sm-none 设置导航只在小屏幕上显示。

```
<!--footer——在sm型设备尺寸下显示-->
<div class="row fixed-bottom d-block d-sm-none bg-light border-top py-1"
id="footer" >
    <ul class="text-center p-0" id="myTab">
        <li><a class="ab" href="index.html"><i class="fa fa-home fa-2x p-1"></
i><br/>主页</a></li>
```

```
            <li><a href="javascript:void(0);"><i class="fa fa-calendar-minus-o fa-2x p-1"></i><br/>门店</a></li>
            <li><a href="javascript:void(0);"><i class="fa fa-user-circle-o fa-2x p-1"></i><br/>我的账户</a></li>
            <li><a href="javascript:void(0);"><i class="fa fa-bitbucket-square fa-2x p-1"></i><br/>菜单</a></li>
            <li><a href="javascript:void(0);"><i class="fa fa-table fa-2x p-1"></i><br/>更多</a></li>
        </ul>
    </div>
```

第 2 步：设计字体颜色以及每个导航元素的宽度。

```
.ab{
    color:#00A862!important;        /*定义字体颜色*/
}
#myTab li{
    width: 20vw;                    /*定义宽度*/
    min-width: 30px;                /*定义最小宽度*/
    font-size: 0.8rem;              /*定义字体大小*/
    color: #919191;                 /*定义字体颜色*/
}
```

第 3 步：为导航元素添加单击事件，被单击元素添加 .ab 类，其他元素则删除 .ab 类。

```
$(function(){
    $("#footer ul li").click(function(){
        $(this).find("a").addClass("ab");
        $(this).siblings().find("a").removeClass("ab");
    })
})
```

在 IE 浏览器中运行，底部隐藏导航效果如图 15-24 所示；单击“门店”按钮，将切换到门店页面。

图 15-24　预览效果

第16章 项目实训2——开发房产企业响应式网站

本章导读

当今的时代是一个信息时代，企业信息可通过企业网站传达到世界各个角落，以此来宣传自己的企业，宣传企业的产品，宣传企业的服务，全面展示企业形象。在平时浏览网页时，用户可能已经访问了大量的企业网站，尽管它们各有特色，但整体布局相似，一般包括一个展示企业形象的首页、几个介绍企业资料的文章页、一个“关于”页面。本章就来设计一个流行的企业网站。

知识导图

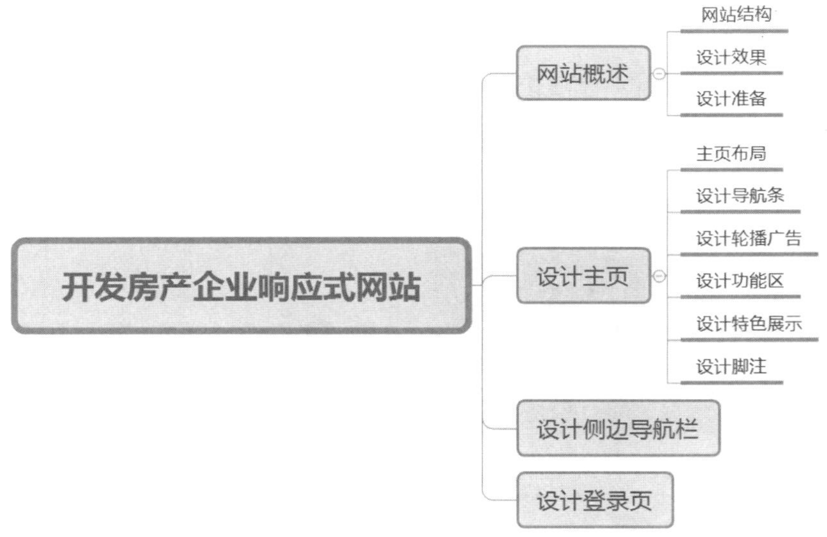

16.1 网站概述

本案例将设计一个复杂的网站，主要设计目标说明如下。

（1）完成复杂的页头区，包括左侧隐藏的导航以及 Logo 和右上角实用导航（登录表单）。

（2）实现企业风格的配色方案。

（3）实现特色展示区的响应式布局。

（4）实现特色展示图片的遮罩效果。

（5）页脚设置多栏布局。

16.1.1 网站结构

本案例目录文件说明如下。

（1）bootstrap-4.2.1-dist：Bootstrap 框架文件夹。

（2）font-awesome-4.7.0：图标字体库文件。中文网下载地址为 http://www.fontawesome.com.cn/。

（3）css：样式表文件夹。

（4）js：JavaScript 脚本文件夹，包含 index.js 文件和 jQuery 库文件。

（5）images：图片素材。

（6）index.html：主页面。

16.1.2 设计效果

本案例是企业网站应用，主要设计主页效果。在台式机等宽屏设备中浏览主页，上半部分效果如图 16-1 所示，下半部分效果如图 16-2 所示。

图 16-1　上半部分效果

图 16-2　下半部分效果

页头中设计了隐藏的左侧导航和登录表单，左侧导航栏效果如图 16-3 所示，登录表单效果如图 16-4 所示。

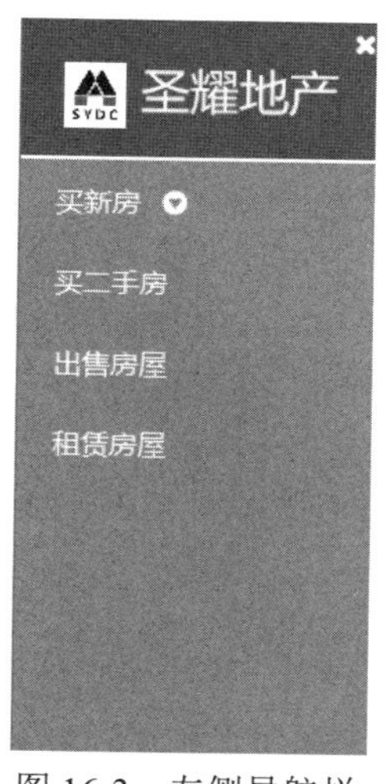

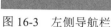

图 16-3 左侧导航栏

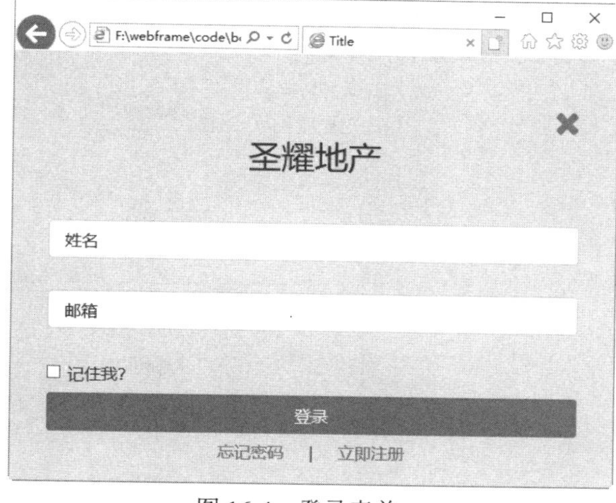

图 16-4 登录表单

16.1.3 设计准备

应用 Bootstrap 框架的页面建议为 HTML 5 文档类型。同时在页面头部区域导入框架的基本样式文件、脚本文件、jQuery 文件和自定义的 CSS 样式及 JavaScript 文件。

```
<!DOCTYPE html>
<html>
<head>
    <meta charset="UTF-8">
    <meta name="viewport" content="width=device-width,initial-scale=1, shrink-to-fit=no">
    <title>Title</title>
    <link rel="stylesheet" href="bootstrap-4.2.1-dist/css/bootstrap.css">
    <link rel="stylesheet" href="font-awesome-4.7.0/css/font-awesome.css">
    <link rel="stylesheet" href="css/style.css">
    <script src="js/index.js"></script>
    <script src="jquery-3.3.1.slim.js"></script>
    <script src="https://cdn.staticfile.org/popper.js/1.14.6/umd/popper.js"></script>
    <script src="bootstrap-4.2.1-dist/js/bootstrap.min.js"></script>
</head>
<body>
</body>
</html>
```

16.2 设计主页

在网站开发中，主页设计和制作将会占据整个制作时间的 30% ～ 40%。主页设计是一个网站成功与否的关键，用户看到主页就会对网站有一个整体的感觉。

16.2.1 主页布局

本例主页主要包括页头导航条、轮播广告区、功能区、特色推荐和页脚区。

就像搭积木一样，每个模块是一个单位积木，如何拼凑出一个漂亮的房子，需要创意和想象力。本案例布局效果如图 16-5 所示。

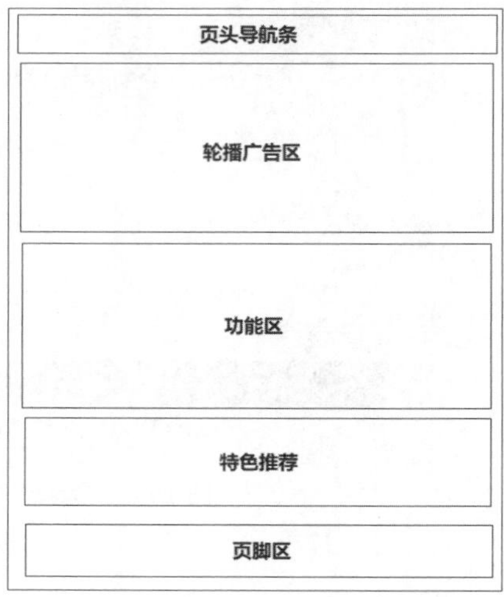

图 16-5　主页布局效果

16.2.2　设计导航条

第 1 步：构建导航条的 HTML 结构。整个结构包含 3 个图标，图标的布局使用 Bootstrap 网格系统，代码如下：

```
<div class="row">
    <div class="col-4"></div>
    <div class="col-4 "></div>
    <div class="col-4 "></div>
</div>
```

第 2 步：应用 Bootstrap 的样式，设计导航条效果。在导航条外添加 <div class= “head fixed-top” > 包含容器，自定义的 .head 控制导航条的背景颜色，.fixed-top 固定导航栏在顶部。然后为网格系统中的每列添加 Bootstrap 水平对齐样式：.text-center 和 .text-right，并为中间 2 个容器添加 Display 显示属性。

```
<div class="head fixed-top">
<div class="mx-5 row py-3 ">
    <!—左侧图标-->
    <div class="col-4">
            <a class="show" href="javascript:void(0);"><i class="fa fa-bars fa-
2x"></i></a>
    </div>
    <!—中间图标-->
    <div class="col-4 text-center d-none d-sm-block">
        <a href="javascript:void(0);"><i class="fa fa-television fa-2x"></i></
a>
    </div>
    <div class="col-4 text-center d-block d-sm-none">
        <a href="javascript:void(0);"><i class="fa fa-mobile fa-2x"></i></a>
    </div>
```

```
        <!—右侧图标-->
        <div class="col-4 text-right">
            <a href="javascript:void(0);" class="show1"><i class="fa fa-user-o fa-2x"></i></a>
        </div>
    </div>
```

自定义的背景色和字体颜色样式如下：

```
.head{
    background: #00aa88;        /*定义背景色*/
    z-index:50;                 /*设置元素的堆叠顺序*/
}
.head a{
    color:white;                /*定义字体颜色*/
}
```

中间由 2 个图标构成，每个图标都添加了 d-none d-sm-block 和 d-block d-sm-none 的 Display 显示样式，控制在页面中只能显示一个图标。在中、大屏（>768px）设备中的显示效果如图 16-6 所示，中间显示为电脑图标；在小屏（<768px）设备上的显示效果如图 16-7 所示，中间显示为手机图标。

图 16-6　中、大屏设备显示效果

图 16-7　小屏设备显示效果

当拖动滚动条时，滚动条始终固定在顶部，效果如图 16-8 所示。

图 16-8　导航条固定效果

第 3 步：为左侧图标添加 click（单击）事件，绑定 show 类。当单击左侧图标时，激活隐藏的侧边导航栏，效果如图 16-9 所示。

第 4 步：为右侧图标添加 click 事件，绑定 show1 类。当单击右侧图标时，激活隐藏的登录页，效果如图 16-10 所示。

图 16-9　侧边导航栏激活效果

图 16-10　登录页面激活效果

提示：侧边导航栏和登录页面的设计将在 16.3 节和 16.4 节具体进行介绍。

16.2.3　设计轮播广告

在 Bootstrap 框架中，轮播插件结构比较固定：轮播包含框需要指明 ID 值和 carousel、slide 类。框内包含三部分组件：标签框（carousel-indicators）、图文内容框（carousel-inner）和左右导航按钮（carousel-control-prev、carousel-control-next）。这里通过 data-target= “#carousel” 属性启动轮播，使用 data-slide-to= “0” 、data-slide = “pre” 、data-slide = “next” 定义交互按钮的行为。完整的代码如下：

```
<div id="carousel" class="carousel slide">
     <!—标签框-->
    <ol class="carousel-indicators">
        <li data-target="#carousel" data-slide-to="0" class="active"></li>
    </ol>
     <!—图文内容框-->
    <div class="carousel-inner">
        <div class="carousel-item active">
            <img src="images " class="d-block w-100" alt="...">
            <div class="carousel-caption d-none d-sm-block">
                <h5> </h5>
                <p> </p>
            </div>
        </div>
    </div>
     <!—左右导航按钮-->
    <a class="carousel-control-prev" href="#carousel" data-slide="prev">
        <span class="carousel-control-prev-icon"></span>
    </a>
    <a class="carousel-control-next" href="#carousel" data-slide="next">
        <span class="carousel-control-next-icon"></span>
    </a>
</div>
```

下面在轮播基本结构基础上，来设计本案例轮播广告位结构。在图文内容框（carousel-inner）中包裹了多层内嵌结构，其中每个图文项目使用 <div class= “carousel-item” > 定义，轮播图标签文字框使用 <div class= “carousel-caption” > 定义。本案例没有设计标签框。

左右导航按钮分别使用 carousel-control-prev 和 carousel-control-next 来控制，使用 carousel-control-prev-icon 和 carousel-control-next-icon 类来设计左右箭头。通过使用 href= “#carouselControls” 绑定轮播框，使用 data-slide= “prev” 和 data-slide= “next” 激活轮播行为。整个轮播图的代码如下：

```
<div id="carouselControls" class="carousel slide" data-ride="carousel">
    <div class="carousel-inner max-h">
        <div class="carousel-item active">
            <img src="images/001.jpg" class="d-block w-100" alt="...">
            <div class="carousel-caption d-none d-sm-block">
                <h5>推荐一</h5>
                <p>说明</p>
            </div>
        </div>
        <div class="carousel-item">
            <img src="images/002.jpg" class="d-block w-100" alt="...">
            <div class="carousel-caption d-none d-sm-block">
                <h5>推荐二</h5>
                <p>说明</p>
            </div>
        </div>
        <div class="carousel-item">
            <img src="images/003.jpg" class="d-block w-100" alt="...">
            <div class="carousel-caption d-none d-sm-block">
                <h5>推荐三</h5>
                <p>说明</p>
            </div>
        </div>
    </div>
    <a class="carousel-control-prev" href="#carouselControls" data-
slide="prev">
    <span class="carousel-control-prev-icon" aria-hidden="true"></span>
    <span class="sr-only">Previous</span>
    </a>
    <a class="carousel-control-next" href="#carouselControls" data-
slide="next">
    <span class="carousel-control-next-icon" aria-hidden="true"></span>
    <span class="sr-only">Next</span>
    </a>
</div>
```

在 IE 浏览器中运行代码，轮播的效果如图 16-11 所示。

图 16-11　轮播广告区页面效果

考虑到布局的设计，在图文内容框中添加了自定义的样式 max-h，用来设置图文内容框最大高度，以免由于图片过大而影响整个页面布局：

```
.max-h{
    max-height:500px;
}
```

16.2.4 设计功能区

功能区包括欢迎区、功能导航区和搜索区三部分。

（1）欢迎区的设计代码如下：

```
<div class="text-center">
    <h2 class="color">欢 迎 您 ! </h2>
     <h6 class="my-3">最专业、最权威的技术团队用心做事，为企业客户提供最领先的房产配套系
统服务</h6>
</div>
```

（2）功能导航区使用了 Bootstrap 的导航组件。导航框使用 <ul class= “nav” > 定义，使用 justify-content-center 设置水平居中。导航中每个项目使用 <li class= “nav-item” > 定义，每个项目中的链接添加 nav-link 类。设计代码如下：

```
<ul class="nav justify-content-center nav-head">
    <li class="nav-item">
        <a class="nav-link" href="">
            <i class="fa fa-home"></i>
            <h6 class="size">买房</h6>
          </a>
     </li>
     <li class="nav-item">
          <a class="nav-link" href="#">
            <i class="fa fa-university "></i>
            <h6 class="size">出售</h6>
          </a>
     </li>
     <li class="nav-item">
          <a class="nav-link" href="#">
               <i class="fa fa-hdd-o "></i>
               <h6 class="size">租赁</h6>
          </a>
     </li>
 </ul>
```

（3）搜索区使用了表单组件。搜索表单包含在 <div class=“container”> 容器中，代码如下：

```
<h5 class="text-center my-3">查找您需要的房子 <i class="fa fa-hand-o-down
color1"></i> </h5>
<div class="container">
      <form>
         <div class="form-group">
                 <input type="search" class="form-control form-control-lg"
placeholder="您需要房子的编号或者房子的类型">
         </div>
      </form>
```

```
        <a href="" class="btn1 border d-block text-center py-2">搜索</a>
</div>
```

考虑到页面的整体效果，功能区自定义了一些样式代码，具体如下：

```
.nav-head li{
    text-align: center;                /*居中对齐*/
    margin-left: 15px;                 /*定义左边外边距*/
}
.nav-head li i{
    display: block;                    /*定义元素为块级元素*/
    width: 50px;                       /*定义宽度*/
    height: 50px;                      /*定义高度*/
    border-radius: 50%;                /*定义圆角边框*/
    padding-top: 10px;                 /*定义上边内边距*/
    font-size: 1.5rem;                 /*定义字体大小*/
    margin-bottom: 10px;               /*定义底边外边距*/
    color: white;                      /*定义字体颜色为白色*/
    background: #00aa88;               /*定义背景颜色*/
}
.size{font-size: 1.3rem;}              /*定义字体大小*/
.btn1{
    width: 200px;                      /*定义宽度*/
    background: #00aa88;               /*定义背景颜色*/
    color: white;                      /*定义字体颜色*/
    margin: auto;                      /*定义外边距自动*/
}
.btn1:hover{
    color:# 8B008B;                    /*定义字体颜色*/
}
```

在 IE 浏览器中运行代码，功能区的效果如图 16-12 所示。

图 16-12　功能区页面效果

16.2.5　设计特色推荐

第 1 步：使用网格系统设计布局，并添加响应类。在中屏及以上（>768px）设备上显示为3列，如图 16-13 所示；在小屏（<768px）设备上显示为每行一列，如图 16-14 所示代码如下：

图 16-13　中屏及以上设备显示效果

图 16-14　小屏显示效果

```
<div class="row">
    <div class="col-12 col-md-4"></div>
    <div class="col-12 col-md-4 "></div>
    <div class="col-12 col-md-4"></div>
</div>
```

第 2 步：在每列中添加展示图片以及说明。说明框使用了 Bootstrap 框架的卡片组件，使用 <div class= “card” > 定义，主体内容框使用 <div class= “card-body” > 定义。代码如下：

```
<div class="box">
    <img src="images/004.jpg" class="img-fluid" alt="">
</div>
<div class="card border-0 pt-0">
<div class="card-body">
    <h6>户型：三层别墅</h6>
    <h6>面积：360平方</h6>
```

```
        <h6>预售价：860万</h6>
        <h6 class="mt-3"><a href="" class="btn2 border py-1 px-3">详情</a></h6>
    </div>
    </div>
    </div>
```

第 3 步：为展示图片设计遮罩效果。设计遮罩效果，默认状态下，隐藏 <div class= "box-content" > 遮罩层，当鼠标指针经过图片时，渐显遮罩层，并通过绝对定位覆盖在展示图片的上面。HTML 代码如下：

```
<div class="box">
    <img src="images/005.jpg" class="img-fluid" alt="">
    <div class="box-content">
    <h3 class="title">地址</h3>
    <span class="post">北京五环商品房</span>
    <ul class="icon">
        <li><a href="#"><i class="fa fa-search"></i></a></li>
        <li><a href="#"><i class="fa fa-link"></i></a></li>
    </ul>
    </div>
</div>
```

CSS 代码如下：

```
.box{
    text-align: center;                 /*定义水平居中*/
    overflow: hidden;                   /*定义超出隐藏*/
    position: relative;                 /*定义绝对定位*/
}
.box:before{
    content: "";                        /*定义插入的内容*/
    width: 0;                           /*定义宽度*/
    height: 100%;                       /*定义高度*/
    background: #000;                   /*定义背景颜色*/
    position: absolute;                 /*定义绝对定位*/
    top: 0;                             /*定义距离顶部的位置*/
    left: 50%;                          /*定义距离左边50%的位置*/
    opacity: 0;                         /*定义透明度为0*/
    /*cubic-bezier贝塞尔曲线CSS3动画工具*/
    transition: all 500ms cubic-bezier(0.47, 0, 0.745, 0.715) 0s;
}
.box:hover:before{
    width: 100%;                        /*定义宽度为100%*/
    left: 0;                            /*定义距离左侧为0px*/
    opacity: 0.5;                       /*定义透明度为0.5*/
}
.box img{
    width: 100%;                        /*定义宽度为100%*/
    height: auto;                       /*定义高度自动*/
}
.box .box-content{
    width: 100%;                        /*定义宽度*/
    padding: 14px 18px;                 /*定义上下内边距为14px，左右内边距为18px*/
    color: #fff;                        /*定义字体颜色为白色*/
    position: absolute;                 /*定义绝对定义*/
    top: 10%;                           /*定义距离顶部为10% */
    left: 0;                            /*定义距离左侧为0*/
```

```
}
.box .title{
    font-size: 25px;                /* 定义字体大小*/
    font-weight: 600;               /* 定义字体加粗*/
    line-height: 30px;              /* 定义行高为30px*/
    opacity: 0;                     /* 定义透明度为0*/
    transition: all 0.5s ease 1s;     /* 定义过渡效果*/
}
.box .post{
    font-size: 15px;                /* 定义字体大小*/
    opacity: 0;                     /* 定义透明度为0*/
    transition: all 0.5s ease 0s;     /* 定义过渡效果*/
}
.box:hover .title,
.box:hover .post{
    opacity: 1;                     /* 定义透明度为1*/
    transition-delay: 0.7s;         /* 定义过渡效果延迟的时间*/
}
.box .icon{
    padding: 0;                     /* 定义内边距为0*/
    margin: 0;                      /*定义外边距为0*/
    list-style: none;               /* 去掉无序列表的项目符号*/
    margin-top: 15px;               /* 定义上边外边距为15px*/
}
.box .icon li{
    display: inline-block;          /* 定义行内块级元素*/
}
.box .icon li a{
    display: block;                 /* 设置元素为块级元素*/
    width: 40px;                    /* 定义宽度*/
    height: 40px;                   /* 定义高度*/
    line-height: 40px;              /* 定义行高*/
    border-radius: 50%;             /* 定义圆角边框*/
    background: #f74e55;            /* 定义背景颜色*/
    font-size: 20px;                /* 定义字体大小*/
    font-weight: 700;               /* 定义字体加粗*/
    color: #fff;                    /* 定义字体颜色*/
    margin-right: 5px;              /* 定义右边外边距*/
    opacity: 0;                     /* 定义透明度为0*/
    transition: all 0.5s ease 0s;     /* 定义过渡效果*/
}
.box:hover .icon li a{
    opacity: 1;                     /* 定义透明度为1 */
    transition-delay: 0.5s;         /* 定义过渡延迟时间*/
}
.box:hover .icon li:last-child a{
    transition-delay: 0.8s;         /*定义过渡延迟时间*/
}
```

在 IE 浏览器中运行代码，鼠标指针经过特色展示区图片上时，遮罩层显示，如图 16-15 所示。

图 16-15　遮罩层效果

16.2.6　设计页脚

页脚部分由 3 行构成，前两行是联系和企业信息链接，使用 Bootstrap 4 导航组件来设计；最后一行是版权信息。设计代码如下：

```
<div class="bg-dark py-5">
    <ul class="nav justify-content-center list pb-3">
        <li class="nav-item">
            <a class="nav-link p-0" href="">
                <i class="fa fa-qq"></i>
            </a>
        </li>
        <li class="nav-item">
            <a class="nav-link p-0" href="#">
                <i class="fa fa-weixin"></i>
            </a>
        </li>
        <li class="nav-item">
            <a class="nav-link p-0" href="#">
                <i class="fa fa-twitter"></i>
            </a>
        </li>
        <li class="nav-item">
            <a class="nav-link p-0" href="#">
                <i class="fa fa-maxcdn"></i>
            </a>
        </li>
    </ul>
    <hr class="border-white my-0 mx-5" style="border:1px dotted red"/>
    <ul class="nav justify-content-center pt-0">
            <li class="nav-item">
                <a class="nav-link text-white" href="#">企业文化</a>
            </li>
            <li class="nav-item">
                <a class="nav-link text-white" href="#">企业特色</a>
            </li>
            <li class="nav-item">
                <a class="nav-link text-white" href="#">企业项目</a>
            </li>
```

```
            <li class="nav-item">
                <a class="nav-link text-white" href="#">联系我们</a>
            </li>
    </ul>
    <hr class="border-white my-0 mx-5" style="border:1px dotted red"/>
    <div class="text-center text-white mt-2">Copyright 2020-2-14 圣耀地产 版权所
                有</div>
</div>
```

添加自定义样式代码如下：

```
.list a{
    display: block;
    width: 28px;
    height: 28px;
    font-size: 1rem;
    border-radius: 50%;
    background: white;
    text-align: center;
    margin-left: 10px;
}
```

运行效果如图 16-16 所示。

图 16-16　脚注效果

16.3　设计侧边导航栏

侧边导航栏包含一个关闭按钮、企业 Logo 和菜单栏，效果如图 16-17 所示。

第 1 步：关闭按钮使用 awesome 字体库中的字体图标进行设计，企业 Logo 和名称包含在 <h3> 标签中。代码如下：

```
    <a class="del" href="javascript:void(0);"><i class="fa fa-times text-white"></
i></a>
    <h3 class="mb-0 pb-3  pl-4"><img src="images/logo.jpg" alt="" class="img-fluid
mr-2" width="35">圣耀地产</h3>
```

给关闭按钮添加 click 事件，当单击关闭按钮时，侧边栏向左移动并隐藏；当激活时，侧边导航栏向右移动并显示。实现该效果的 JavaScript 脚本文件如下：

```
    $('.del').click(function(){
        $('.sidebar').animate({
                "left":"-200px",
            })
        })
        // 弹出侧边栏
        $('.show').click(function(){
            $('.sidebar').animate({
```

```
                "left":"0px",
            })
        })
```

图 16-17 侧边导航栏效果

第 2 步：设计左侧导航栏。左侧导航栏并没有使用 Bootstrap 4 中的导航组件，而是使用 Bootstrap 4 框架的其他组件来设计。首先是使用列表组来定义导航项，在导航项中添加折叠组件，在折叠组件中再嵌套列表组。

HTML 代码如下：

```
<div class="sidebar min-vh-100 text-white">
    <div class="sidebar-header">
        <div class="text-right">
                <a class="del" href="javascript:void(0);"><i class="fa fa-times
text-white"></i></a>
        </div>
    </div>
     <h3 class="mb-0 pb-3  pl-4"><img src="images/logo.jpg" alt="" class="img-
fluid mr-2" width="35">圣耀地产</h3>
    <ul class="list-group">
    <!--折叠面板-->
    <li class="list-group-item" data-toggle="collapse" href="#collapse">
    买新房 <i class="fa fa-gratipay ml-2"></i>
    <div class="collapse border-bottom border-top border-white" id="collapse">
    <ul class="list-group ">
    <li class="list-group-item"><i class="fa fa-rebel mr-2"></i>普通住房</li>
    <li class="list-group-item"><i class="fa fa-rebel mr-2"></i>特色别墅</li>
    <li class="list-group-item"><i class="fa fa-rebel mr-2"></i>奢华豪宅</li>
    </ul>
    </div>
        </li>
        <li class="list-group-item">买二手房</li>
        <li class="list-group-item">出售房屋</li>
        <li class="list-group-item">租赁房屋</li>
    </ul>
</div>
```

关于侧边栏自定义的样式代码如下：

```
.sidebar{
    width:200px;                    /* 定义宽度*/
```

```
        background: #00aa88;            /* 定义背景颜色*/
        position: fixed;                /* 定义固定定位*/
        left: -200px;                   /* 距离左侧为-200px*/
        top:0;                          /* 距离顶部为0px*/
        z-index: 100;                   /* 定义堆叠顺序*/
    }
    .sidebar-header{
        background: #066754;            /* 定义背景颜色*/
    }
    .sidebar ul li{
       border: 0;                       /* 定义边框为0*/
        background: #00aa88;            /* 定义背景颜色*/
    }
    .sidebar ul li:hover{
        background:#066754;            /* 定义背景颜色*/
    }
    .sidebar h3{
        background: #066754;            /* 定义背景颜色*/
        border-bottom: 2px solid white;    /* 定义底边框为2px、实线、白色边框*/
    }
```

实现侧边导航栏的 JavaScript 脚本代码如下：

```
$(function(){
    // 隐藏侧边栏
    $('.del').click(function(){
        $('.sidebar').animate({
            "left":"-200px",
        })
    })
    // 弹出侧边栏
    $('.show').click(function(){
        $('.sidebar').animate({
            "left":"0px",
        })
    })
})
```

16.4 设计登录页

登录页通过顶部导航条右侧图标来激活，激活后效果如图 16-18 所示。

本案例设计了一个复杂的登录页，使用 Bootstrap 4 的表单组件进行设计，并添加了 CSS3 动画效果。当表单获取焦点时，Label 标签将向上移动到输入框之上，输入框颜色和文字同时发生变化，如图 16-19 所示。

```
    <div class="vh-100 vw-100 reg">
        <div class="container mt-5">
            <div class="text-right">
             <a class="del1" href="javascript:void(0);"><i class="fa fa-times fa-
2x"></i></a>
            </div>
            <h2 class="text-center mb-5">圣耀地产</h2>
            <form>
                <div class="input__block form-group">
                      <input type="text" id="name" name="name"required class="input
```

```
text-center form-control"/>
                    <label for="name" class="label">姓名</label>
                </div>
                <div class="input__block form-group">
                <input type="email" id="email" name="email" required
                                         class="input text-center form-control"/>
                    <label for="email" class="label">邮箱</label>
                </div>
                <div class="form-check">
                <input type="checkbox" class="form-check-input"
                                                          id="exampleCheck1">
                <label class="form-check-label" for="exampleCheck1">记住我?
                                                                    </label>
                </div>
            </form>
               <button type="button" class="btn btn-primary btn-block my-2">登录</
button>
              <h6 class="text-center"><a href="">忘记密码</a><span class="mx-4">|</
span><a href="">立即注册</a></h6>
         </div>
    </div>
```

下面为登录页自定义样式。Label 标签设置固定定位，当表单获取焦点时，Label 内容向上移动。Bootstrap 4 中的表单组件和按钮组件，在获取焦点时四周会出现的闪光的阴影，这会影响整个网页效果，此时也可自定义样式，覆盖掉Bootstrap 4默认的样式。自定义代码如下:

```
.reg{
    position: absolute;                          /* 定义绝对定位*/
    display: none;                               /* 设置隐藏*/
    top: -100vh;                                 /* 距离顶部为-100vh*/
    left: 0;                                     /* 距离左侧为0*/
    z-index: 500;                                /* 定义堆叠顺序*/
    background-image: url("../images/bg1.png");  /* 定义背景图片*/
}
.input__block {
    position: relative;                          /* 定义相对定位*/
    margin-bottom: 2rem;                         /* 定义底外边距为2rem*/
}
.label {
    position: absolute;                          /* 定义绝对定位*/
    top: 50%;                                    /* 距离顶部为50%*/
    left: 1rem;                                  /* 距离左侧为1rem*/
    width: 3rem;                                 /* 宽度为3rem*/
    transform: translateY(-50%);                 /* 定义Y轴方向上的位移为-50%*/
    transition: all 300ms ease;                  /* 定义过渡动画*/
}
.input:focus + .label,
.input:focus: required:invalid + .label{
    color: #00aa88;                              /* 定义字体颜色*/
}
.input:focus + .label,
.input:required:valid + .label {
    top: -1rem                                   /* 距离顶部的距离为-1rem*/
}
.input {
    line-height: 0.5rem;                         /* 行高为0.5rem*/
    transition: all 300ms ease;                  /* 定义过渡效果*/
}
```

```
.input:focus:invalid {
    border: 2px solid #00aa88;                    /* 定义边框*/
}
/*去掉Bootstrap表单获得焦点时四周的闪光阴影*/
.form-control: focus,
.has-success .form-control: focus,
.has-warning .form-control: focus,
.has-error .form-control: focus {
    -webkit-box-shadow:   none;        /* 删除阴影效果（兼容-webkit-内核的浏览器）*/
    box-shadow: none;                             /* 删除阴影效果*/
}
/*去掉Bootstrap按钮获得焦点时四周的闪光阴影*/
.btn:focus, .btn.focus {
    -webkit-box-shadow: none;                    /*删除阴影效果*/
    box-shadow: none;                            /*删除阴影效果*/
}
```

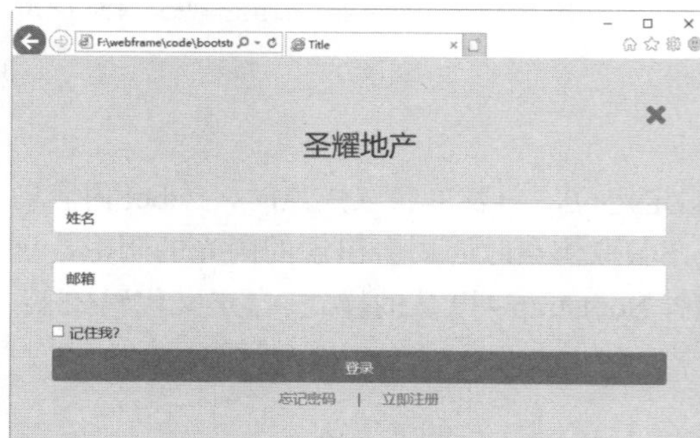

图 16-18　登录页效果

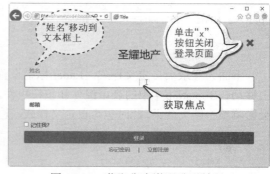

图 16-19　获取焦点激活动画效果

给关闭按钮添加 click 事件，当单击关闭按钮时，登录页向上移动并隐藏；当激活时，再向下弹出并显示。JavaScript 脚本文件如下：

```
$('.del1').click(function(){
     // 隐藏注册表
    $('.reg').animate({
         "top":"-100vh",
    })
    $('.reg').hide();
    $('.main').show();
})
    // 弹出注册表
$('.show1').click(function(){
    $('.reg').animate({
         "top":"0px",
    })
    $('.reg').show();
    $('.main').hide();
})
```

第17章　项目实训3——开发游戏中心响应式网站

本章导读

本案例介绍一个游戏中心网站，能呈现游戏类网站的绚丽多彩，页面布局设计独特，采用上下栏的布局形式；页面风格设计简洁，为浏览者提供一个绚丽的设计风格，浏览时让人眼前一亮。

知识导图

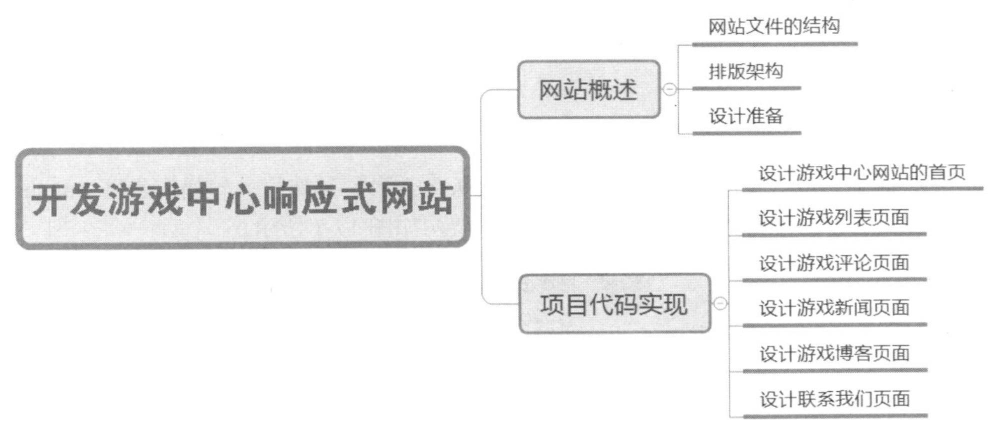

17.1 网站概述

本网站主要设计首页效果。网站的设计思路和设计风格与 Bootstrap 框架风格完美融合，下面就来具体介绍实现的步骤。

17.1.1 网站文件的结构

本案例目录文件说明如下。

（1）index.html：游戏中心网站的首页。

（2）games.html：游戏列表页面。

（3）reviews.html：游戏评论页面。

（4）news.html：游戏新闻页面。

（5）blog.html：游戏博客页面。

（6）contact.html：联系我们页面。

（7）文件夹 css：网站中的样式表文件夹。

（8）文件夹 js：JavaScript 脚本文件夹，包含 grid.js 文件、jquery.min.js 文件、jquery.wmuSlider.js 文件和 modernizr.custom.js 文件。

（9）文件夹 images：网站中的图片素材。

17.1.2 排版架构

本实例整体上是上中下的架构。上部为网页头部信息、导航栏、轮播广告区 Banner，中间为网页主要内容，下部为页脚信息。网页整体架构如图 17-1 所示。

网页头部信息、导航
轮播广告区Banner
游戏产品展示区
页脚

图 17-1　网页架构

17.1.3 设计准备

应用 Bootstrap 框架的页面建议为 HTML 5 文档类型。同时在页面头部区域导入框架的基本样式文件、脚本文件、jQuery 文件和自定义的 CSS 样式及 JavaScript 文件。本项目的配置文件如下：

```
<!DOCTYPE html>
<html>
```

```
<head>
<title>Home</title>
<link href="css/bootstrap.css" rel="stylesheet" type="text/css" media="all" />
<!-- jQuery (necessary for Bootstrap's JavaScript plugins) -->
<script src="js/jquery.min.js"></script>
<!-- Custom Theme files -->
<!--theme-style-->
<link href="css/style.css" rel="stylesheet" type="text/css" media="all" />
<!--//theme-style-->
<meta name="viewport" content="width=device-width, initial-scale=1">
<meta http-equiv="Content-Type" content="text/html; charset=utf-8" />
<meta name="keywords" content="Games Center Responsive web template, Bootstrap
Web Templates, Flat Web Templates, Andriod Compatible web template,
Smartphone Compatible web template, free webdesigns for Nokia, Samsung, LG,
SonyErricsson, Motorola web design" />
<script type="application/x-javascript"> addEventListener("load", function() {
setTimeout(hideURLbar, 0); }, false); function hideURLbar(){ window.scrollTo(0,1);
} </script>
<!--fonts-->
<link href='http://fonts.useso.com/css?family=Montserrat+Alternates:400,700'
rel='stylesheet' type='text/css'>
<link href='http://fonts.useso.com/css?family=PT+Sans:400,700' rel='stylesheet'
type='text/css'>
<!--//fonts-->
<script src="js/modernizr.custom.js"></script>
  <link rel="stylesheet" type="text/css" href="css/component.css" />
</head>
```

17.2 项目代码实现

下面来分析游戏中心网站各个页面的代码是如何实现的。

17.2.1 设计游戏中心网站的首页

index.html 文件为游戏中心网站的首页，该页面可以分成 4 部分设计，包括网页头部信息和导航栏、轮播广告区 Banner，中间为网页主要内容，下部为页脚信息。下面分别介绍这 4 部分具体如何实现的。

1. 网页头部信息和导航栏

网页头部信息和导航栏的设计效果如图 17-2 所示。

图 17-2 网页头部信息和导航栏

网页头部导航栏的核心代码如下：

```
<div class="header" >
  <div class="top-header" >
     <div class="container">
     <div class="top-head" >
           <ul class="header-in">
               <li ><a href="#" > 注册</a></li>
```

```
                <li><a href="contact.html">   联系我们</a></li>
                <li ><a href="#" >   获取资料</a></li>
            </ul>
                <div class="search">
                   <form>
                    <input type="text" value="搜索喜欢的游戏?" onFocus="this.value
= '';" onBlur="if (this.value == '') {this.value = 'search about something ?';}" >
                    <input type="submit" value="" >
                   </form>
                </div>

                <div class="clearfix"> </div>
        </div>
        </div>
      </div>
        <!---->

        <div class="header-top">
        <div class="container">
        <div class="head-top">
             <div class="logo">

                <h1><a href="index.html"><span> 老码</span>识途 <span>游戏</span>
中心</a></h1>

             </div>
        <div class="top-nav">
               <span class="menu"><img src="images/menu.png" alt=""> </span>

                   <ul>
                    <li class="active"><a class="color1" href="index.html"  >主页
</a></li>
                    <li><a class="color2" href="games.html"  >游戏</a></li>
                    <li><a class="color3" href="reviews.html"  >评论</a></li>
                    <li><a class="color4" href="news.html" >新闻</a></li>
                    <li><a class="color5" href="blog.html"  >博客</a></li>
                    <li><a class="color6" href="contact.html" >联系我们</a></li>
                    <div class="clearfix"> </div>
                   </ul>

                   <!--script-->
                <script>
                   $("span.menu").click(function(){
                    $(".top-nav ul").slideToggle(500, function(){
                    });
                   });
             </script>

                </div>

                <div class="clearfix"> </div>
        </div>
        </div>
      </div>
    </div>
```

2. 轮播广告区 Banner

轮播广告区 Banner 由 3 个图片组成，会定时切换图片，也可以单击右侧的绿色圆形按钮手动切换图片，设计效果如图 17-3 所示。

图 17-3　轮播广告区 Banner

轮播广告区 Banner 的核心代码如下：

```
<div class="banner">
<div class="container">
     <div class="wmuSlider example1">
         <div class="wmuSliderWrapper">
       <article style="position: absolute; width: 100%; opacity: 0;">
                <div class="banner-wrap">
                   <div class="banner-top">
                   <img src="images/12.jpg" class="img-responsive" alt="">
                   </div>
                     <div class="banner-top banner-bottom">
                   <img src="images/11.jpg" class="img-responsive" alt="">
                   </div>
                    <div class="clearfix"> </div>
                 </div>

      </article>
       <article style="position: absolute; width: 100%; opacity: 0;">
                   <div class="banner-wrap">

                   <div class="banner-top">
                   <img src="images/14.jpg" class="img-responsive" alt="">
                   </div>
                     <div class="banner-top banner-bottom">
                   <img src="images/13.jpg" class="img-responsive" alt="">
                   </div>
                    <div class="clearfix"> </div>

                 </div>
      </article>
       <article style="position: absolute; width: 100%; opacity: 0;">
                   <div class="banner-wrap">
                    <div class="banner-top">
                   <img src="images/16.jpg" class="img-responsive" alt="">
                   </div>
                     <div class="banner-top banner-bottom">
                   <img src="images/15.jpg" class="img-responsive" alt="">
                   </div>
                    <div class="clearfix"> </div>
                 </div>
      </article>
      </div>
       <ul class="wmuSliderPagination">
                 <li><a href="#" class="">0</a></li>
```

```
                <li><a href="#" class="">1</a></li>
                <li><a href="#" class="wmuActive">2</a></li>
            </ul>
    </div>
    <!---->
      <script src="js/jquery.wmuSlider.js"></script>
         <script>
                $('.example1').wmuSlider({
                 pagination : true,
                 nav : false,
            });
           </script>

       </div>
    </div>
<!--content
```

3. 网页主要内容

网页主要内容为分为 3 部分，包括新游戏展示区域、重点游戏推荐区域和游戏分类展示区域。

（1）新游戏展示区域设计如图 17-4 所示。

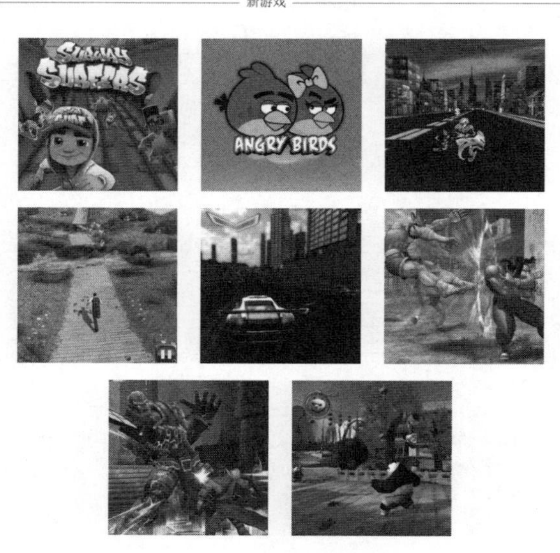

图 17-4　新游戏展示区域

新游戏展示区域的核心代码如下：

```
<div class="container">
          <div class="content-top">
              <h2 class="new">新游戏</h2>

          <div class="wrap">
          <div class="main">
              <ul id="og-grid" class="og-grid">
                 <li>
                  <a href="#" data-largesrc="images/1.jpg" data-title="Subway
Surfers" data-description="Lorem ipsum dolor sit amet, consectetur adipiscing elit.
Quisque malesuada purus a convallis dictum. Phasellus sodales varius diam, non
```

```
sagittis lectus. Morbi id magna ultricies ipsum condimentum scelerisque vel quis felis.. Donec et purus nec leo interdum sodales nec sit amet magna. Ut nec suscipit purus, quis viverra urna.">
                                   <img class="img-responsive" src="images/thumbs/1.jpg" alt="img01"/>
                        </a>
                       </li>
                       <li>
                        <a href="#" data-largesrc="images/2.jpg" data-title="Angry Birds" data-description="Lorem ipsum dolor sit amet, consectetur adipiscing elit. Quisque malesuada purus a convallis dictum. Phasellus sodales varius diam, non sagittis lectus. Morbi id magna ultricies ipsum condimentum scelerisque vel quis felis.. Donec et purus nec leo interdum sodales nec sit amet magna. Ut nec suscipit purus, quis viverra urna.">
                                   <img class="img-responsive" src="images/thumbs/2.jpg" alt="img02"/>
                        </a>
                       </li>
                       <li>
                        <a href="#" data-largesrc="images/3.jpg" data-title="Bike Games"  data-description="Lorem ipsum dolor sit amet, consectetur adipiscing elit. Quisque malesuada purus a convallis dictum. Phasellus sodales varius diam, non sagittis lectus. Morbi id magna ultricies ipsum condimentum scelerisque vel quis felis.. Donec et purus nec leo interdum sodales nec sit amet magna. Ut nec suscipit purus, quis viverra urna.">
                                   <img class="img-responsive" src="images/thumbs/3.jpg" alt="img03"/>
                        </a>
                       </li>
                       <li>
                        <a href="#" data-largesrc="images/4.jpg" data-title="Temple Run"  data-description="Lorem ipsum dolor sit amet, consectetur adipiscing elit. Quisque malesuada purus a convallis dictum. Phasellus sodales varius diam, non sagittis lectus. Morbi id magna ultricies ipsum condimentum scelerisque vel quis felis.. Donec et purus nec leo interdum sodales nec sit amet magna. Ut nec suscipit purus, quis viverra urna.">
                                   <img class="img-responsive" src="images/thumbs/4.jpg" alt="img01"/>
                        </a>
                       </li>
                       <li>
                        <a href="#" data-largesrc="images/5.jpg" data-title="Car Games"  data-description="Lorem ipsum dolor sit amet, consectetur adipiscing elit. Quisque malesuada purus a convallis dictum. Phasellus sodales varius diam, non sagittis lectus. Morbi id magna ultricies ipsum condimentum scelerisque vel quis felis.. Donec et purus nec leo interdum sodales nec sit amet magna. Ut nec suscipit purus, quis viverra urna.">
                                   <img class="img-responsive" src="images/thumbs/5.jpg" alt="img01"/>
                        </a>
                       </li>
                       <li>
                        <a href="#" data-largesrc="images/6.jpg" data-title="Fite Games"  data-description="Lorem ipsum dolor sit amet, consectetur adipiscing elit. Quisque malesuada purus a convallis dictum. Phasellus sodales varius diam, non sagittis lectus. Morbi id magna ultricies ipsum condimentum scelerisque vel quis felis.. Donec et purus nec leo interdum sodales nec sit amet magna. Ut nec suscipit purus, quis viverra urna.">
                                   <img class="img-responsive" src="images/thumbs/6.jpg"
```

```
alt="img02"/>
                        </a>
                    </li>
                    <li>
                        <a href="#" data-largesrc="images/7.jpg" data-title="Fite Games" data-description="Lorem ipsum dolor sit amet, consectetur adipiscing elit. Quisque malesuada purus a convallis dictum. Phasellus sodales varius diam, non sagittis lectus. Morbi id magna ultricies ipsum condimentum scelerisque vel quis felis.. Donec et purus nec leo interdum sodales nec sit amet magna. Ut nec suscipit purus, quis viverra urna.">
                            <img class="img-responsive" src="images/thumbs/7.jpg" alt="img03"/>
                        </a>
                    </li>
                    <li>
                        <a href="#" data-largesrc="images/8.jpg" data-title="Panda Game" data-description="Lorem ipsum dolor sit amet, consectetur adipiscing elit. Quisque malesuada purus a convallis dictum. Phasellus sodales varius diam, non sagittis lectus. Morbi id magna ultricies ipsum condimentum scelerisque vel quis felis.. Donec et purus nec leo interdum sodales nec sit amet magna. Ut nec suscipit purus, quis viverra urna.">
                            <img class="img-responsive" src="images/thumbs/8.jpg" alt="img01"/>
                        </a>
                    </li>
                        <div class="clearfix"> </div>
                    </ul>
                </div>
            </div>
        </div>
    <script src="js/grid.js"></script>
        <script>
            $(function() {
                Grid.init();
            });
        </script>
    </div>
```

（2）重点游戏推荐区域设计如图 17-5 所示。

图 17-5　重点游戏推荐区域

重点游戏推荐区域的核心代码如下：

```
<div class="col-mn">
        <div class="container">
            <div class="col-mn2">
                <h3>最好玩的游戏</h3>
                <p>此游戏画面和大片一样的绚丽，剧情非常曲折好玩...</p>
                <a class=" more-in" href="news.html">更多游戏介绍</a>
            </div>
        </div>
</div>
```

(3)游戏分类展示区域设计如图 17-6 所示。

图 17-6　游戏分类展示区域

游戏分类展示区域的核心代码如下:

```
<div class="featured">
        <div class="container">
            <div class="col-md-4 latest">
                <h4>最新游戏</h4>
                <div class="late">
                 <a href="news.html" class="fashion"><img class="img-
responsive " src="images/la.jpg" alt=""></a>
                 <div class="grid-product">
                         <span>2020年6月</span>
                         <p><a href="news.html">游戏简单介绍...</a></p>
                 <a class="comment" href="news.html"><i> </i> 0条留言</a>
                 </div>
                <div class="clearfix"> </div>
                </div>
                <div class="late">
                 <a href="news.html" class="fashion"><img class="img-
responsive " src="images/la1.jpg" alt=""></a>
                 <div class="grid-product">
                         <span>2020年7月</span>
                         <p><a href="news.html"> 游戏简单介绍... </a></p>
                 <a class="comment" href="news.html"><i> </i>  1条留言</a>
                 </div>
                <div class="clearfix"> </div>
                </div>
                <div class="late">
                 <a href="news.html" class="fashion"><img class="img-
responsive " src="images/la2.jpg" alt=""></a>
                 <div class="grid-product">
                         <span>2020年8月</span>
                         <p><a href="news.html"> 游戏简单介绍... </a></p>
                 <a class="comment" href="news.html"><i> </i>  0条留言</a>
                 </div>
                <div class="clearfix"> </div>
                </div>
            </div>
            <div class="col-md-4 latest">
                <h4>精选游戏</h4>
                <div class="late">
                 <a href="news.html" class="fashion"><img class="img-
```

```
responsive " src="images/la3.jpg" alt=""></a>
                <div class="grid-product">
                        <span>2020年1月</span>
                        <p><a href="news.html">游戏简单介绍... </a></p>
                <a class="comment" href="news.html"><i> </i>  0条留言</a>
                </div>
               <div class="clearfix"> </div>
               </div>
               <div class="late">
                <a  href="news.html"  class="fashion"><img  class="img-
responsive " src="images/la2.jpg" alt=""></a>
                <div class="grid-product">
                        <span>2019年8月</span>
                        <p><a href="news.html"> 游戏简单介绍... </a></p>
                <a class="comment" href="news.html"><i> </i>  0条留言</a>
                </div>
               <div class="clearfix"> </div>
               </div>
               <div class="late">
                <a  href="news.html"  class="fashion"><img  class="img-
responsive " src="images/la1.jpg" alt=""></a>
                <div class="grid-product">
                        <span>2019年8月</span>
                        <p><a href="news.html"> 游戏简单介绍...</a></p>
                <a class="comment" href="news.html"><i> </i>  0条留言</a>
                </div>
               <div class="clearfix"> </div>
               </div>
            </div>
            <div class="col-md-4 latest">
               <h4>流行游戏</h4>
               <div class="late">
                <a  href="news.html"  class="fashion"><img  class="img-
responsive " src="images/la1.jpg" alt=""></a>
                <div class="grid-product">
                        <span>2020年2月</span>
                        <p><a href="news.html">游戏简单介绍...</a></p>
                <a class="comment" href="news.html"><i> </i>  0条留言</a>
                </div>
               <div class="clearfix"> </div>
               </div>
               <div class="late">
                <a  href="news.html"  class="fashion"><img  class="img-
responsive " src="images/la.jpg" alt=""></a>
                <div class="grid-product">
                        <span>2020年3月</span>
                        <p><a href="news.html"> 游戏简单介绍... </a></p>
                <a class="comment" href="news.html"><i> </i>  0条留言</a>
                </div>
               <div class="clearfix"> </div>
               </div>
               <div class="late">
                <a  href="news.html"  class="fashion"><img  class="img-
responsive " src="images/la3.jpg" alt=""></a>
                <div class="grid-product">
                        <span>2020年4月</span>
                        <p><a href="news.html"> 游戏简单介绍... </a></p>
                <a class="comment" href="news.html"><i> </i>  0条留言</a>
                </div>
```

```
                <div class="clearfix"> </div>
                </div>
            </div>
            <div class="clearfix"> </div>
        </div>
    </div>
</div>
```

4. 页脚信息

页脚信息主要包括联系我们、最新信息、客户服务、我的账户和会员服务，设计效果如图 17-7 所示。

图 17-7　页脚信息

页脚信息的核心代码如下：

```
<div class="footer">
  <div class="footer-middle">
        <div class="container">
            <div class="footer-middle-in">
               <h6>联系我们</h6>
               <p>关注公众号：老码识途课堂</p>
            </div>
            <div class="footer-middle-in">
               <h6>最新信息</h6>
               <ul>
                <li><a href="#">关于我们</a></li>
                <li><a href="#">最新游戏</a></li>
                <li><a href="#">游戏攻略</a></li>
                <li><a href="#">游戏下载</a></li>
               </ul>
            </div>
            <div class="footer-middle-in">
               <h6>客户服务</h6>
               <ul>
                <li><a href="contact.html">联系我们</a></li>
                <li><a href="#">加盟代理商</a></li>
                <li><a href="contact.html">技术服务</a></li>
               </ul>
            </div>
            <div class="footer-middle-in">
               <h6>我的账户</h6>
               <ul>
                <li><a href="#">历史订单</a></li>
                <li><a href="#">购买记录</a></li>
                <li><a href="#">购买金额</a></li>
               </ul>
            </div>
            <div class="footer-middle-in">
               <h6>会员服务</h6>
               <ul>
                <li><a href="#">特价秒杀</a></li>
```

```
                    <li><a href="#">内部优惠</a></li>
                  </ul>
              </div>
              <div class="clearfix"> </div>
          </div>
      </div>
  </div>
```

由于本网站是响应式网站，下面来整体对比一下电脑端和移动端的预览效果。电脑端运行效果如图 17-8 所示。

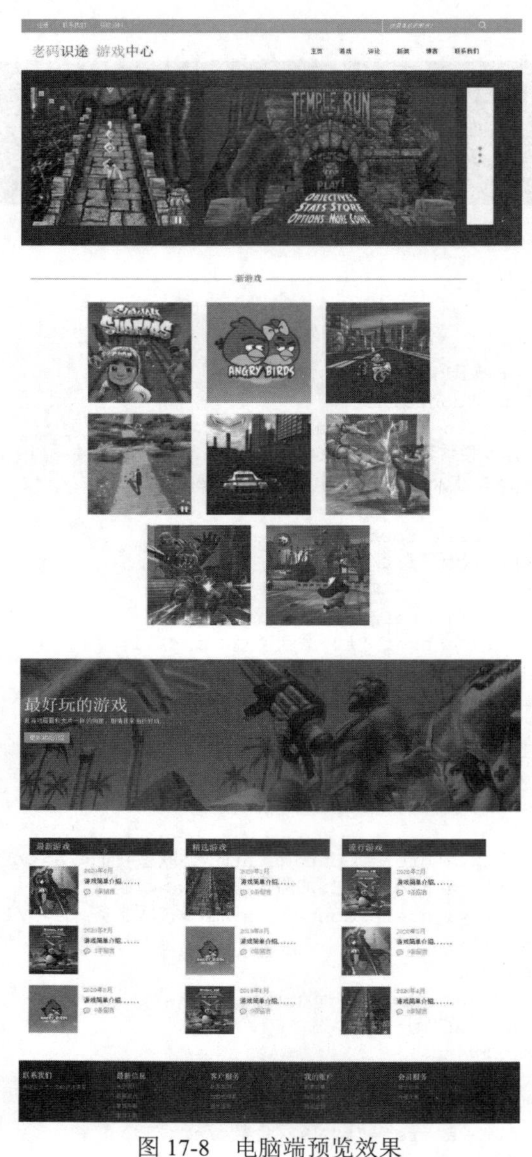

图 17-8　电脑端预览效果

使用 Opera Mobile Emulator 模拟手机端运行的效果如图 17-9 所示。单击导航按钮，即可展开下拉导航菜单，如图 17-10 所示。

图 17-9 模拟手机端预览效果

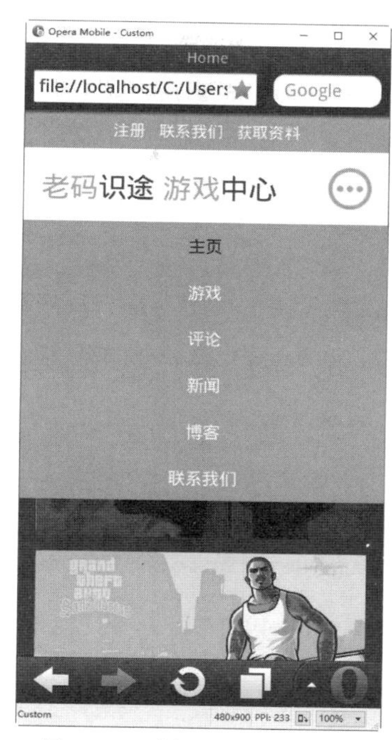

图 17-10 展开下拉导航菜单

17.2.2 设计游戏列表页面

games.html 为游戏列表展示页面，设计效果如图 17-11 所示。使用 Opera Mobile Emulator 模拟手机端运行的效果如图 17-12 所示。

图 17-11 电脑端预览效果

图 17-12 模拟手机端预览效果

由于该页面的头部信息、导航菜单和页脚信息与主页的头部信息、导航菜单和页脚信息完全一致，这里就不再重复讲述。中间部分的核心代码如下：

```
    <!--content-->
        <div class="container">
                <div class="games">
                    <h2> 新游戏</h2>

                <div class="wrap">
                <div class="main">
                    <ul id="og-grid" class="og-grid">
                        <li>
                            <a href="#" data-largesrc="images/1.jpg" data-
title="游戏1" data-description=" 游戏1详细介绍...">
                                <img class="img-responsive" src="images/
thumbs/1.jpg" alt="img01"/>
                            </a>
                        </li>
                        <li>
                            <a href="#" data-largesrc="images/2.jpg" data-
title="游戏2" data-description="游戏2详细介绍...">
                                <img class="img-responsive" src="images/
thumbs/2.jpg" alt="img02"/>
                            </a>
                        </li>
                        <li>
                            <a href="#" data-largesrc="images/2.jpg" data-
title="游戏3" data-description="游戏3详细介绍...">
                                <img class="img-responsive" src="images/
thumbs/3.jpg" alt="img03"/>
                            </a>
                        </li>
                        <li>
                            <a href="#" data-largesrc="images/4.jpg" data-
title="游戏4"  data-description=" 游戏4详细介绍...">
                                <img class="img-responsive" src="images/
thumbs/4.jpg" alt="img01"/>
                            </a>
                        </li>
                        <li>
                            <a href="#" data-largesrc="images/5.jpg" data-
title="游戏5"  data-description="游戏5详细介绍...">
                                <img class="img-responsive" src="images/
thumbs/5.jpg" alt="img01"/>
                            </a>
                        </li>
                        <li>
                            <a href="#" data-largesrc="images/6.jpg" data-
title="游戏6"  data-description=" 游戏6详细介绍...">
                                <img class="img-responsive" src="images/
thumbs/6.jpg" alt="img02"/>
                            </a>
                        </li>
                        <li>
                            <a href="#" data-largesrc="images/7.jpg" data-
title="游戏7"  data-description="  游戏7详细介绍...">
                                <img class="img-responsive" src="images/
thumbs/7.jpg" alt="img03"/>
                            </a>
                        </li>
                        <li>
```

```
                                    <a href="#" data-largesrc="images/8.jpg" data-
title="游戏8" data-description=" 游戏8详细介绍...">
                                          <img class="img-responsive" src="images/
thumbs/8.jpg" alt="img01"/>
                                    </a>
                              </li>
                              <li>
                                    <a href="#" data-largesrc="images/4.jpg" data-
title="游戏9"  data-description="游戏9详细介绍...">
                                          <img class="img-responsive" src="images/
thumbs/4.jpg" alt="img01"/>
                                    </a>
                              </li>
                              <div class="clearfix"> </div>
                              </ul>
                         </div>
                    </div>
               </div>
    <script src="js/grid.js"></script>
              <script>
                    $(function() {
                          Grid.init();
                    });
              </script>
         </div>
    <!---->
```

17.2.3 设计游戏评论页面

reviews.html 为游戏评论展示页面，设计效果如图 17-13 所示。使用 Opera Mobile Emulator 模拟手机端运行的效果如图 17-14 所示。

图 17-13 电脑端预览效果

图 17-14 模拟手机端预览效果

由于该页面的头部信息、导航菜单和页脚信息与主页的头部信息、导航菜单和页脚信息完全一致，这里就不再重复讲述。中间部分的核心代码如下：

```
<!--content-->
   <div class="review">
      <div class="container">
           <h2>最新评论</h2>
               <div class="review-md1">
                <div class="col-md-4 sed-md">
                   <div class=" col-1">
                    <a href="news.html"><img class="img-responsive" src="images/
re.jpg" alt=""></a>
                           <h4><a href="news.html">该游戏最新的测评</a></h4>
                   <p>该游戏起源于一部古典拉丁文学作品...</p>
                   </div>
                </div>
                 <div class="col-md-4 sed-md">
                   <div class=" col-1">
                    <a href="news.html"><img class="img-responsive" src="images/
re1.jpg" alt=""></a>
                           <h4><a href="news.html">该游戏最新的测评</a></h4>
                   <p>该游戏起源于一部古典拉丁文学作品...</p>
                   </div>
                </div>
                 <div class="col-md-4 sed-md">
                   <div class=" col-1">
                    <a href="news.html"><img class="img-responsive" src="images/
re2.jpg" alt=""></a>
                           <h4><a href="news.html">该游戏最新的测评</a></h4>
                   <p>该游戏起源于一部古典拉丁文学作品...</p>
                   </div>
                </div>
                <div class="clearfix"> </div>
               </div>
               <div class="review-md1">
                <div class="col-md-4 sed-md">
                   <div class=" col-1">
                    <a href="news.html"><img class="img-responsive" src="images/
re3.jpg" alt=""></a>
                           <h4><a href="news.html">该游戏最新的测评</a></h4>
                   <p>该游戏起源于一部古典拉丁文学作品...</p>
                   </div>
                </div>
                 <div class="col-md-4 sed-md">
                   <div class=" col-1">
                    <a href="news.html"><img class="img-responsive" src="images/
re4.jpg" alt=""></a>
                           <h4><a href="news.html">该游戏最新的测评</a></h4>
                   <p>该游戏起源于一部古典拉丁文学作品...</p>
                   </div>
                </div>
                 <div class="col-md-4 sed-md">
                   <div class=" col-1">
                    <a href="news.html"><img class="img-responsive" src="images/
re5.jpg" alt=""></a>
                           <h4><a href="news.html">该游戏最新的测评</a></h4>
                   <p>该游戏起源于一部古典拉丁文学作品...</p>
                   </div>
                </div>
                <div class="clearfix"> </div>
```

```
                </div>

            </div>
        </div>
    <!---->
```

17.2.4 设计游戏新闻页面

news.html 为游戏新闻展示页面，设计效果如图 17-15 所示。使用 Opera Mobile Emulator 模拟手机端运行的效果如图 17-16 所示。

图 17-15　电脑端预览效果

图 17-16　模拟手机端预览效果

由于该页面的头部信息和导航菜单与主页的头部信息和导航菜单完全一致，这里就不再重复讲述。中间部分的核心代码如下：

```
<!--content-->
   <div class="four">
      <div class="container">
            <h2>游戏挑战赛</h2>
            <p>        DOTA2国际邀请赛是一个全球性的电子竞技赛事，每年一届，由ValveCorporation（V社）主办,奖杯为V社特制冠军盾牌，每一届冠军队伍及人员将记录在游戏泉水的冠军盾中。TI8决赛现场，Valve公布——2019年Valve将在中国上海举办第九届DOTA2国际邀请赛。绝地求生全球邀请赛绝地求生全球邀请赛PUBG Global Invitational 2018，简称PGI2018，是《绝地求生》官方举办的第一届全球范围内的邀请赛，也是绝地求生最大规模、最高荣誉的一项赛事。
    本次比赛于2018年7月25日至29日在德国柏林举行，采用四人组队的形式，分为TPP和FPP两种视角分别展开角逐。</p>
            <a href="index.html" class="more">返回主页 </a>
      </div>
   </div>
```

17.2.5 设计游戏博客页面

blog.html 为游戏博客展示页面，设计效果如图 17-17 所示。使用 Opera Mobile Emulator 模拟手机端运行的效果如图 17-18 所示。

图 17-17 电脑端预览效果

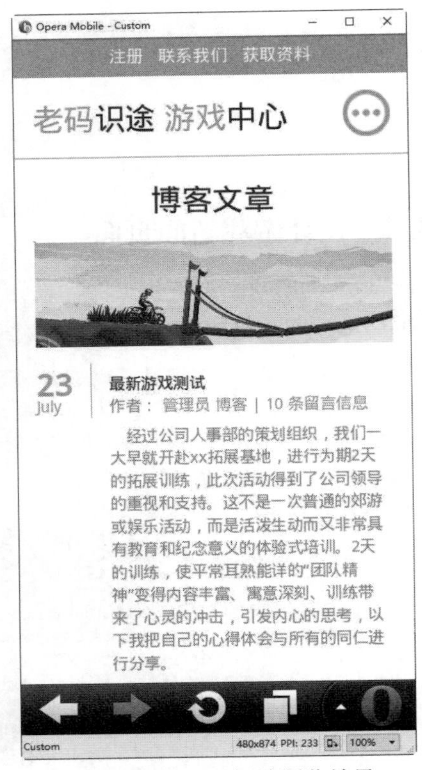

图 17-18 模拟手机端预览效果

由于该页面的头部信息、导航菜单和页脚信息与主页的头部信息、导航菜单和页脚信息完全一致，这里就不再重复讲述。中间部分的核心代码如下：

```
<!--content-->
<div class="blog">
   <div class="container">
      <h2>博客文章</h2>
            <div class="single-inline">
                <div class="blog-to">

                    <a href="news.html"><img class="img-responsive sin-on"
src="images/sin1.jpg" alt="" /></a>
                            <div class="blog-top">
                            <div class="blog-left">
                                    <b>23</b>
                                    <span>July</span>
                            </div>
                            <div class="top-blog">
                                    <a class="fast" href="news.html">最新游戏测试</
a>
                                    <p>作者： <a href="news.html">管理员</a> <a
href="#">博客</a> | <a href="news.html">10 条留言信息</a></p>
                                    <p class="sed"> 经过公司人事部的策划组织，我们一
大早就开赴xx拓展基地，进行为期2天的拓展训练，此次活动得到了公司领导的重视和支持。这不是一次普通
的郊游或娱乐活动，而是活泼生动而又非常具有教育和纪念意义的体验式培训。2天的训练，使平常耳熟能详的
"团队精神"变得内容丰富、寓意深刻、训练带来了心灵的冲击，引发内心的思考，以下我把自己的心得体会与
所有的同仁进行分享。</p>
                                    <a  href="news.html" class="more">阅读更多信息
```

```
<span> </span></a>

                        </div>
                        <div class="clearfix"> </div>
                    </div>
                    </div>
                        <div class="blog-to">

                    <a href="news.html"><img class="img-responsive sin-on"
src="images/sin.jpg" alt="" /></a>
                        <div class="blog-top">
                        <div class="blog-left">
                            <b>23</b>
                            <span>July</span>
                        </div>
                        <div class="top-blog">
                            <a class="fast" href="news.html">最新游戏测试</
a>

                            <p>作者: <a href="news.html">管理员</a> <a
href="#">博客</a> | <a href="news.html">10 条留言信息</a></p>
                            <p class="sed"> 经过公司人事部的策划组织，我们一
大早就开赴xx拓展基地，进行为期2天的拓展训练，此次活动得到了公司领导的重视和支持。这不是一次普通
的郊游或娱乐活动，而是活泼生动而又非常具有教育和纪念意义的体验式培训。2天的训练，使平常耳熟能详的
"团队精神"变得内容丰富、寓意深刻、训练带来了心灵的冲击，引发内心的思考，以下我把自己的心得体会与
所有的同仁进行分享。</p>
                            <a href="news.html" class="more">阅读更多信息
<span> </span></a>

                        </div>
                        <div class="clearfix"> </div>
                    </div>
                    </div>
                    <div class="blog-to">

                    <a href="news.html"><img class="img-responsive sin-on"
src="images/sin2.jpg" alt="" /></a>
                        <div class="blog-top">
                        <div class="blog-left">
                            <b>23</b>
                            <span>July</span>
                        </div>
                        <div class="top-blog">
                            <a class="fast" href="news.html">最新游戏测试</
a>

                            <p>作者: <a href="news.html">管理员</a> <a
href="#">博客</a> | <a href="news.html">10 条留言信息</a></p>
                            <p class="sed"> 经过公司人事部的策划组织，我们一
大早就开赴xx拓展基地，进行为期2天的拓展训练，此次活动得到了公司领导的重视和支持。这不是一次普通
的郊游或娱乐活动，而是活泼生动而又非常具有教育和纪念意义的体验式培训。2天的训练，使平常耳熟能详的
"团队精神"变得内容丰富、寓意深刻、训练带来了心灵的冲击，引发内心的思考，以下我把自己的心得体会与
所有的同仁进行分享。</p>
                            <a href="news.html" class="more">阅读更多信息
<span> </span></a>

                        </div>
                        <div class="clearfix"> </div>
                    </div>
                    </div>
                </div>
```

```
                    <nav>
                      <ul class="pagination">
                        <li class="disabled"><a href="#" aria-label="Previous"><span
aria-hidden="true">«</span></a></li>
                        <li class="active"><a href="#">1 <span class="sr-
only">(current)</span></a></li>
                        <li><a href="#">2 <span class="sr-only"></span></a></li>
                        <li><a href="#">3 <span class="sr-only"></span></a></li>
                        <li><a href="#">4 <span class="sr-only"></span></a></li>
                        <li><a href="#">5 <span class="sr-only"></span></a></li>
                          <li> <a href="#" aria-label="Next"><span aria-
hidden="true"></span> </a> </li>
                      </ul>
                    </nav>
                </div>
                </div>
    <!---->
```

17.2.6 设计联系我们页面

contact.html 为联系我们页面，设计效果如图 17-19 所示。使用 Opera Mobile Emulator 模拟手机端运行的效果如图 17-20 所示。

图 17-19 电脑端预览效果

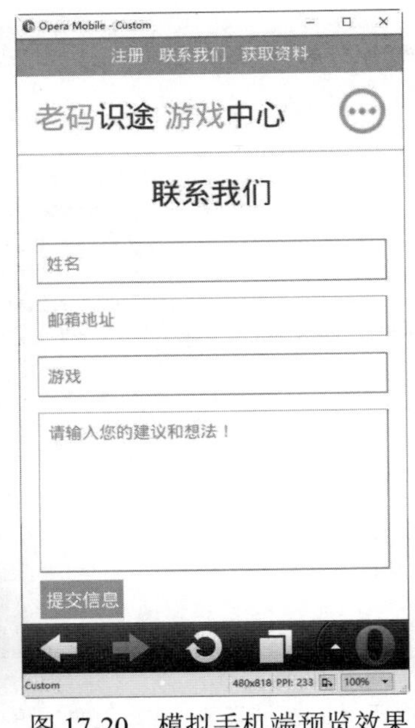

图 17-20 模拟手机端预览效果

由于该页面的头部信息、导航菜单和页脚信息与主页的头部信息、导航菜单和页脚信息完全一致，这里就不再重复讲述。中间部分的核心代码如下：

```
    <!--content-->
      <div class="contact">

              <div class="container">
                  <h2>联系我们</h2>
              <div class="contact-form">
```

```
                <div class="col-md-8 contact-grid">
                   <form>
                     <input type="text" value="姓名" onfocus="this.value='';"
onblur="if (this.value == '') {this.value ='Name';}">

                     <input type="text" value="邮箱地址" onfocus="this.value='';"
onblur="if (this.value == '') {this.value ='Email';}">
                     <input type="text" value="游戏" onfocus="this.value='';"
onblur="if (this.value == '') {this.value ='Subject';}">

                     <textarea cols="77" rows="6" value=" " onfocus="this.
value='';" onblur="if (this.value == '') {this.value = 'Message';}">请输入您的建议和
想法! </textarea>
                     <div class="send">
                          <input type="submit" value="提交信息" >
                     </div>
                   </form>
                </div>
                <div class="clearfix"> </div>
            </div>
        </div>
    </div>
  <!---->
```

第18章 项目实训4——好豆菜谱App

本章导读

移动互联网是移动和互联网融合的产物，它继承了移动随时随地和互联网分享、开放、互动的优势，是整合二者优势的“升级版本”。本章将模仿好豆菜谱 App，来介绍移动 App 的设计方法。

知识导图

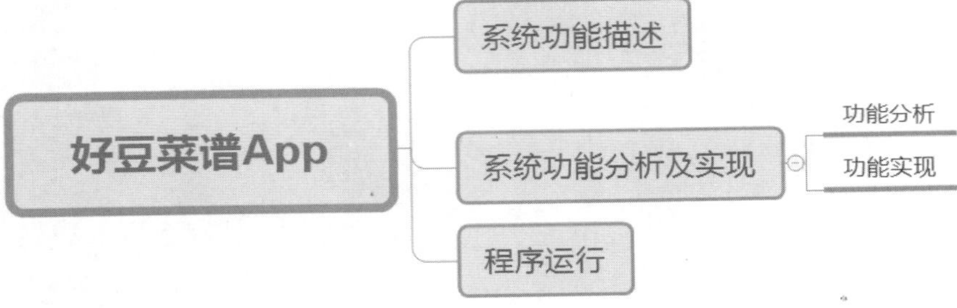

18.1 系统功能描述

本系统是一个手机版网页系统，包括首页、详情页等页面，通过手指点按相应的文字，即可进入详情页，操作非常简单。

18.2 系统功能分析及实现

一个简单的手机网页系统，需要加入 jQuery Mobile 库，才能使手机版网页系统运行正常。本节就来分析手机版网页系统的功能以及实现方法。

18.2.1 功能分析

本手机版网页系统主要由两部分组成，分别介绍如下。

（1）jQuery Mobile 库：jQuery Mobile 是用于创建移动 Web 应用的前端开发框架，结合 HTML 5 和 CSS3，可以开发与移动互联网相关的技术，如手机版网页、手机 App 程序等。

（2）index.html：本案例的入口，通过手机浏览器打开此文件就可以预览网页效果。

18.2.2 功能实现

下面给出实现本系统功能的主要代码。HTML 的结构代码如下：

```
<!DOCTYPE html>
<html>
  <head>
    <title>我的菜谱</title>
    <meta name="viewport" content="width=device-width, initial-scale=1">
    <link rel="stylesheet" href="jquery.mobile/jquery.mobile-1.4.5.min.css">
    <script src="jquery.min.js"></script>
    <script src="jquery.mobile/jquery.mobile-1.4.5.min.js"></script>
  </head>
  <body>
    <div data-role="page" id="home">
      <div data-role="header" data-position="fixed">
       <h1>好逗菜谱</h1>
      </div>
      <div data-role="content">
     <img src="piece.jpg" width="100%">
        <a href="#story" data-rel="dialog" data-role="button" data-
icon="arrow-r">川味菜系</a>
     <a href="#role" data-role="button" data-icon="arrow-r">家常菜系</a>
     <a href="#jiangnan" data-rel="external" data-role="button" data-
icon="arrow-r">江南风味</a>
    </div>

   </div>

  <div data-role="page" id="story">
    <div data-role="header">
```

```
        <h1>菜系介绍</h1>
      </div>
      <div data-role="content">
          <p>川菜作为中国汉族传统的四大菜系之一、中国八大菜系之一，取材广泛，调味多变，菜式
多样，口味清鲜醇浓并重，以善用麻辣调味著称。</p>
      </div>
    </div>

    <div data-role="page" id="role">
      <div data-role="header">
        <h1>菜谱介绍</h1>
      </div>
      <div data-role="content">
        <img id="roleimg" src="piece1.jpg" width="100%">
        <p id="rolemsg">"西红柿炒鸡蛋"—又名番茄炒蛋，是许多百姓家庭中一道普通的大众菜肴。
烹调方法简单易学，营养搭配合理。</p>
      </div>
      <div data-role="footer" data-position="fixed">
        <div data-role="navbar">
          <ul>
              <li><a href="#home" class="ui-btn-active ui-state-persist">回首页</
a></li>
            <li><a href="javascript:prev();">上一个</a></li>
            <li><a href="javascript:next();">下一个</a></li>
          </ul>
        </div>
      </div>
    </div>
  </body>
</html>
```

js 控制代码如下：

```
<script>
  var i = 0;
  var img = new Array("piece1.jpg", "piece2.jpg", "piece3.jpg");
  var msg = new Array(""西红柿炒鸡蛋"—又名番茄炒蛋，是许多百姓家庭中一道普通的大众
                                    菜肴。烹调方法简单易学，营养搭配合理。",
    ""酸辣土豆丝"—是一道人见人爱的家常菜，制作原料有土豆、辣椒、白醋等。",
    ""红烧狮子头"—汉族特色名菜，是中国逢年过节常吃的一道菜，也称四喜丸子。");
  function prev(){
    i--;
    if (i < 0) {i = 2;}
    $("#roleimg").attr("src", img[i]);
    $("#rolemsg").text(msg[i]);
  }
  function next(){
    i++;
    if (i > 2) {i = 0;}
    $("#roleimg").attr("src", img[i]);
    $("#rolemsg").text(msg[i]);
  }
</script>
```

18.3 程序运行

手机版网页系统开发完成后，在手机浏览器打开主文件 index.html，即可打开首页，如

图 18-1 所示。

点击“川味菜系”按钮，即可进入子页面，如图 18-2 所示。

图 18-1　首页

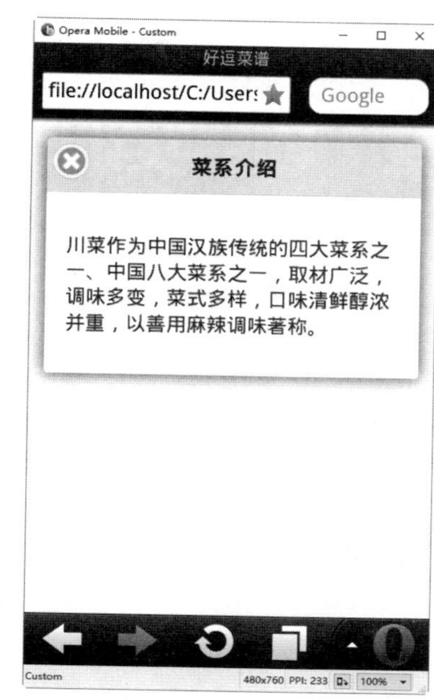

图 18-2　子页面 1

在首页中点击“家常菜系”按钮，即可进入子页面，如图 18-3 所示。

点击“下一个”按钮，即可进入下一页页面，如图 18-4 所示。在该页面中还有“回首页”与“上一个”按钮等，这样用户可以在手机中随意翻阅页面，并查看相关信息。

图 18-3　子页面 2

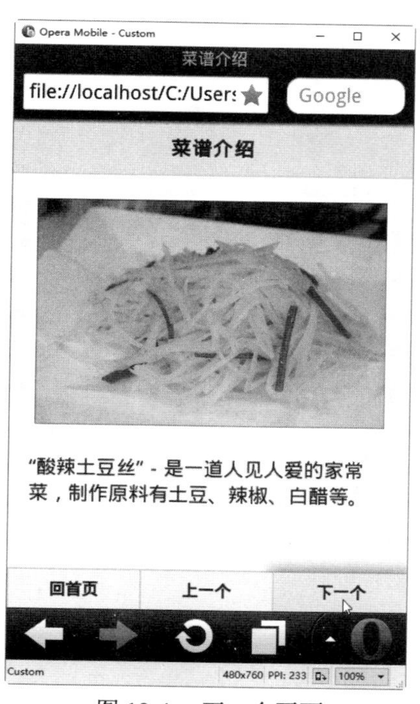

图 18-4　下一个页面

第19章 项目实训5——家庭记账本App

本章导读

很多智能手机上都安装有家庭记账本类的软件，此类软件功能简单，主要包括新增、修改、查询和删除等功能，非常适合初学者巩固前面所学的知识。本章通过一个简易的家庭记账本案例，讲述如何实现新增记账、删除记账、快速查询记账和查看记账详情等功能，该软件的数据库采用 Web SQL。

知识导图

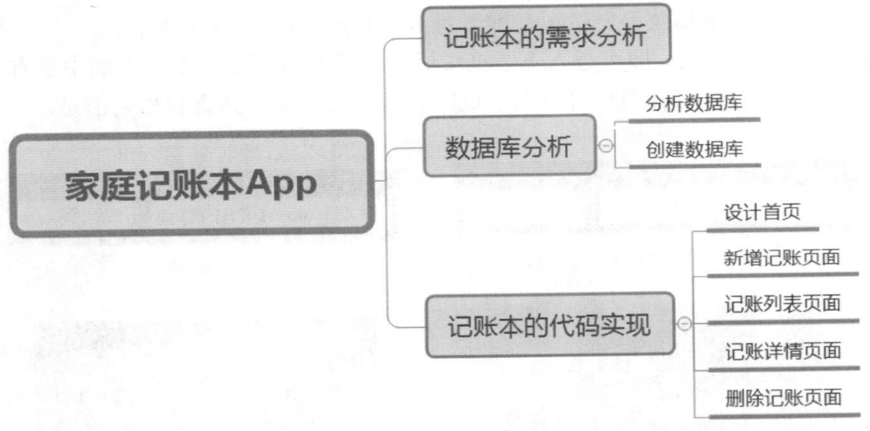

19.1 记账本的需求分析

需求分析是开发软件的必要环节，下面分析家庭记账本的需求。

（1）用户可以新增一个账目，添加账目的标题和具体信息，系统将自动记录添加的时间。

（2）在首页中自动按时间排列账目信息，单击某个账目标题，可以查看账目的具体信息。

（3）用户可以删除不需要的账目，并且在进入删除步骤中可以查看账目的具体信息。

（4）用户可以快速搜索账目，搜索关键字可以是账目标题或者账目的具体信息。

制作完成后的首页效果如图19-1所示。

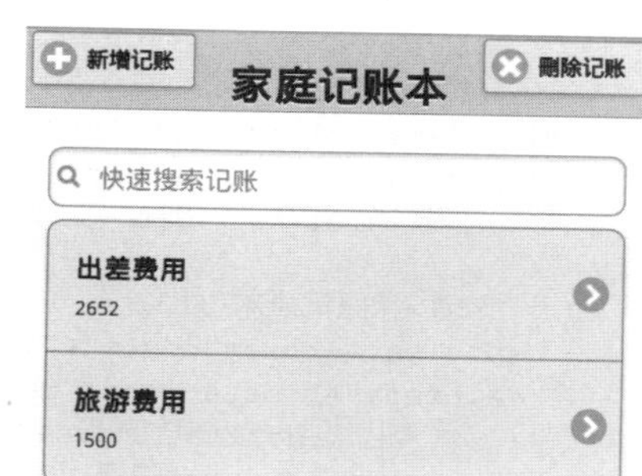

图19-1 首页效果

19.2 数据库分析

分析完网站的功能后，开始分析数据表的逻辑结构，然后创建数据表。

19.2.1 分析数据库

家庭记账本的数据库名称为jiatingbook，包括一个数据表cashbook。数据表cashbook的逻辑结构如表19-1所示。

表19-1 数据表cashbook

字段名	数据类型	主键	字段含义
id	integer	是	自动编号
title	char(50)	否	记账标题
smoney	char(50)	否	记账金额
content	text	否	记账详情
date	datetime	否	记账时间

19.2.2 创建数据库

分析数据表的结构后，即可创建数据库和数据表，代码如下：

```
//打开数据库
var dbSize=2*1024*1024;
db = openDatabase("jiatingbook","1.0","bookdb", dbSize);
db.transaction(function(tx){
//创建数据表
tx.executeSql("CREATE TABLE IF NOT EXISTS cashbook(id integer PRIMARY KEY,title char(50),smoney char(50), content text,date datetime)");
});
```

19.3 记账本的代码实现

下面来分析记账本的代码是如何实现的。

19.3.1 设计首页

首页中主要包括“新增记账”按钮、“删除记账”按钮、搜索框和记账列表。代码如下：

```
<!--首页记账列表-->
<div data-role="page" id="home">
  <div data-role="header" id="header">
      <a href="#" data-icon="plus" class="ui-btn-right" id="new">新增记账</a></
div>
    <h1>家庭记账本</h1>
  <div data-role="content">
  <a href="#" data-icon="delete" id="del">删除记账</a>
      <ul id="list" data-role="listview" data-inset="true" data-filter="true"
data-filter-placeholder="快速搜索记账"></ul>
  </div>
 </div>
```

记账本列表使用 listview 组件，通过设置 data-filter=“true”，就会在列表上方显示搜索框，其中 data-filter-placeholder 属性用于设置搜索框内显示的内容。输入搜索内容后，将查询出相关的记账信息，如图 19-2 所示。

图 19-2 查询记账

19.3.2 新增记账页面

首页中的“新增记账”按钮上绑定了 click 事件去触发新增记账函数 addBook。

```
$("#new").on("click",addnew);
```

单击“新增记账”按钮后，通过 addnew 函数将转换到页面 id 为 addBook 的页面，然后将标题和内容先清空，最后通过 focus() 函数将插入点置入标题栏中，程序代码如下：

```
$("#new").on("click",addnew);
function addnew(){
   $.mobile.changePage("#addBook",{});
}
$("#addBook").on("pageshow",function(){
   $("#content").val("");
   $("#smoney").val("");
   $("#title").val("");
   $("#title").focus();
});
```

为了以对话框的形式打开页面，将 addBook 页面的 data-role 属性设置为 dialog，将 id 设置为 addBook，代码如下：

```
<div data-role="dialog" id="addBook">
  <div data-role="header">
```

```
        <h1>新增记账</h1>
     </div>
     <div data-role="content">
      <p>账目标题:<input type="text" id="title"></p>
        <p>金额:<input type="text" id="smoney"></p>
        <p>详情:<textarea cols="40" rows="6" id="content"></textarea></p>
        <hr>
        <a href="#" data-role="button" id="save">保存</a> </div>
  </div>
```

其中添加了两个文本框、一个 textarea 文本框和一个“保存”按钮，效果如图 19-3 所示。

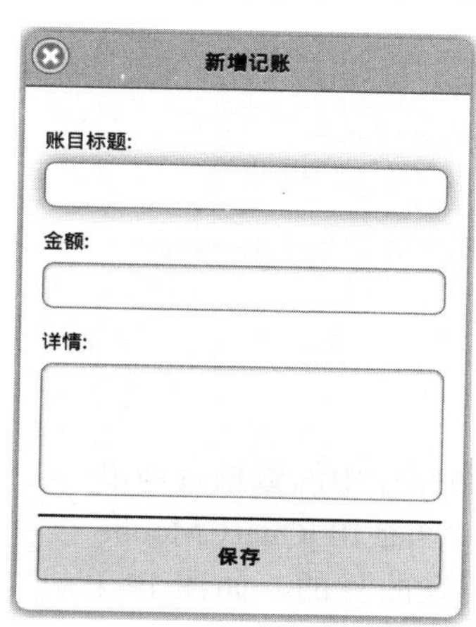

图 19-3　新增记账页面

输入完内容后，单击“保存”按钮，将输入的数据保存到数据表 cashbook 中，然后将对话框关闭，并调用 bookList 函数将内容显示到首页中，代码如下：

```
    $("#save").on("click",save);
    function save(){
         var title = $("#title").val();
         var smoney = $("#smoney").val();
         var content = $("#content").val();
         db.transaction(function(tx){
              //新增数据
              tx.executeSql("INSERT INTO cashbook(title,smoney,content,date)
values(?,?,?,datetime('now', 'localtime'))",[title,smoney,content],function(tx,
result){
                   $('.ui-dialog').dialog('close');
                   noteList();
              },function(e){
                   alert("新增数据错误:"+e.message)
              });
         });
    }
```

其中 datetime(‘now’，‘loc altime’) 函数将获取当前的日期时间。

19.3.3　记账列表页面

记账列表页面的功能是将数据库中的数据显示在首页上，代码如下：

```
function noteList(){
   $("ul").empty();
   var note="";
   db.transaction(function(tx){
      //显示cashbook数据表全部数据
      tx.executeSql("SELECT  id,title,smoney,content,date  FROM  cashbook",[],
function(tx, result){
            if(result.rows.length>0){
               for(var i = 0; i < result.rows.length; i++){
                  item = result.rows.item(i);
                  note+="<li id="+item["id"]+"><a
href='#'><h3>"+item["title"]+"</h3><p>"+item["smoney"]+"</p></a></li>";
               }
      }
            $("#list").append(note);
            $("#list").listview('refresh');
      },function(e){
            alert("SELECT语法出错了!"+e.message)
      });
   });
}
});
```

其中 select 命令的作用是将数据库中的数据查询出来，然后用 <li> 组件来显示数据，再使用 jQuery Mobile 的 listview 组件实现动态更新列表的目的，如图 19-4 所示。

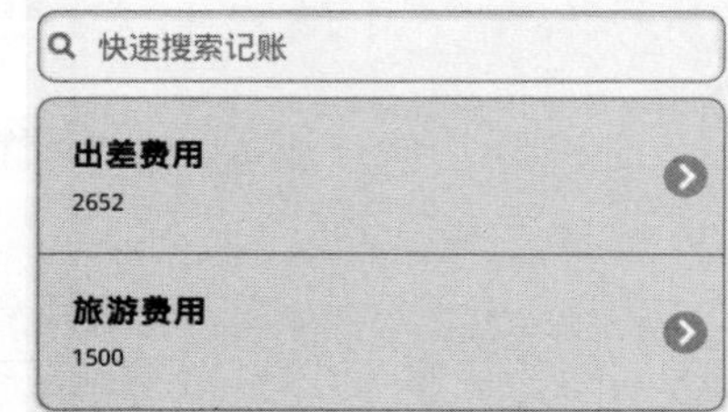

图 19-4　记账列表页面

19.3.4　记账详情页面

首页中的记账列表上绑定了 click 事件去触发查看记账函数 show():

```
$('#list').on('click', 'li',show);
```

show() 函数的代码如下：

```
function show(){
   $("#viewTitle").html("");
   $("#viewSmoney").html("");
   $("#viewContent").html("");
   var value=parseInt($(this).attr('id'));
   db.transaction(function(tx){
      //显示cashbook数据表全部数据
      tx.executeSql("SELECT  id,title,smoney,content,date  FROM  cashbook  where
id=?",[value], function(tx, result){
            if(result.rows.length>0){
               for(var i = 0; i < result.rows.length; i++){
                  item = result.rows.item(i);
                  $("#viewTitle").html(item["title"]);
                  $("#viewSmoney").html(item["smoney"]);
                  $("#viewContent").html(item["content"]);
                  $("#date").html("创建日期: "+item["date"]);
               }
            }
            $.mobile.changePage("#viewBook",{});
      },function(e){
```

```
            alert("SELECT语法出错了!"+e.message)
        });
    });

}
```

为了实现以对话框的形式打开页面，将viewBook页面的data-role属性设置为dialog，将id设置为viewBook，代码如下：

```
<div data-role="dialog" id="viewBook">
  <div data-role="header">
    <h1 id="viewTitle">记账</h1>
  </div>
  <div data-role="content">
     <p id="viewsmoney">金额</p>
    <p id="viewContent">内容</p>
  </div>
  <div data-role="footer">
    <p id="date">日期</p>
  </div>
</div>
```

选择一个账目标题后，显示详细内容的页面如图19-5所示。

19.3.5 删除记账页面

首页中的“删除记账”按钮上绑定了click事件去触发删除记账函数bookdel()：

```
$("#del").on("click",bookdel);
```

函数bookdel()的具体内容如下：

```
function bookdel(){
   if($("button").length<=0){
      var DeleteBtn = $("<button class='css_btn_class'>Delete</button>");
      $("li:visible").before(DeleteBtn);
   }
}
```

单击“删除记账”按钮，将在每条列表的左边显示一个Delete按钮，如图19-6所示。

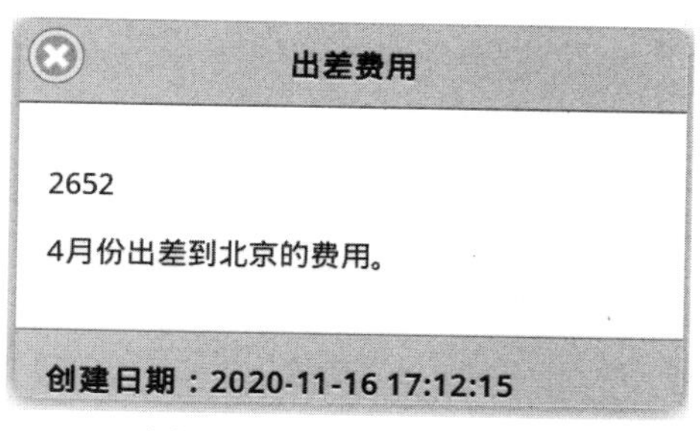

图19-5 记账详情页面

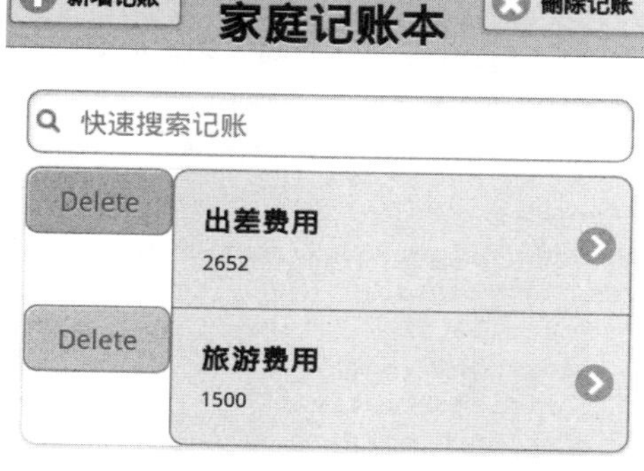

图19-6 记账删除页面

单击 Delete 按钮后，将会弹出确认对话框，如图 19-7 所示。

localhost

确定要执行删除?

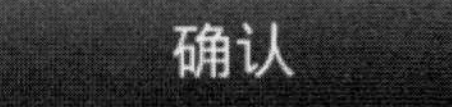

图 19-7　删除确认对话框

实现删除数据功能的代码如下：

```
$("#home").on('click','.css_btn_class', function(){
   if(confirm("确定要执行删除?")){
      var value=$(this).next("li").attr("id");
      db.transaction(function(tx){
            //显示cashbook数据表全部数据
            tx.executeSql("DELETE FROM cashbook WHERE id=?",[value],
function(tx, result){
                 noteList();
            },function(e){
                 alert("DELETE语法出错了!"+e.message)
                  $("button").remove();
            });
      });
   }
});
```

程序编写完成后，可以将其封装成 APK 文件，然后放到移动设备上安装。家庭记账本的完整程序包如下所示：

```
<!DOCTYPE html>
<html>
<head>
<title>家庭理财记账本</title>
<!--最佳化屏幕宽度-->
<meta name="viewport" content="width=device-width, initial-scale=1">

<meta http-equiv="Content-Type" content="text/html; charset=utf-8" />
<meta http-equiv="X-UA-Compatible" content="IE=Edge,chrome=1">
<!--引用jQuery Mobile函数库  应用ThemeRoller制作的样式-->
<link rel="stylesheet" href="themes/sweet.min.css" />
<link rel="stylesheet" href="themes/jquery.mobile.icons.min.css" />
<link rel="stylesheet" href="jquery/jquery.mobile.structure-1.4.5.min.css" />
<script src="jquery/jquery-1.9.1.min.js"></script>
<script src="jquery/jquery.mobile-1.4.5.min.js"></script>

<style>
#header{height:50px;font-size:25px;font-family:"微软雅黑"}
.css_btn_class {
   float: left;
   padding: 0.6em;
   position:relative;
   display:block;
   z-index:10;
   font-size:16px;
```

```
        font-family:Arial;
        font-weight:normal;
        -moz-border-radius:8px;
        -webkit-border-radius:8px;
        border-radius:8px;
        border:1px solid #e65f44;
        padding:8px 18px;
        text-decoration:none;
        background:-moz-linear-gradient( center top, #f0c911 5%, #f2ab1e 100% );
        background:-ms-linear-gradient( top, #f0c911 5%, #f2ab1e 100% );
        filter:progid:DXImageTransform.Microsoft.gradient(startColorstr='#f0c911',
endColorstr='#f2ab1e');
        background:-webkit-gradient( linear, left top, left bottom, color-stop(5%,
#f0c911), color-stop(100%, #f2ab1e) );
        background-color:#f0c911;
        color:#c92200;
        text-shadow:1px 1px 0px #ded17c;
        -webkit-box-shadow:inset 1px 1px 0px 0px #f9eca0;
        -moz-box-shadow:inset 1px 1px 0px 0px #f9eca0;
        box-shadow:inset 1px 1px 0px 0px #f9eca0;
    }.css_btn_class:hover {
        background:-moz-linear-gradient( center top, #f2ab1e 5%, #f0c911 100% );
        background:-ms-linear-gradient( top, #f2ab1e 5%, #f0c911 100% );
        filter:progid:DXImageTransform.Microsoft.gradient(startColorstr='#f2ab1e',
endColorstr='#f0c911');
        background:-webkit-gradient( linear, left top, left bottom, color-stop(5%,
#f2ab1e), color-stop(100%, #f0c911) );
        background-color:#f2ab1e;
    }.css_btn_class:active {
        position:relative;
        top:1px;
    }
    </style>
    <script type="text/javascript">
    var db;
    $(function(){

            //打开数据库
             var dbSize=2*1024*1024;
             db = openDatabase("jiatingbook ", "1.0","bookdb", dbSize);

            db.transaction(function(tx){
                //创建数据表
                tx.executeSql("CREATE TABLE IF NOT EXISTS cashbook (id integer
PRIMARY KEY,title char(50),smoney char(50),content text,date datetime)");

            });

        //显示列表
        noteList();

        //显示新增页面
        $("#new").on("click",addnew);
        function addnew(){
              $.mobile.changePage("#addBook",{});
        }
        $("#addBook").on("pageshow",function(){
              $("#content").val("");
              $("#smoney").val("");
```

```
                $("#title").val("");
                $("#title").focus();
            });

            //新增
            $("#save").on("click",save);
            function save(){
                    var title = $("#title").val();
                    var smoney = $("#smoney").val();
                    var content = $("#content").val();

                    db.transaction(function(tx){
                       //新增数据
                       tx.executeSql("INSERT  INTO  cashbook(title,smoney,content,da
te) values(?,?,?,datetime('now',  'localtime'))",[title,smoney,content],function(tx,
result){
                         $('.ui-dialog').dialog('close');
                         noteList();
                       },function(e){
                         alert("新增数据错误:"+e.message)
                       });
                    });
            }


            //显示详细信息
            $('#list').on('click', 'li',show);
            function show(){
                  $("#viewTitle").html("");
                  $("#viewsmoney").html("");
                  $("#viewContent").html("");

                  var value=parseInt($(this).attr('id'));

                  db.transaction(function(tx){
                      //显示cashbook数据表全部数据
                      tx.executeSql("SELECT id,title,smoney,content,date FROM cashbook
where id=?",[value], function(tx, result){
                        if(result.rows.length>0){
                         for(var i = 0; i < result.rows.length; i++){
                                 item = result.rows.item(i);
                                 $("#viewTitle").html(item["title"]);
                                 $("#viewsmoney").html(item["smoney"]);
                                 $("#viewContent").html(item["content"]);
                                 $("#date").html("创建日期: "+item["date"]);
                         }
                        }
                        $.mobile.changePage("#viewBook",{});
                      },function(e){
                        alert("SELECT语法出错了!"+e.message)
                      });
                  });

            }

            //显示list删除按钮
            $("#del").on("click",bookdel);
            function bookdel(){
                  if($("button").length<=0){
```

```
                    var DeleteBtn = $("<button class='css_btn_class'>Delete</
button>");
                     $("li:visible").before(DeleteBtn);
              }
         }
         //单击list删除按钮
         $("#home").on('click','.css_btn_class', function(){
              if(confirm("确定要执行删除?")){
                  var value=$(this).next("li").attr("id");
                  db.transaction(function(tx){
                     //显示cashbook数据表全部数据
                     tx.executeSql("DELETE FROM cashbook WHERE id=?",[value],
function(tx, result){
                      noteList();
                     },function(e){
                      alert("DELETE语法出错了!"+e.message)
                       $("button").remove();
                     });
                  });
              }
         });


      //列表
         function noteList(){
              $("ul").empty();
              var note="";

              db.transaction(function(tx){
                  //显示cashbook数据表全部数据
                  tx.executeSql("SELECT id,title,smoney,content,date FROM
cashbook",[], function(tx, result){
                     if(result.rows.length>0){
                      for(var i = 0; i < result.rows.length; i++){
                            item = result.rows.item(i);
                            note+="<li id="+item["id"]+"><a
href='#'><h3>"+item["title"]+"</h3><p>"+item["smoney"]+"</p</a></li>";
                      }
                     }
                     $("#list").append(note);
                     $("#list").listview('refresh');
                  },function(e){
                    alert("SELECT语法出错了!"+e.message)
                  });
              });
         }
    });

    </script>
    </head>
    <body>
    <!--首页记账列表-->
    <div data-role="page" id="home">
      <div data-role="header" id="header">
      <a href="#" data-icon="plus" class="ui-btn-left" id="new">新增记账</a>
        <h1>家庭记账本</h1>
         <a href="#" data-icon="delete" id="del">删除记账</a>
       </div>
      <div data-role="content">
```

```
            <ul id="list" data-role="listview" data-inset="true" data-filter="true"
data-filter-placeholder="快速搜索记账"></ul>
        </div>
    </div>

    <!--新增记账-->
    <div data-role="dialog" id="addBook">
      <div data-role="header">
        <h1>新增记账</h1>
      </div>
      <div data-role="content">
       <p>账目标题:<input type="text" id="title"></p>
        <p>金额:<input type="text" id="smoney"></p>
        <p>详情:<textarea cols="40" rows="8" id="content"></textarea></p>
        <hr>
        <a href="#" data-role="button" id="save">保存</a> </div>
    </div>

    <!--记账详细信息-->
    <div data-role="dialog" id="viewBook">
      <div data-role="header">
        <h1 id="viewTitle">记账</h1>
      </div>
      <div data-role="content">
         <p id="viewsmoney">金额</p>
        <p id="viewContent">内容</p>
      </div>
      <div data-role="footer">
        <p id="date">日期</p>
      </div>
    </div>
    </body>
    </html>
```

第20章　项目实训6——连锁酒店订购系统App

本章导读

本章学习一个酒店订购系统的开发，这里将使用前面学习的localStorage来处理订单的存储和查询。该系统主要功能为订购房间、查询连锁分店、查询订单、查看酒店介绍等功能。通过本章的学习，用户可以了解在线订购系统的制作方法、使用localStorage模拟在线订购和查询订单的方法和技巧。

知识导图

连锁酒店订购系统App
- 连锁酒店订购的需求分析
- 网站的结构
- 连锁酒店系统的代码实现
  - 设计首页
  - 设计订购页面
  - 设计连锁分店页面
  - 设计查看订单页面
  - 设计酒店介绍页面

20.1 连锁酒店订购的需求分析

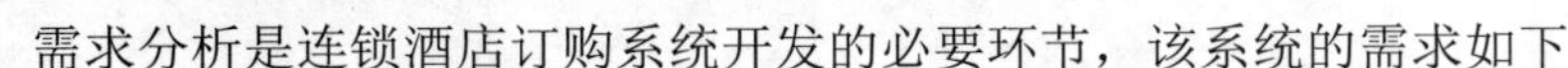

需求分析是连锁酒店订购系统开发的必要环节，该系统的需求如下。

（1）用户可以预定不同的房间级别，定制个性化的房间，而且还可以快速搜索自己需要的房间类型。

（2）用户可以查看全国连锁酒店的分店情况，并且可以自主联系酒店的分店。

（3）用户可以查看预定过的订单详情，还可以删除不需要的订单。

（4）用户可以查看连锁酒店的介绍。

制作完成后的首页效果如图 20-1 所示。

图 20-1　首页效果

20.2 网站的结构

分析完网站的功能后，下面开始分析整个网站的结构，它主要分为以下 5 个页面，如图 20-2 所示。

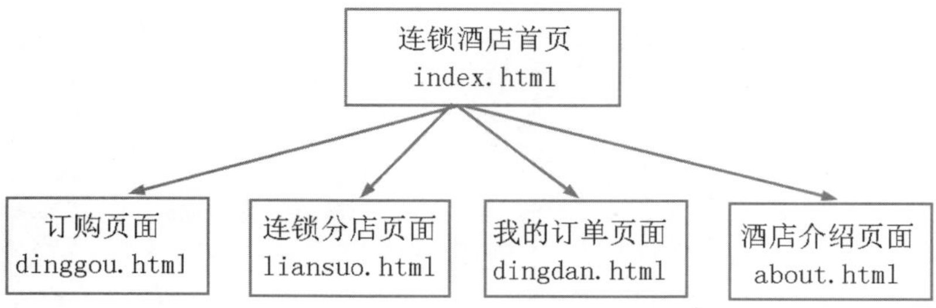

图 20-2　网站的结构

各个页面的主要功能如下。

（1）index.html：该页面的系统的主页面，是网站的入口，通过主页可以链接到订购页面、连锁分店页面、我的订单页面和酒店介绍页面。

（2）dinggou.html：该页面是酒店订购页面，主要包括三个 page，第一个 page 是选择房间类型，第二个 page 主要功能是选择房间的具体参数，第三个 page 是显示订单完成信息。

（3）liansuo.html：该页面主要显示连锁分店的具体信息。

（4）dingdan.html：该页面主要显示用户已经订购的订单信息。

（5）about.html：该页面主要显示关于连锁酒店的简单介绍。

20.3 连锁酒店系统的代码实现

下面来分析连锁酒店系统的代码是如何实现的。

20.3.1 设计首页

首页中主要包括一个图片和 4 个按钮，4 个按钮分别连接到订购页面、连锁分店页面、我的订单页面和酒店介绍页面。主要代码如下：

```
<div data-role="page" data-title="Happy" id="first" data-theme="a">
<div data-role="header">
<h1>千谷连锁酒店系统</h1>
</div>
<div data-role="content" id="content" class="firstcontent">
  <img src="images/zhu.png" id="logo"><br/>
  <a href="caigou.html" data-ajax="false" data-role="button" data-icon="home" data-iconpos="top" data-mini="true" data-inline="true"><img src="images/cai.png"><br>立即预定</a>
  <a href="liansuo.html" data-ajax="false" data-role="button" data-icon="search" data-iconpos="top" data-mini="true" data-inline="true"><img src="images/lian.png"><br>连锁分店</a>
  <a href="dingdan.html" data-ajax="false" data-role="button" data-icon="gear" data-iconpos="top" data-mini="true" data-inline="true"><img src="images/ding.png"><br>我的订单</a>
          <a href="about.html" data-ajax="false" data-role="button" data-icon="gear" data-iconpos="top" data-mini="true" data-inline="true"><img src="images/ding.png"><br>关于千谷</a>
</div>
<div data-role="footer" data-position="fixed" style="text-align:center">
  订购专线：12345678
</div>
</div>
```

其中 data-ajax="false" 表示停用 Ajax 加载网页；data-role="button" 表示该链接的外观以按钮的形式显示；data-icon="home" 表示按钮的图标效果；data-iconpos="top" 表示小图标在按钮上方显示；data-inline="true" 表示以最小宽度显示。效果如图 20-3 所示。

图 20-3　4 个按钮的样式效果

其中页脚部分通过设置属性 data-position=“fixed”，可以让页脚内容一直显示在页面的最下方。通过设置 style=“text-align:center”，可以让页脚内容居中显示，如图 20-4 所示。

图 20-4　页脚的样式效果

20.3.2　设计订购页面

订购页面主要包含三个 page，主要包括选择房间类型 page（id=first）、选择房间的具体参数 page（id=second）和显示订单完成信息 page（id=third）。

1. 选择房间类型 page

其中选择房间类型 page 中包括房间列表、返回到上一页按钮、快速搜索房间等功能。代码如下：

```
<div data-role="page" data-title="房间列表" id="first" data-theme="a">
<div data-role="header">
<a href="index.html" data-icon="arrow-l" data-iconpos="left" data-ajax="false">Back</a> <h1>房间列表</h1>
</div>
<div data-role="content" id="content">
  <ul data-role="listview" data-inset="true" data-filter="true" data-filter-placeholder="快速搜索房间">
      <li>
            <a href="#second">
            <img src="images/putong.png" />
            <h3>普通间</h3>
            <p>24小时有热水</p>
            </a>
            <a href="#second" data-icon="plus"></a>
      </li>
      <li>
           <a href="#second">
             <img src="images/wangluo.png" />
             <h3>网络间</h3>
             <p>有网络和电脑、24小时热水</p>
           </a>
           <a href="#second" data-icon="plus"></a>
      </li>
      <li>
           <a href="#second">
             <img src="images/haohua.png" />
             <h3>豪华间</h3>
             <p>免费提供三餐、有网络和电脑、24小时热水</p>
           </a>
           <a href="#second" data-icon="plus"></a>
      </li>
      <li>
```

```
            <a href="#second">
              <img src="images/zongtong.png" />
              <h3>总统间</h3>
              <p>24小时客服、有网络和电脑、24小时热水、免费提供三餐</p>
            </a>
            <a href="#second" data-icon="plus"></a>
        </li>
      </ul>
        </div>
  <div data-role="footer" data-position="fixed" style="text-align:center">
    订购专线: 12345678
  </div>
  </div>
```

效果如图 20-5 所示。

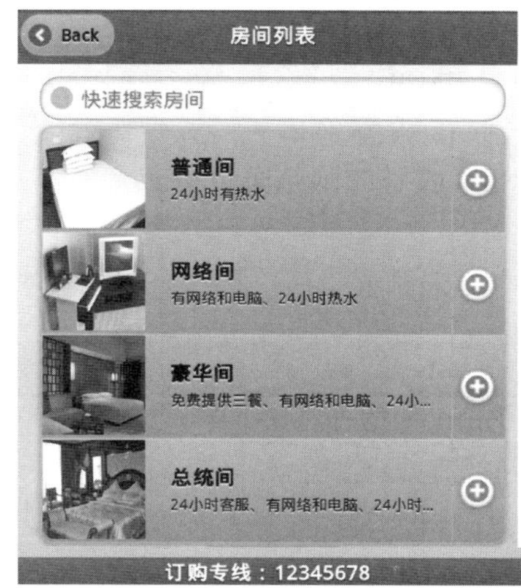

图 20-5　房间列表页面效果

页面中有一个 Back 按钮，主要作用是返回到主页上，通过以下代码来控制：

```
    <a href="index.html" data-icon="arrow-l" data-iconpos="left" data-
ajax="false">Back</a>
```

房间列表使用 listview 组件，通过设置 data-filter=“true”，就会在列表上方显示搜索框；通过设置 data-inset=“true”，可以让 listview 组件添加圆角效果，而且不与屏幕同宽；其中 data-filter-placeholder 属性用于设置搜索框内显示的内容，当输入搜索内容，将查询出相关的房间信息，如图 20-6 所示。

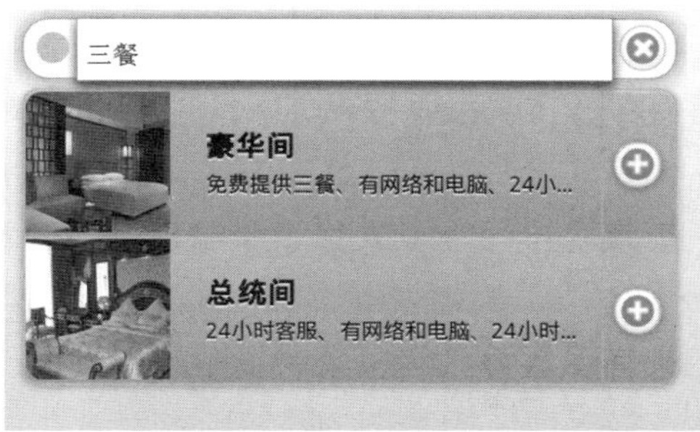

图 20-6　快速搜索房间

2. 选择房间的具体参数 page

选择房间的具体参数 page 的 id 为 second，主要让用户选择楼层、是否带窗口、是否需要接送、订购数量和客户联系方式，如图 20-7 所示。

图 20-7　选择房间页面

这个页面的 Back 按钮的设置方法和上一个 page 不同，这里通过设置属性 data-add-back-btn=“true”实现返回上一页的功能，代码如下：

```
<div data-role="page" data-title="选择房间" id="second" data-theme="a" data-add-back-btn="true">
```

该页面包含选择菜单（Select menu）、2 个单选按钮组件（Radio button）、范围滑杆（Slider）、文本框（text）和按钮组件（button）。

其中添加选择菜单（Select menu）的代码如下：

```
<div data-role="content" id="content">
   选择楼层:
   <select name="selectitem" id="selectitem">
      <option value="一楼">一楼</option>
      <option value="二楼">二楼</option>
      <option value="三楼">三楼</option>
   </select>
```

预览效果如图 20-8 所示。

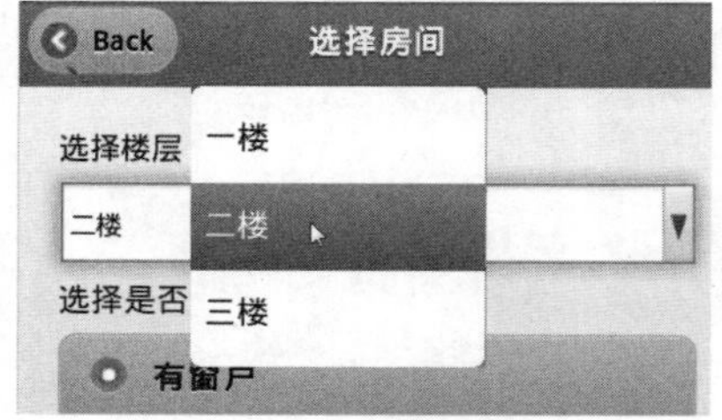

图 20-8　选择菜单效果

2 个单选按钮组的代码如下：

```
<fieldset data-role="controlgroup">
      <legend>选择是否带窗口：</legend>
            <input type="radio" name="flavoritem" id="radio-choice-1" value="有窗
口" checked />
            <label for="radio-choice-1">有窗户</label>
            <input type="radio" name="flavoritem" id="radio-choice-2" value="无窗
户"  />
            <label for="radio-choice-2">无窗户</label>
<fieldset data-role="controlgroup1">
      <legend>选择是否接送：</legend>
            <input type="radio" name="flavoritem1" id="radio-choice-3" value="需
要接送" checked />
            <label for="radio-choice-3">需要接送</label>
            <input type="radio" name="flavoritem1" id="radio-choice-4" value="无
需接送"  />
            <label for="radio-choice-4">无须接送</label>
```

预览效果如图 20-9 所示。

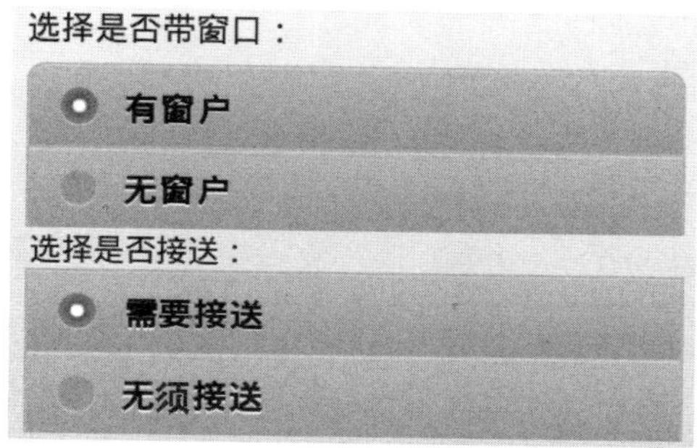

图 20-9 单选按钮组效果

使用 <fieldset> 标签创建单选按钮组，通过设置属性 data-role= “controlgroup”，可以让各个单选按钮外观像一个组合，整体效果比较好。

范围滑杆的代码如下：

```
<input type="range" name="num" id="num" value="1" min="0" max="100" data-
highlight="true" />
```

预览效果如图 20-10 所示。

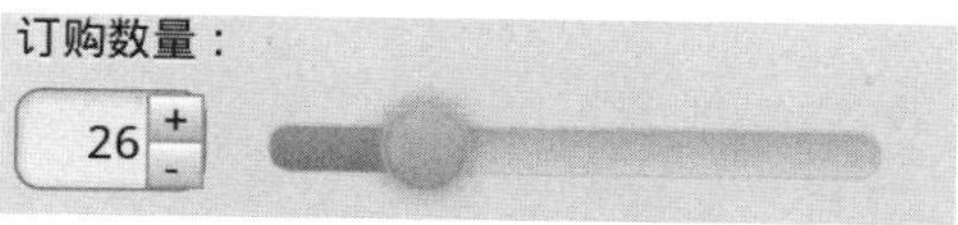

图 20-10 范围滑杆效果

文本框的代码如下：

```
<input type="text" name="text1" id="text1" size="10" maxlength="10" />
```

其中 size 属性用于设置文本框的长度，maxlength 属性设置输入的最大值。

预览效果如图 20-11 所示。

图 20-11　文本框效果

确认按钮的代码如下：

```
<input type="button" id="addToStorage" value="确认订单" />
```

预览效果如图 20-12 所示。

图 20-12　确认按钮效果

3. 显示订单完成信息 page

显示订单完成信息 page 的代码如下：

```
<div data-role="page" id="third">
<div data-role="header">
<a href="index.html" data-icon="arrow-l" data-iconpos="left" data-ajax="false">
回首页</a> <h1>订购完成</h1>
</div>
<div data-role="content" id="content">
<img src="images/ding.png" /><br>
<font style="font-size:20px;">感谢您选择我们酒店<br>
以下为您的订购房间信息：</font>
<p><div id="message" style="font-size:25px;color:#ff0000"></div>
</div>
<div data-role="footer" data-position="fixed" style="text-align:center">
  订购专线：12345678
</div>
</div>
```

预览效果如图 20-13 所示。

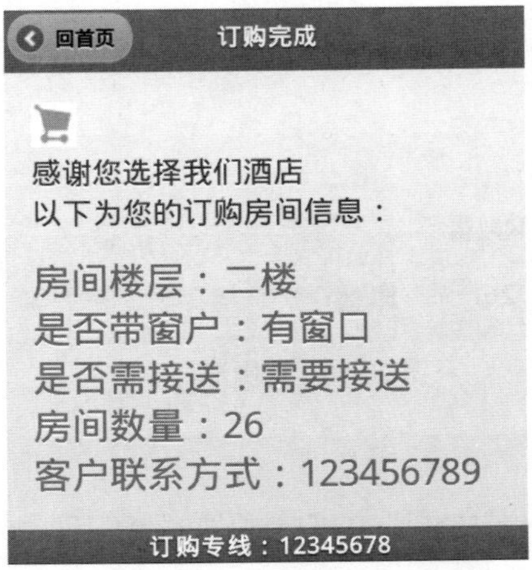

图 20-13　订购完成信息

接收订单的功能是通过 JavaScript 来完成的，代码如下：

```
<script type="text/javascript">
 var orderitem = "orderitem";
 var flavor = "itemflavor";
var flavor1 = "itemflavor1";
 var num = "num";
 var text1 = "text1";
        $("#second").live('pagecreate', function() {
            $('#addToStorage').click(function() {
                localStorage.orderitem=$("select#selectitem").val();
               localStorage.flavor=$('input[name="flavoritem"]:checked').val();
               localStorage.flavor1=$('input[name="flavoritem1"]:checked').val();
               localStorage.num=$('#num').val();
               localStorage.text1=$('#text1').val();
                  $.mobile.changePage($('#third'),{transition: 'slide'});
            });
        });
        $('#third').live('pageinit', function() {
               var  itemflavor  =  "房间楼层: "+  localStorage.orderitem+"<br>是否
带窗户: "+localStorage.flavor+"<br>是否需接送: "+localStorage.flavor1+"<br>房间数量:
"+localStorage.num+"<br>客户联系方式: "+localStorage.text1;
               $('#message').html(itemflavor);
              //document.getElementById("message").innerHTML= itemflavor
     });
</script>
```

其中 $ 符号代表组件，例如 $(“#second”) 表示 id 为 second 的组件。live() 函数为文件页面附加事件处理程序，并规定事件发生时执行的函数，例如下面的代码表示当 id 为 second 的页面发生 pagecreate 事件时，就执行相应的函数：

```
$("#second").live('pagecreate', function() {…});
```

当 id 为 second 的页面确认订单时，将会把订单的信息保存到 localStorage。当加载到 id 为 third 的页面加载时，将 localStorage 存放的内容取出来并显示在 id 为 message 的 <div> 组件中。代码如下：

```
  $('#third').live('pageinit', function() {
               var  itemflavor  =  "房间楼层: "+  localStorage.orderitem+"<br>是否
带窗户: "+localStorage.flavor+"<br>是否需接送: "+localStorage.flavor1+"<br>房间数量:
"+localStorage.num+"<br>客户联系方式:
  "+localStorage.text1;
               $('#message').html(itemflavor);
       });
```

其中 $(‘#message’).html(itemflavor) 的语法作用和下面的代码一样，都是用 itemflavor 字符串替代 <div> 组件中的内容：

```
document.getElementById("message").innerHTML= itemflavor;
```

20.3.3 设计连锁分店页面

连锁分店页面为 liansuo.html，主要代码如下：

```
<div data-role="page" data-title="全国连锁酒店" id="first" data-theme="a">
<div data-role="header">
```

```
    <a href="index.html" data-icon="arrow-l" data-iconpos="left" data-ajax="false">
回首页</a>
    <h1>全国连锁酒店</h1>
    </div>
    <div data-role="content" id="content">
       <ul data-role="listview" data-inset="true">
                    <li>
                       <a href="#" onclick="getmap('上海连锁酒店')" id=btn>
                         <img src="images/shanghai.png" />
                         <h3>上海连锁酒店</h3>
                         <p>咨询热线: 19912345678</p>
                       </a>

                    </li>
                    <li>
                       <a href="#" onclick="getmap('北京连锁酒店')" id=btn>
                         <img src="images/beijing.png" />
                         <h3>北京连锁酒店</h3>
                         <p>咨询热线: 18812345678</p>
                       </a>

                    </li>
                    <li>
                       <a href="#" onclick="getmap('厦门连锁酒店')" id=btn>
                         <img src="images/xiamen.png" />
                         <h3>厦门连锁酒店</h3>
                         <p>咨询热线: 16612345678</p>
                       </a>

                    </li>
               </ul>

    </div>
    <div data-role="footer" data-position="fixed" style="text-align:center">
      连锁酒店总部热线: 12345678
    </div>
    </div>
```

预览效果如图 20-14 所示。

图 20-14　连锁分店页面效果

其中使用 listview 组件来完成列表的功能，并通过链接的方式返回到首页，代码如下：

```
    <a href="index.html" data-icon="arrow-l" data-iconpos="left" data-ajax="false">
回首页</a>
```

20.3.4 设计查看订单页面

查询订单页面为 dingdan.html，显示内容的代码如下：

```
    <div data-role="page" data-title="订单列表" id="first" data-theme="a">
    <div data-role="header">
    <a href="index.html" data-icon="arrow-l" data-iconpos="left" data-ajax="false">
回首页</a><h1>订单列表</h1>
    </div>
    <div data-role="content" id="content">
    <a href="#" data-role="button" data-inline="true" onclick="deleteOrder();">删除
订单</a>
    以下为您的订购列表:
    <div class="ui-grid-b">
    <div class="ui-block-a ui-bar-a">房间楼层</div>
    <div class="ui-block-b ui-bar-a">是否带窗户</div>
    <div class="ui-block-b ui-bar-a">是否需接送</div>

    <div class="ui-block-a ui-bar-b" id="orderitem"></div>
    <div class="ui-block-b ui-bar-b" id="flavor"></div>
    <div class="ui-block-b ui-bar-b" id="flavor1"></div>
    <div class="ui-block-c ui-bar-a">订购数量</div>
    <div class="ui-block-c ui-bar-a">客户联系方式</div>
    <div class="ui-block-c ui-bar-a"></div>
    <div class="ui-block-c ui-bar-b" id="num"></div>
    <div class="ui-block-c ui-bar-b" id="text1"></div>
    </div>
    </div>
    <div data-role="footer" data-position="fixed" style="text-align:center">
      订购专线: 12345678
    </div>
```

预览效果如图 20-15 所示。

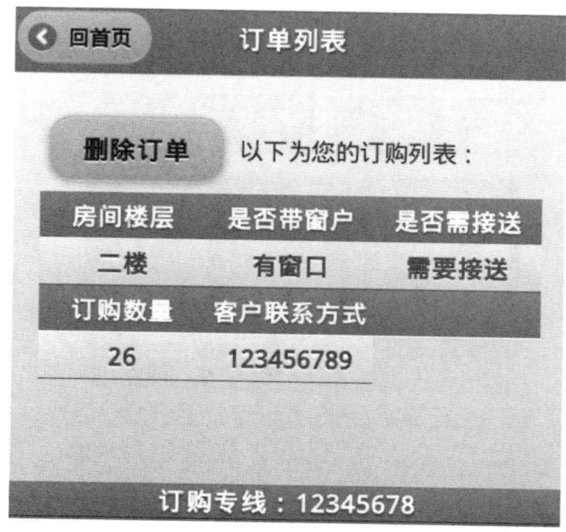

图 20-15　查看订单页面效果

该页面的主要功能是将 localStorage 的数据取出并显示在页面上，主要由以下代码实现：

```
<script type="text/javascript">
```

```
$('#first').live('pageinit', function() {
   $('#orderitem').html(localStorage.orderitem);
   $('#flavor').html(localStorage.flavor);
        $('#flavor1').html(localStorage.flavor1);
   $('#num').html(localStorage.num);
        $('#text1').html(localStorage.text1);
});
</script>
```

通过单击页面中的“删除订单”按钮，可以删除订单。以下函数用于实现删除功能：

```
function deleteOrder(){
   localStorage.clear();
   $(".ui-grid-b").html("已取消订单!");
}
```

20.3.5 设计酒店介绍页面

酒店介绍页面为 about.html，该页面的主要代码如下：

```
<div data-role="page" data-title="全国连锁酒店" id="first" data-theme="a">
<div data-role="header">
<a href="index.html" data-icon="arrow-l" data-iconpos="left" data-ajax="false">
回首页</a><h1>千谷连锁酒店</h1>
</div>
<div data-role="content" id="content">

<img src="images/about.png" /><br>
<font style="font-size:20px;">千谷连锁酒店集团定位于全国连锁高级酒店的发展,完善的酒店预
订系统,让您预订酒店客房更加轻松快捷,是您出差、旅游的好选择。</font>

</div>
<div data-role="footer" data-position="fixed" style="text-align:center">
  连锁酒店总部热线：12345678
</div>
</div>
```

预览效果如图 20-16 所示。

图 20-16 酒店介绍页面效果

各个页面设计完成后，就可以将内容生成 App。